完全学习手册

AutoCAD
2013完全学习手册

曹培培　孟文婷　编著

清华大学出版社

北　京

内 容 简 介

本书基于 AutoCAD 2013 版本,详细讲解了 AutoCAD 的各项功能。本书共分 13 章,主要包括 AutoCAD 2013 的基础知识;基本图形的绘制方法与编辑技巧;常用编辑图形工具的使用方法和操作技巧;图层的应用;图形的精确控制;文字与表格的使用;面域、图案填充、图块、外部参照以及设计中心的应用;三维图形的绘制、编辑、观察和渲染的方法以及图形的输出和打印等内容。

本书不仅适合大中专院校、社会培训机构作为教材,同时也是广大 AutoCAD 爱好者入门的首选用书。

图书在版编目(CIP)数据

AutoCAD 2013 完全学习手册/ 曹培培,孟文婷编著. —北京:清华大学出版社,2013.7(2016.7 重印)
(完全学习手册)
ISBN 978-7-302-32207-8

Ⅰ. ①A… Ⅱ. ①曹… ②孟… Ⅲ. ①AutoCAD 软件—手册 Ⅳ. ①TP391.72-62

中国版本图书馆 CIP 数据核字(2013)第 084583 号

责任编辑:袁金敏
封面设计:陈晓兵
责任校对:徐俊伟
责任印制:何　芊

出版发行:清华大学出版社
　　　　　网　　址:http://www.tup.com.cn,http://www.wqbook.com
　　　　　地　　址:北京清华大学学研大厦 A 座　　　　　　**邮　　编:**100084
　　　　　社 总 机:010-62770175　　　　　　　　　　　**邮　　购:**010-62786544
　　　　　投稿与读者服务:010-62776969,c-service@tup.tsinghua.edu.cn
　　　　　质 量 反 馈:010-62772015,zhiliang@tup.tsinghua.edu.cn
印 装 者:北京鑫海金澳胶印有限公司
经　　销:全国新华书店
开　　本:185mm×260mm　　　　**印　张:**19.75　　　**字　　数:**484 千字
　　　　　　附光盘 1 张
版　　次:2013 年 7 月第 1 版　　　　　　　　　**印　　次:**2016 年 7 月第 2 次印刷
印　　数:3501~4500
定　　价:44.50 元

产品编号:050562-01

前　言

AutoCAD 是美国 Autodesk 公司开发的绘图程序软件包，经过不断的完善，现已成为国际上广为流行的绘图工具，目前最新版本为 AutoCAD 2013。与传统的手工绘图相比，使用 AutoCAD 绘图速度更快、精度更高，它已经在建筑、机械、航空航天、电子、轻纺、美工等众多领域中得到了广泛应用，取得了丰硕的成果和巨大的经济效益。

本书是指导初学者学习 AutoCAD 2013 软件的基础图书，书中采用循序渐进的方法并结合具体实例，由浅入深地向读者介绍使用该软件进行二维绘图和三维设计的命令和技巧。

本书主要内容

全书共分为 13 章，第 1 章介绍 AutoCAD 2013 的基础知识；第 2 章介绍点、线、圆、矩形等基本图形的绘制方法和技巧，并介绍对多段线和多线的修改方法；第 3 章介绍选取对象和夹点编辑的操作方法和技巧，以及常用编辑图形工具的使用方法和操作技巧；第 4～9 章介绍图层、精确控制图形、文字与表格、面域、图案填充、图块、外部参照以及设计中心等基本命令的应用；第 10～12 章介绍绘制、编辑、观察和渲染三维图形的方法；第 13 章介绍输出和打印图形的方法。

本书特色

本书在结构的安排上，充分考虑初学者的实际情况，采用基础+实例的讲解方式，深入浅出地对 AutoCAD 的各项功能进行详细的讲解。

本书提供的多媒体光盘，不仅提供书中所有案例的源文件，还特意全程录制了教学视频和实例视频文件。读者可通过观看视频，快速掌握 AutoCAD 的绘图命令和绘图技巧。

本书非常适合大中专院校、社会培训机构选作教材使用，同时也是广大 AutoCAD 爱好者入门的首选用书。

本书由曹培培、孟文婷编著。张丽、郭二配、任海峰、胡文华、尚峰、蒋燕燕、张阳、李凤云、李晓楠、吴巧格、唐龙、王雪丽、张旭等人也参与了部分内容的编写工作。尽管我们在本书的创作过程中力求完美、精益求精，但仍难免有不足和疏漏之处，恳请广大读者予以指正。

目　录

第 1 章　AutoCAD 2013 基础入门

AutoCAD 是美国 Autodesk 公司于 1982 年首次推出的自动计算机辅助设计软件,主要用于二维绘图、详细绘制、设计文档和基本三维设计,是目前流行的绘图工具之一。AutoCAD 具有良好的用户界面,通过交互菜单或命令行方式便可以进行各种操作。利用 AutoCAD 软件不仅可以设计出各种尺寸的图纸,而且能在很大程度上提高工作效率。

本章学习要点

- ➤ AutoCAD 的基本功能;
- ➤ AutoCAD 的工作界面;
- ➤ 新建、打开和保存图形文件;
- ➤ 设置绘图环境;
- ➤ 世界坐标系和用户坐标系;
- ➤ 坐标的输入。

1.1　AutoCAD 概述

AutoCAD 是用于二维及三维设计、绘图的系统工具,用户可以使用它来创建、浏览、管理、打印、输出、共享设计图形。随着计算机知识的不断普及和提高,AutoCAD 技术的使用也得到了快速普及,目前已经深入到国民经济的各行各业。

1.1.1　AutoCAD 的基本功能

AutoCAD 具有功能强大、易于掌握、使用方便、体系结构开放等特点。利用 AutoCAD 可以绘制各种平面与三维图形,并对图形进行编辑、尺寸标注、渲染及打印等操作。

1. 绘制与编辑图形

绘制与编辑图形是 AutoCAD 最基本的功能,使用"绘图"菜单中丰富的绘图命令,可以绘制直线、射线、构造线、多线、矩形、多段线、圆、椭圆等基本图形,也可以将绘制的图形转换为面域,对其进行填充。结合使用"修改"菜单中相应的修改命令,还可以绘制出各种各样的二维图形,如图 1-1 所示。

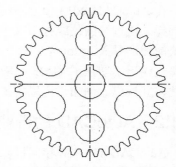

图 1-1　二维图形

在 AutoCAD 2013 的三维建模空间中,对于一些二维图形,通过拉伸、设置标高和厚度等操作就可以轻松地转换为三维图形。使用"绘图"|"建模"命令中的子命令,可以很方便地绘制出柱体、长方体、球体等基本实体。结合使用"修改"菜单中的相关命令,可以绘制出各种更为丰富的复杂三维模型,如图 1-2 所示。

2. 标注图形尺寸

尺寸标注是向图形中添加测量注释的过程，是整个绘图过程中不可缺少的一步。在功能区选项板中单击"注释"|"标注"命令的子命令，可以在图形的各个方向上创建各种类型的标注，也可以方便、快捷地以一定格式创建符合行业或项目标准的标注。

标注显示了对象的测量值，对象之间的距离、角度，或对象与指定原点的距离。在AutoCAD 中提供了线性、半径和角度 3 种基本标注类型，可以进行水平、垂直、对齐、旋转、坐标、基线或连续等标注。此外，还可以进行引线标注、公差标注，以及自定义粗糙度标注。标注的对象可以是二维或三维图形，如图 1-3 所示。

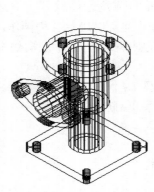

图 1-2　三维图形

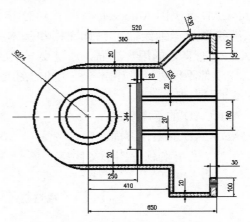

图 1-3　标注二维图形效果

3. 渲染三维图形

在 AutoCAD 2013 中，可以运用几何图形、光源和材质，将模型渲染为具有真实感的图像。如果是为了演示，可以全部渲染模型；如果时间有限，或设备和图形设备不能提供足够的灰度级和颜色，就不必精细渲染；如果只需要快速查看设计的整体效果，则可以简单消隐或设置视觉样式，如图 1-4 所示。

4. 输出和打印图形

在 AutoCAD 2013 中，不仅可以将所绘图形以不同样式通过绘图仪或打印机输出，还能够将不同格式的图形导入 AutoCAD 或将 AutoCAD 图形以其

图 1-4　渲染三维图形效果

他格式输出，增强了 CAD 新版本的灵活性。因此，当图形绘制完成之后，可以使用多种方法将其输出。例如，可以将图形打印在图纸上，或创建成文件以供其他应用程序使用。

1.1.2　AutoCAD 的行业应用

AutoCAD 自 1982 年问世以来，已经进行了多次升级，功能日趋完善，被广泛应用于土木建筑、装饰装潢、城市规划、园林设计、电子电路、机械设计、服装鞋帽、航空航天、轻工化工等诸多领域。

1．电气和电子电路方面的应用

CAD 技术最早曾用于电路原理图和布线图的设计工作。目前，CAD 技术已扩展到印刷电路板的设计，并在集成电路、大规模集成电路和超大规模集成电路的设计制造中大显身手，由此大大推动了微电子技术和计算机技术的发展。

2．制造业中的应用

CAD 技术在制造业中广泛应用，其中以汽车、机床、船舶、飞机、航天器等制造业应用最为广泛、深入。众所周知，一个产品的设计过程要经过概念设计、详细设计、结构分析和优化、仿真模拟等几个主要阶段。同时，现代设计技术将并行工程的概念引入到整个设计过程中，在设计阶段就对产品的整个生命周期进行综合考虑。当前先进的 CAD 应用系统已经将设计、绘图、分析、仿真、加工等一系列功能集成于一个系统内。

3．工程设计中的应用

CAD 技术在工程领域中的应用有以下几个方面。

➢ 建筑设计：包括方案设计、三维造型、建筑渲染图设计、平面布景、建筑构造设计、小区规划、日照分析、室内装潢等各类 CAD 应用软件。

➢ 结构设计：包括结构平面设计、框/排架结构计算和分析、地基及基础设计等。

➢ 城市规划：城市交通设计，如城市道路、高架、轻轨、地铁等市政工程设计。

➢ 市政管线设计：如自来水、污水排放、煤气、电力、暖气、通信等各类市政管道线路设计。

➢ 水利工程设计：如水渠、大坝、河海工程等。

➢ 交通工程设计：如公路、铁路、桥梁、机场、港口等。

➢ 设备设计：包括水、电、暖各种设备及管道设计。

➢ 其他工程设计和管理：如房地产开发及物业管理、施工过程控制与管理、旅游景点设计与布置等。

4．其他应用

CAD 技术除了在上述领域中的应用外，也会在服装、轻工、家电、制鞋、医疗等领域中应用。

1.2　AutoCAD 2013 工作界面

工作空间是由分组组织的菜单、工具栏、选项板和功能区控制面板组成的集合，使用户可以在专门的、面向任务的绘图环境中工作。AutoCAD 2013 为用户提供了"二维草图与注释"、"三维基础"、"三维建模"和"AutoCAD 经典"4 种工作空间界面，用户可以在这 4 种工作空间模式中进行切换。

1.2.1　经典界面

单击快速访问工具栏中的"工作空间"选框 ⌨AutoCAD 经典 ▾，在弹出的菜单下拉列表中选择相应的命令即可切换空间模式。如选择"AutoCAD 经典"命令，即可进入 AutoCAD 经典工作界面，如图 1-5 所示。

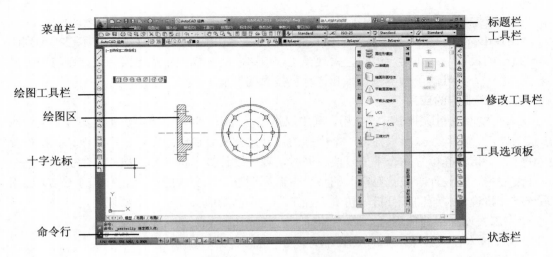

图 1-5　AutoCAD 经典工作界面

"AutoCAD 经典"工作界面与传统的工作界面比较相似,该工作界面主要由"菜单浏览器"、"快速访问工具栏"、"标题栏"、"菜单栏"、"坐标系图标"、"绘图区"、"命令行"、"状态栏"及各种"工具栏"等元素组成。

1. 菜单浏览器

"菜单浏览器"按钮![]位于界面的左上角,单击该按钮,在弹出的下拉菜单列表中包含了新建、打开、保存等命令,用户可根据需要进行选择操作,如图 1-6 所示。

图 1-6　"菜单浏览器"按钮菜单

2. 快速访问工具栏

快速访问工具栏中包含多个常用的快捷按钮,方便用户快速进行操作。默认状态下,快速访问工具栏显示的按钮有新建、打开、保存、另存为、Cloud 选项、打印、放弃、重做、工作空间及扩展按钮，如图 1-7 所示。在 AutoCAD 2013 版本中，用户可以对快速访问工具栏中的命令按钮进行自定义。

图 1-7　快速访问工具栏

3．标题栏

标题栏位于 AutoCAD 2013 工作界面的最上方，它显示当前正在运行的程序名及文件名等信息。与 Windows 标准窗口一样，标题栏的右侧有三个控制按钮 ，分别用来控制软件窗口的最小化、最大化（还原）和关闭。

此外，用户也可以在标题栏上单击鼠标右键，在弹出的快捷菜单中选择相应的命令，完成最小化窗口、最大化窗口、还原窗口、移动窗口和关闭软件等操作，如图 1-8 所示。

图 1-8　窗口控制按钮

4．菜单栏

菜单栏位于标题栏的下方，它包含了文件、编辑、视图、插入、格式、工具、绘图、标注、修改、参数、窗口和帮助 12 个主菜单，每个主菜单又包含数目不等的子菜单，有些子菜单下还包含了下一级子菜单，这些菜单中囊括了几乎所有的操作命令，如图 1-9 所示。

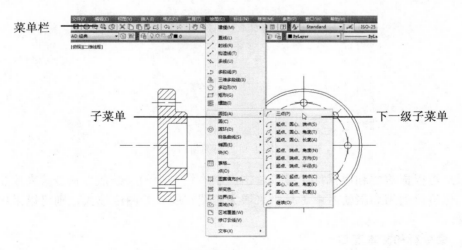

图 1-9　主菜单栏下的子菜单

5．工具栏

AutoCAD 2013 提供了"绘图"、"修改"、"图层"、"标注"等 40 多个工具栏，每一个工具栏上包含了许多命令按钮，单击相应的按钮即可执行对应命令，如图 1-10 所示。

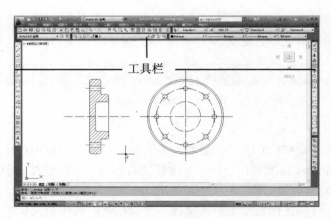

图 1-10　工具栏

用户还可以根据自己的需要打开或关闭任意一个工具栏。选择"工具"|"工具栏"|"AutoCAD"子菜单中的命令或在已有工具栏上单击右键，在弹出的快捷菜单中选择相应的命令，即可打开或关闭相应的工具栏。

6. 绘图窗口

绘图窗口位于界面的正中间，是用户进行绘图的工作区域，所有绘图结果都将反映在这个区域中。一个图形文件对应一个绘图窗口，每个绘图窗口都由标题栏、滚动条、控制按钮、布局选项卡、坐标系和十字光标等元素组成，如图 1-11 所示。

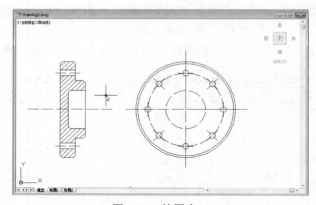

图 1-11　绘图窗口

用户可根据需要利用鼠标中键或单击"状态栏"中的"缩放"命令 🔍 来控制图形的显示。也可以关闭周围的各个工具栏来增大绘图空间。若图纸较大，则可以采用全屏模式查看。

7. 命令行和文本窗口

命令行位于绘图区的下方，用于显示用户输入的命令，并显示 AutoCAD 的提示信息，如图 1-12 所示。默认情况下，该窗口中仅显示 3 行文字，用户可以通过使用鼠标拖动命令行，使其处于浮动状

图 1-12　命令行窗口

态来改变命令行的位置；也可通过拖动命令行的边框，改变命令行的大小。

在 AutoCAD 2013 中，按 F2 键可以打开 AutoCAD 文本窗口，如图 1-13 所示。该窗口是放大的命令行，其显示的提示信息与命令行显示的是完全一样，当用户需要查询大量信息时，使用该窗口会非常方便。

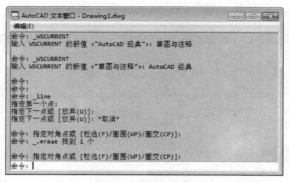

图 1-13　文本窗口

8．状态栏

状态栏用于显示 AutoCAD 当前的状态，主要用于显示当前光标的坐标值、控制绘图的辅助功能按钮、控制图形状态的功能按钮以及控制工具栏和窗口状态的锁定按钮等，如图 1-14 所示。

图 1-14　状态栏

1.2.2　二维草图与注释界面

在菜单栏中单击"工具"|"工作空间"子菜单中的命令，即可切换空间模式。如单击"二维草图与注释"命令，即可进入二维草图与注释工作界面，如图 1-15 所示。

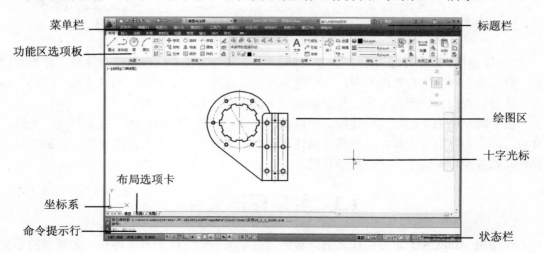

图 1-15　"二维草图与注释"工作空间

　　"二维草图与注释"工作界面适用于绘制简单二维图形，与经典空间相比，该工作界面没有了各种"工具栏"，但是多了一个"功能区"选项板。

　　"功能区"选项板是一个特殊的面板，位于标题栏的下方、绘图区的上方。用于显示与基于任务的工作空间关联的按钮和控件。该选项板包含功能区选项卡和功能区面板，其中，每个选项卡中包含若干个面板，每个面板中又包含了许多命令按钮，如图 1-16 所示。

图 1-16　"功能区"选项板

1.2.3　三维建模界面

　　单击状态栏中的"切换工作空间"按钮 ，在弹出的菜单中选择相应的命令即可切换空间模式，如选择"三维建模"命令，即可进入三维建模工作界面，如图 1-17 所示。

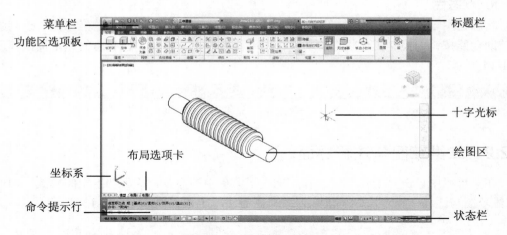

图 1-17　三维建模工作界面

　　"三维建模"工作界面适用于创建三维模型，该工作界面和二维草图与注释工作界面相似，只是功能区的内容有所不同。三维建模功能区选项卡有：常用、网格建模、渲染、插入、注释、视图、管理和输出，每个选项卡下都有与之对应的内容。

　　由于此空间侧重的是实体建模，所以功能区中还提供了三维建模、视觉样式、光源、材质、渲染和导航等面板，这些都为创建和观察三维图形，以及对附着材质、创建动画、设置光源等操作提供了非常便利的环境。

1.3　管理图形文件

　　在使用 AutoCAD 进行绘图之前，首先需要了解图形文件的基本操作，如新建图形文件、打开图形文件、保存图形文件以及关闭图形文件。用户可以单击工具栏上的相应按钮，也可以执行菜单命令，还可以使用快捷键，或者在命令行输入相应的命令来执行这些操作。

1.3.1　新建图形文件

　　启动 AutoCAD 2013 软件后，系统将自动新建一个名为"Drawing1"的图形文件，用户可以根据自己的需要，使用"新建"命令创建一个新的图形文件，以完成更多的绘图操作。单击窗口左上角的 按钮，在弹出的菜单中选择"新建"命令，或者在快速访问工具栏单击"新建"按钮 ，都可以打开"选择样板"对话框。在该对话框中，用户可直接单击"打开"按钮，创建默认的样板文件。也可在样板列表框中选择其他样板文件，并在其右侧的"预览"栏中预览所选样板的样式，然后单击"打开"按钮即可，如图 1-18 所示。

选择 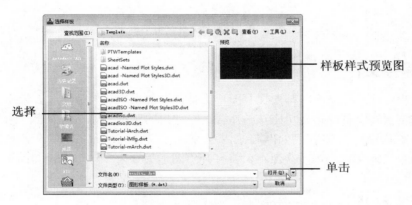 样板样式预览图

单击

图 1-18　"选择样板"对话框

　　小提示：如果用户不想选择样板，则可单击"打开"按钮右侧的下三角形按钮 ，在弹出的菜单中选择"无样板打开-英制（I）"或"无样板打开-公制（M）"命令，即可新建一个无样板的新图形文件。

1.3.2　打开文件

　　在 AutoCAD 2013 中，若要打开一个已有文件，可以单击按钮 ，在弹出的菜单中选择"打开"命令，或者单击快速访问工具栏的"打开"按钮 ，都可以打开"选择文件"对话框。在该对话框中选择需要打开的文件，在右侧的"预览"区中可以查看所选择的文件图像，然后单击"打开"按钮，即可将选择的图形文件打开，如图 1-19 所示。

　　除此之外，用户也可以单击"打开"按钮右侧的下拉按钮 ，在展开的下拉菜单中，将显示"打开"、"以只读方式打开"、"局部打开"和"以只读方式局部打开"4 种不同的打开方式供用户选择。当选择"打开"和"局部打开"方式打开图形文件，可以对打开的图形进行编辑；选择"以只读方式打开"和"以只读方式局部打开"方式打开图形文件，则无法对打开的图形进行编辑。

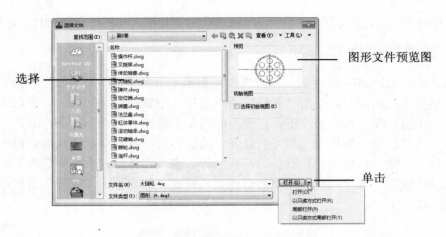

图 1-19 "选择文件"对话框

1.3.3　保存文件

绘制过程中或绘图结束时都要保存图形文件，以免出现意外情况，丢失当前所做的重要工作。若要保存文件，可以单击该按钮▇，在弹出的菜单中单击"保存"命令。或者单击快速访问工具栏的"保存"按钮▇。如果当前图形文件已经命名，则文件直接以原文件名保存；如果当前文件是第一次保存，将打开"图形另存为"对话框，如图 1-20 所示。

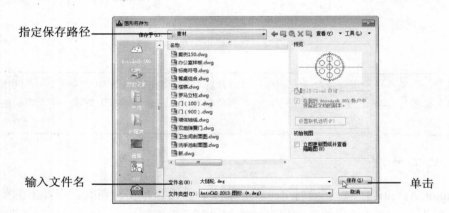

图 1-20 "图形另存为"对话框

在该对话框中的"文件名"列表框中输入文件名，并在"文件类型"下拉列表框中选择所需要的一种文件类型选项，然后单击"保存"按钮即可保存图形文件。

1.3.4　关闭文件

在 AutoCAD 2013 中，单击"文件"|"关闭"命令或直接单击"关闭"按钮▇，都可以将当前图形文件关闭。如果当前图形文件尚未作修改，可以直接将当前文件关闭；如果保存后又修改过的图形文件，系统将打开提示对话框，提示是否保存文件或放弃已做的修改。

1.4　设置绘图环境

在 AutoCAD 中，用户通常都是在系统默认的工作环境下进行绘图操作的，用户也可根据自己的需求对绘图单位、绘图界限、参数选项等进行必要的设置，从而提高绘图效率。所以，在设计图纸之前，往往需要先设置绘图环境。

1.4.1　设置图形界限

图形界限是 AutoCAD 绘图空间中的一个假想的矩形绘图区域，相当于选择的图纸大小。设置图形界限主要是为图形确定一个图纸的边界，可以避免所绘制的图形超出该边界。工程图样一般采用 5 种比较固定的图纸规格，分别为：A0（1189×841）、A1（841×594）、A2（594×420）、A3（420×297）和 A4（297×210）。

在菜单栏中单击"格式"|"图形界限"命令，命令行将显示"指定左下角点或 [开(ON)/关(OFF)] <0.0000,0.0000>: "的提示信息，其中，"开"或"关"选项用于决定是否可以在图形界限之外指定一点。如果选择"开"选项，则打开图形界限；如果选择"关"选项，则不使用图形界限功能。

下面以设置绘图界限为 A1 图纸区域为例，介绍设置图形界限的具体操作方法。

（1）开始前要确认当前输入法为默认的英文输入法。

（2）单击"格式"|"图形界限"命令，根据命令提示进行操作，即可完成图形界限的设置，命令选项如下：

```
命令: '_limits                              （调用图形界限命令）
重新设置模型空间界限：
指定左下角点或 [开(ON)/关(OFF)] <0.0000,0.0000>:↙   （按回车键接受默认值）
指定右上角点 <420.0000,297.0000>: 841,594↙    （输入新值并按回车键，完成图形界限的设置）
```

（3）在命令行中依次输入"Z+空格"、"A+空格"，然后单击状态栏上的"栅格"按钮 ，即可充分显示出图形界限。

1.4.2　设置图形单位

图形单位的设置主要包括设置长度和角度的类型、精度以及角度的起始方向等。在设计图纸之前，首先应设置图形的单位。例如，将绘图比例设置为 1:1，那么所有图形都将以真实的大小来绘制。

在菜单栏中单击"格式"|"单位"命令，打开"图形单位"对话框，在该对话框中，主要包括"长度"、"角度"、"插入时的缩放单位"和"光源"四个选项区，如图 1-21 所示。

"图形单位"对话框中，各个设置的含义如下。

图 1-21　"图形单位"对话框

➢ 长度：该选项区用于设置图形的长度单位类型和精度。在"类型"下拉列表框中，可以选择长度单位类型；在"精度"下拉列表框中，可以选择长度单位的精度，即小数的位数。

> 角度：该选项区用于设置图形的角度单位类型和精度。在"类型"下拉列表框中，可以选择角度单位类型；在"精度"下拉列表框中，可以选择角度单位的精度；"顺时针"复选框用来控制角度方向的正负。

> 插入时的缩放单位：在该选项区中，用户可在"用于缩放插入内容的单位"下拉列表框中选择用于缩放插入内容的单位。

> 光源：在该选项区中，用户可在"用于指定光源强度的单位"下拉列表框中选择用于指定光源强度的单位。

1.4.3 设置参数选项

在菜单栏中单击"工具"|"选项"命令或在绘图区中单击鼠标右键，在弹出的快捷菜单中选择"选项"命令，打开"选项"对话框，并切换至"显示"选项卡。如图 1-22 所示。

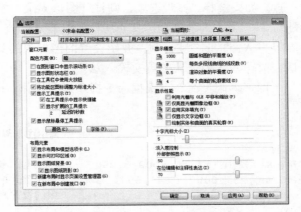

图 1-22 "显示"选项卡

在该选项卡中用户可以对绘图区的背景颜色、十字光标的大小、圆和圆弧的显示精度等进行个性化设置。

1. 设置绘图区颜色

在中文版 AutoCAD 2013 软件中，绘图区的背景色默认为黑色，用户可根据自己的需要更换颜色。

下面介绍设置绘图区颜色的具体操作方法。

（1）在"显示"选项卡的"窗口元素"选项区中，单击"颜色"按钮，打开"图形窗口颜色"对话框，在该对话框的"颜色"下拉列表框中选择需要的颜色，这里选择"白色"，如图 1-23 所示。

（2）如果在下拉列表框中没有所需要的颜色，可选择"选择颜色"选项，在打开的"选择颜色"对话框中，选择用户所需要的颜色，如图 1-24 所示。

（3）单击"确定"按钮，返回"图形窗口颜色"对话框，单击"应用并关闭"按钮，返回至"图形窗口颜色"对话框，然后单击"确定"按钮，即可完成绘图区颜色的更改。

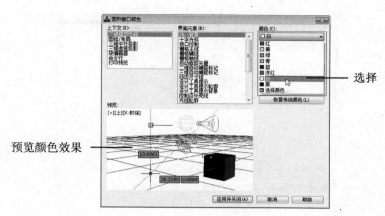

图 1-23 "颜色"下拉表框

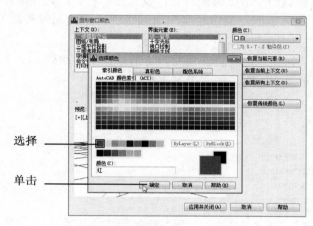

图 1-24 "选择颜色"对话框

2. 设置十字光标的大小

默认情况下,十字光标的尺寸为 5%,有效值的范围为全屏幕的 1%~100%。当设置其尺寸为 100% 时,十字光标的尺寸可延伸至屏幕边缘。

下面介绍设置十字光标尺寸的具体操作方法。

(1)在"显示"选项卡的"十字光标大小"选项区中,直接在文本框中输入光标大小值,或者通过鼠标拖动滑块改变值的大小。这里输入"100",可重新设置十字光标的大小,如图 1-25 所示。

图 1-25 "十字光标"选区

(2)设置好十字光标的大小后,单击"确定"按钮,即可完成十字光标大小的设置,如图 1-26 所示。

3. 设置图形的显示精度

用户常常会遇到这种情况,在打开某一图纸文件时,发现所绘制的圆形变成多边形,绘制的弧线变成多条直线组成的线段。该现象是图形显示精度的问题,用户只需更改精度数值,即可恢复原图形。数值越大,其精度越平滑;数值越小,其平滑度越低。

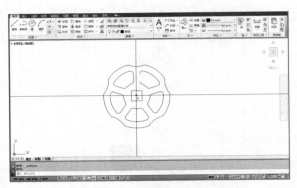

图 1-26　光标设置效果

下面以设置圆弧和圆的平滑度为例，介绍设置显示精度的具体操作方法。

（1）在"显示"选项卡的"显示精度"选项区中，设置圆弧和圆的平滑度为 10，如图 1-27 所示。

（2）单击"确定"按钮，此时将圆变为多边形，如图 1-28 所示。若设置"平滑度"值为 10000，多边形将重新变回圆，如图 1-29 所示。

图 1-27　设置圆弧和圆的平滑度

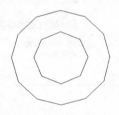

图 1-28　圆变为多边形

图 1-29　重新变回圆

1.5　使用坐标系

在绘图过程中要精确定位某个对象时，必须以某个坐标系作为参照，以便精确拾取点的位置。通过 AutoCAD 的坐标系可以提供精确绘制图形的方法，可以按照非常高的精度标准，准确地设计并绘制图形。在 AutoCAD 中，坐标系分为世界坐标系（World Coordinate System，WCS）和用户坐标系（User Coordinate System，UCS）。

1.5.1　世界坐标系

默认情况下，在开始绘制新图形时，当前的坐标系为世界坐标系（WCS），它包括 X 轴和 Y 轴（如果在三维空间工作，还有一个 Z 轴）。WCS 坐标轴的交汇处显示"口"形标记，但坐标原点并不在坐标系的交汇点，而是位于图形窗口的左下角，所有的位移都是相对于原点计算的，并且沿 X 轴正方向及 Y 轴正方向的位移规定为正方向，如图 1-30、图 1-31 所示。

图 1-30　WCS 坐标（二维空间）　　　　图 1-31　WCS 坐标（三维空间）

1.5.2　用户坐标系

在 AutoCAD 2013 中，世界坐标系是固定的，用户不能对其加以改变，但有时为了能够更好地辅助绘图，就需要改变坐标系的原点和方向，实现这种功能的坐标称为用户坐标系（UCS）。UCS 的原点以及 X 轴、Y 轴、Z 轴方向都可以移动或旋转，甚至可以依赖于图形中某个特定的对象。尽管用户坐标系中 3 个轴之间仍然垂直，但是在方向及位置上却更灵活。另外，UCS 没有"口"形标记，如图 1-32、图 1-33 所示。

图 1-32　UCS 坐标（二维空间）　　　　图 1-33　UCS 坐标（三维空间）

在菜单栏中单击"工具"|"新建 UCS"命令，展开其子命令，利用这些子命令可以很方便地创建 UCS。下面介绍新建用户坐标系的具体操作方法。

（1）单击"文件"|"打开"命令，打开"凸轮.dwg"素材，如图 1-34 所示。

（2）单击"工具"|"新建 UCS"|"原点"命令，根据命令提示，捕捉凸轮图形中的圆心作为新原点，单击鼠标左键即可新建 UCS，如图 1-35 所示。

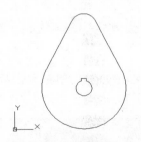

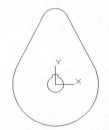

图 1-34　打开素材文件　　　　　　　图 1-35　新建的 UCS

1.5.3　坐标的输入

在绘制图形过程中，用鼠标可以直接定位坐标点，但不是很精确，采用键盘输入坐标值的方式可以更精确地定位坐标点。在 AutoCAD 2013 中，常用的坐标输入方式有绝对直角坐标、相对直角坐标、绝对极坐标和相对极坐标。下面分别介绍这 4 种坐标的特点及定位方法。

➢ 绝对直角坐标是从原点（0,0）或（0,0,0）出发的位移，可以使用分数、小数和科学记数等形式表示点的 X 轴、Y 轴、Z 轴坐标值,坐标间用逗号隔开,例如点(12,20)和（20.5,19.8,30）等。

➢ 相对直角坐标是指对于某一点的 X 轴和 Y 轴位移,它的表示方法是在绝对直角坐标表达方式前加上"@",例如点（@15,60）和（@-50,80）等。

➢ 绝对极坐标是从原点（0,0）或（0,0,0）出发的位移,但给定的是距离和角度,其中距离和角度用"<"分开,且规定 X 轴正向为 0°,Y 轴正向为 90°,例如点（10.5<45）和（50<30）等。

➢ 相对极坐标通过用相对于某一特定点的位置和偏移角度来表示。相对极坐标是以上一操作点作为极点,而不是以原点作为极点,这也是相对极坐标同绝对极坐标之间的区别。例如点（@60<80）用来表示相对极坐标,其中@表示相对、60 表示相对于上一操作点的位置、80 表示为角度。

1.5.4 设置坐标值的显示模式

在绘图区中移动光标时,状态栏上将动态显示光标所处位置的坐标值。坐标显示取决于所选择的模式和程序中运行的命令,在 AutoCAD 2013 中,坐标值的显示模式共有以下 3 种。

➢ 模式 0,"关":显示上一个拾取点的绝对坐标。此时,鼠标指针将不能动态更新,只有在拾取一个新点时,显示才会更新。从键盘上输入新点坐标时,不会改变该显示的方式,如图 1-36 所示。

➢ 模式 1,"绝对":显示光标的绝对坐标,该值是动态更新的,默认情况下,显示方式是打开的,如图 1-37 所示。

➢ 模式 2,"相对":显示一个相对极坐标。当选择该方式时,如果当前处于拾取点状态,系统将显示鼠标指针所在位置相对于上一个点的距离和角度。当离开拾取点状态时,系统将恢复到模式 1,如图 1-38 所示。

43.2600, 23.2255, 0.0000	16.6136, -41.5065, 0.0000	50.9187< 340 , 0.0000
图 1-36 模式 0,"关"	图 1-37 模式 1,"绝对"	图 1-38 模式 2,"相对"

在实际绘图过程中,可以根据需要随时按 F6 键或 Ctrl+D 快捷键或单击状态栏的坐标显示区,可以在这 3 种模式间进行切换。

> **小提示**:当选择"模式 0"时,坐标显示呈现灰色,表示坐标显示是关闭的,但上一个拾取点的坐标仍然是可读的。在一个空的命令提示符或一个不接收距离及角度输入的提示符下,只能在"模式 0"和"模式 1"之间切换。在一个接收距离及角度输入的提示符下,可以在所有模式间循环切换。

1.5.5 编辑用户坐标系

用户坐标系可产生在已知点,也可通过捕捉方式捕捉到实体上。可对它进行复制、旋转和移动,也可对它和已有几何形体或曲面点对齐。

下面介绍使用夹点编辑用户坐标系的操作方法。

（1）单击创建好的用户坐标系,此时用户坐标系上将显示三个蓝色的夹点,方形的夹点叫做原点夹点，圆形的夹点叫做轴夹点。单击这三个夹点，即可移动和旋转用户坐标系，如图 1-39 所示。

（2）单击原点夹点，然后捕捉矩形的左上角端点并单击鼠标左键，即可将用户坐标系移动至矩形图形上，如图 1-40 所示。

图 1-39　选中用户坐标系　　　　　　图 1-40　移动用户坐标系效果

1.6　技 巧 集 锦

1．新建图形文件：在命令行输入 NEW 命令并按回车键，或者使用 Ctrl+N 快捷键都可以新建一个文件。

2．打开文件：在命令行输入 OPEN 命令并按回车键，或者使用 Ctrl+O 快捷键均可以打开"选择文件"对话框。

3．保存文件：在命令行输入 SAVE 命令并按回车键，或者使用 Ctrl+S 快捷键可以快速保存文件。

4．关闭文件：在命令行输入 CLOSE 命令并按回车键，可以关闭当前文档。

5．设置图形界限：在命令行输入 LIMITS 命令并按回车键，可以设置图形界限。

6．设置图形单位：在命令行输入 UNITS 命令并按回车键，可以打开"图形单位"对话框。

7．设置参数选项：在命令行输入 OPTIONS 命令并按回车键，可以打开"选项"对话框。

8．用户坐标系：在命令行输入 UCS 命令并按回车键，可以新建和编辑用户坐标系。

1.7　课 后 习 题

一、填空题

1．AutoCAD 2013 为用户提供了"AutoCAD 经典"、"＿＿＿＿＿＿＿"、"三维基础"和"三维建模" 4 种工作空间模式。

2．在 AutoCAD 2013 中，坐标系分为世界坐标系和＿＿＿＿＿＿＿。

3．图形文件可以以"打开"、"以只读方式打开"、"＿＿＿＿＿＿＿"和"以只读方式局部打开" 4 种方式打开。

二、选择题

1. 在 AutoCAD 2013 中提供了多种切换工作空间方式，_____选项无法切换工作空间。

    A. 使用浏览器菜单选项切换   B. 使用状态栏按钮切换

    C. 使用专用工具栏工具切换   D. 使用菜单栏选项切换

2. AutoCAD 的_____菜单中包含有丰富的绘图命令，使用它们可以绘制直线、构造线、多段线、圆、矩形、多边形、椭圆等基本图形，也可以将绘制的图形转换为面域，对其进行填充。

    A. 工具   B. 文件   C. 格式   D. 绘图

3. 在 AutoCAD 2013 中，可将 AutoCAD 图形对象保存为其他需要的文件格式以供其他软件调用，无法输出_____文件格式。

    A. 位图   B. ISO 文件   C. 图元文件   D. 三维 DWF

三、简答题

1. 简述 AutoCAD 2013 界面组成部分和切换工作空间的方法。

2. 简述 AutoCAD 2013 软件的基本功能。

3. 简述 AutoCAD 2013 新建、打开、保存以及输出文件的方法。

第2章　绘制二维图形

二维图形都是由一些基本图形单元组成的，如点、直线、圆、椭圆、圆弧和多段线等。绘图是 AutoCAD 的最基本的功能，也是主要功能，而二维图形的形状都很简单，创建起来也很容易，它们是整个 AutoCAD 的绘图基础。因此，只有熟练掌握二维平面图形的绘制方法和技巧，才能够更好地绘制出复杂的图形。

本章学习要点

➤ 绘制定数等分点和定距等分点；　　➤ 绘制矩形和正多边形；

➤ 绘制直线、射线和构造线；　　　　➤ 绘制圆和圆弧；

➤ 绘制多线和多段线；　　　　　　　➤ 绘制椭圆和椭圆弧。

2.1　绘制点图形

点对象不仅是组成图形的最基本的元素，还可用作捕捉和偏移对象的节点或参照点。在 AutoCAD 2013 中，点对象有单点、多点、定数等分点和定距等分点 4 种。

2.1.1　绘制单点和多点

默认情况下，点对象显示为小圆点，因此很难看见。所以，在绘制单点、多点、定数等分点或定距等分点之前，需要设置点的样式，让点显示在视图中，以方便对象捕捉、绘制图形。

在菜单栏中单击"格式"|"点样式"命令，在打开的"点样式"对话框中，选择需要的点样式，并在"点大小"文本框中输入数值调整点的大小，然后单击"确定"按钮，即可完成点样式的设置，如图 2-1 所示。

设置好所需的点的样式后，用户就可以进行单点、多点、定数等分点或定距等分点的绘制操作。

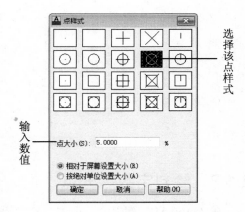

图 2-1　"点样式"对话框

1．绘制单点

在 AutoCAD 2013 中，使用"单点"命令，通过在绘图区中单击鼠标左键或输入点的坐标值指定点，即可绘制单点。在命令行中输入 POINT 命令并按回车键，或者在菜单栏中单击"绘图"|"点"|"单点"命令，都可以调

用"单点"命令。

下面介绍绘制单点的具体操作方法。

（1）单击"绘图"|"点"|"单点"命令，根据命令提示，捕捉图形中的圆心，指定点的位置，如图2-2所示。

（2）单击鼠标左键，确定点的位置，完成单点的绘制，如图2-3所示。

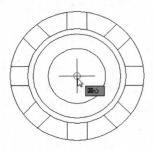
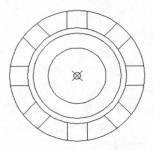

图2-2　指定点位置　　　　　　　　　　　　图2-3　绘制单点效果

2. 绘制多点

在AutoCAD 2013中，使用"多点"命令，在绘图区中一次绘制多个点，这样可以在很大程度上提高绘图效果，既方便又快捷。在菜单栏中单击"绘图"|"点"|"多点"命令，或者在功能区选项板中选择"常用"选项卡，单击"绘图"面板中的"多点"按钮·，都可以调用"多点"命令。

下面介绍绘制多点的具体操作方法。

（1）单击"绘图"|"点"|"多点"命令，根据命令提示，依次捕捉六边形的各个端点并单击鼠标左键，如图2-4所示。

（2）按Esc键结束指定点操作，完成多点的绘制，效果如图2-5所示。

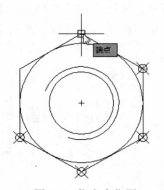
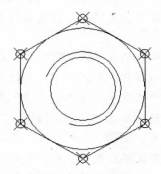

图2-4　指定点位置　　　　　　　　　　　　图2-5　绘制多点效果

2.1.2　绘制定数等分点

在AutoCAD 2013中，使用"定数等分"命令，可以将所选对象按指定的数目平均分成长度相等的几份。这个操作并不将对象实际等分为单独的对象，它仅仅是标明定数等分的位置，以便将它们作为几何参考点。

在菜单栏中单击"绘图"|"点"|"定数等分"命令，或者在功能区选项板中选择"常用"选项卡，单击"绘图"面板中的"定数等分"按钮，都可以调用"定数等分"命令。

下面介绍绘制定数等分点的具体操作方法。

（1）单击"绘图"面板中的"定数等分"按钮，根据命令提示，单击选取要等分的线段，如图 2-6 所示。

（2）输入线段数目为 6 并按回车键，即可完成定数等分点的绘制，效果如图 2-7 所示。

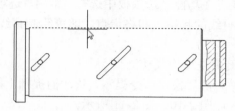

图 2-6　选取要等分的对象

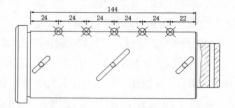

图 2-7　定数等分点效果

> **小提示**：在执行"定数等分"命令时，每次只能对一个对象进行等分操作，而不能对一组对象进行等分操作。

2.1.3　绘制定距等分点

在 AutoCAD 2013 中，使用"定距等分"命令，可以从选定对象的某一个端点开始，按照指定的长度开始划分，等分对象的最后一段可能要比指定的间隔短。

在菜单栏中单击"绘图"|"点"|"定距等分"命令，或者在功能区选项板中选择"常用"选项卡，单击"绘图"面板中的"测量"按钮，都可以调用"定距等分"命令。

下面介绍绘制定距等分点的具体操作方法。

（1）使用以上任意一种方法调出"定数等分"命令，根据命令提示，选取图形的某一条线段作为要等分的对象，如图 2-8 所示。

（2）输入线段长度为 20 并按回车键，即可完成定距等分点的绘制，效果如图 2-9 所示。

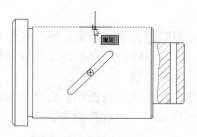

图 2-8　选取要等分的对象

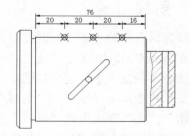

图 2-9　定距等分点效果

2.2　绘制直线图形

线是图形中一类基本的图形对象，在 AutoCAD 中，根据用途不同，可以将线分类为直线、射线、构造线、多线和多段线。下面介绍一些简单的线性对象在建筑绘图中的应用。

2.2.1 直线

直线是各种绘图中最常用、最简单的一类图形对象，既可以是一条线段，也可以是一系列相连的线段，但每条线段都是独立的对象。在 AutoCAD 2013 中，使用"直线"命令，在绘图区指定直线的起点和终点即可绘制一条直线。

在菜单栏中单击"绘图"|"直线"命令，或者在功能区选项板中选择"常用"选项卡，单击"绘图"面板中的"直线"按钮 ✐ ，指定直线的起始点和终止点，即可绘制直线。

下面介绍绘制直线的具体操作方法。

（1）在状态栏中单击"正交模式"按钮，开启正交模式功能。

（2）单击"绘图"面板中的"直线"按钮 ✐ ，然后根据命令提示，依次捕捉圆上的1、2、3、4四个象限点，即可绘制出一个四边形，如图 2-10、图 2-11 所示。

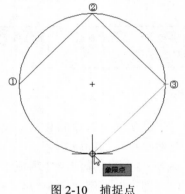

图 2-10　捕捉点　　　　　　　　　　　图 2-11　绘制直线效果

> **小提示**：使用"直线"命令，还可以直接在绘图区单击鼠标左键指定直线的起始点和终止点来绘制直线，也可以在指定起点后，通过输入相对坐标值来确定终点。

2.2.2 射线

射线是只有起始点和方向但没有终点的直线，即射线为一端固定，另一端无限延伸的直线。在 AutoCAD 2013 中，使用"射线"命令，指定射线的起点和通过点即可绘制一条射线。该命令经常用于绘制标高的参考辅助线以及角平分线。

在菜单栏中单击"绘图"|"射线"命令，或者在功能区选项板中，选择"常用"选项卡，单击"绘图"面板中的"射线"按钮 ✐ ，都可以调用"射线"命令。

下面介绍绘制射线的具体操作方法。

（1）在状态栏中单击"极轴追踪"按钮，开启极轴追踪功能并设置增量角为45°。

（2）单击"绘图"面板中的"射线"按钮 ✐ ，根据命令提示，捕捉点 A 并单击，然后移动光标，当角度显示为45°时单击点 B，即可绘制出一条射线，如图 2-12 所示。

（3）根据命令提示，继续指定多个通过点，即可绘制以起点为端点的多条射线，直到按回车键或 Esc 键退出操作为止，如图 2-13 所示。

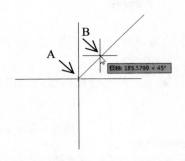
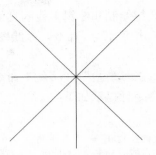

图 2-12　指定射线的起点和通过点　　　　图 2-13　绘制多条射线效果

2.2.3　构造线

构造线是由两点确定的两端无限长的直线，常作为辅助线使用。在 AutoCAD 2013 中，使用"构造线"命令，可以通过在绘图区指定两点绘制任意方向的构造线，也可以绘制出水平、垂直、具有指定倾斜角度、二等分或偏移（平行于选定的直线）构造线。

在菜单栏中单击"绘图"|"构造线"命令，或者在功能区选项板中选择"常用"选项卡，单击"绘图"面板中的"构造线"按钮，都可以调用"构造线"命令。

下面介绍绘制构造线的具体操作方法。

（1）单击"绘图"面板中的"构造线"按钮，依次单击点 A 和点 B，即可绘制一条构造线，如图 2-14 所示。

（2）根据命令提示，继续指定多个通过点，即可绘制多条构造线，直到按回车键或 Esc 键退出操作为止，如图 2-15 所示。

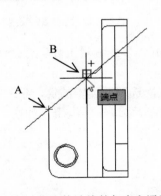
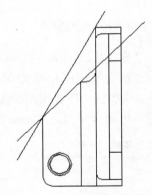

图 2-14　指定构造线的起点和通过点　　　　图 2-15　绘制多条射线效果

2.2.4　多线

多线是一种由多条平行线组成的对象，平行线之间的间距和数目是可以设置的。在 AutoCAD 2013 中，使用"多线"命令，在绘图区依次指定多个点确定多线路径，沿路径将显示多条平行线。

在命令行中输入 MLINE 命令并按回车键，或者在菜单栏中单击"绘图"|"多线"命令，都可以调用"多线"命令。

下面介绍绘制和编辑多线的具体操作方法。

（1）单击"直线"命令，在绘图区中绘制一个长为 200 mm、宽为 150 mm 的矩形，如图 2-16 所示。

（2）单击"绘图"|"多线"命令，根据命令行提示，首先设置多线的对正类型、比例和样式，命令行提示如下：

```
命令：_mline                                          （调用多线命令）
当前设置：对正 = 上，比例 = 20.00，样式 = STANDARD
指定起点或 [对正(J)/比例(S)/样式(ST)]：S↙             （选择比例选项）
输入多线比例 <20.00>：280↙                            （设置多线比例为 280）
当前设置：对正 = 上，比例 = 280.00，样式 = STANDARD
指定起点或 [对正(J)/比例(S)/样式(ST)]：J↙             （选择对正选项）
输入对正类型 [上(T)/无(Z)/下(B)] <上>：Z↙             （选择无选项）
```

（3）设置好多线后，依次单击矩形的 A、B、C、D 四个端点，即可绘制出多线，如图 2-17 所示。

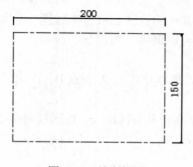

图 2-16　绘制矩形

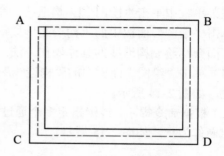

图 2-17　绘制多线效果

（4）单击"修改"|"对象"|"多线"命令，打开"多线编辑工具"对话框，在该对话框中单击"角点结合"按钮 ⌐，如图 2-18 所示。

（5）返回值绘图区，在多线的起始点位置处，依次选取要编辑的第一条和第二条多线，单击鼠标左键即可闭合角点，按 Esc 键结束操作，完成多段线的编辑，如图 2-19 所示。

图 2-18　单击"角点结合"按钮

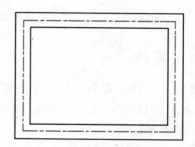

图 2-19　编辑多线效果

2.2.5　多段线

多段线是由等宽或不等宽的直线或圆弧等多条线段构成的特殊线段，可作为单一对象使用，并作为整体对象来编辑。在 AutoCAD 2013 中，使用"多段线"命令可以绘制多段线。

在菜单栏中单击"绘图"|"多段线"命令，或者在功能区选项板中，选择"常用"选项卡，单击"绘图"面板中的"多段线"按钮⟲，都可以调用"多段线"命令。

下面介绍绘制与编辑多段线的具体操作方法。

（1）按 F8 键开启正交模式功能，单击"绘图"面板中的"多段线"按钮⟲，根据命令提示进行操作，即可获得多段线效果，如图 2-20 所示。命令行提示如下：

```
命令：_pline                              （调用多段线命令）
指定起点：                                （在绘图区中任意位置单击鼠标左键，确定点 1）
当前线宽为 0.0000
指定下一个点或 [圆弧(A)/半宽(H)/长度(L)/放弃(U)/宽度(W)]：L↙     （选择长度选项）
指定直线的长度：400↙                      （输入长度值，按回车键确定点 2）
指定下一点或 [圆弧(A)/闭合(C)/半宽(H)/长度(L)/放弃(U)/宽度(W)]：A↙（选择角度选项）
指定圆弧的端点或[角度(A)/圆心(CE)/闭合(CL)/方向(D)/半宽(H)/直线(L)/半径(R)/第二
个点(S)/放弃(U)/宽度(W)]：100↙            （输入数值，按回车键确定点 3）
指定圆弧的端点或[角度(A)/圆心(CE)/闭合(CL)/方向(D)/半宽(H)/直线(L)/半径(R)/第二
个点(S)/放弃(U)/宽度(W)]：↙              （按回车键结束操作，完成多段线的绘制）
```

（2）单击"绘图"面板中的"编辑多段线"按钮⟲，选择刚绘制好的多段线，然后在命令行中输入 W 并按回车键，再设置多段线的宽度为 20，两次按回车键即可退出操作并获得编辑多段线效果，如图 2-21 所示。

图 2-20　绘制多段线效果　　　　　图 2-21　编辑多段线效果

小提示：在 AutoCAD 2013 中，使用"编辑多段线"命令不仅可以修改整个多段线的宽度，也可以分别控制各段的宽度，还可以为将线段、圆弧构成的连续线编辑成一条多段线。

2.3　绘制正多边形

正多边形是具有三条或三条以上的长度相等的线段首尾相接形成的闭合图形，其边数范围在 3～1 024 之间，默认情况下，正多边形的边数为 4。在菜单栏中单击"绘图"|"多边形"命令，或者选择"常用"选项卡，单击"绘图"面板中的"多边形"按钮，都可以调用"多边形"命令。使用该命令，可以通过与假想的圆内接或外切的方式绘制正多边形，也可以通过指定正多边形某一边端点的方式来绘制正多边形。

2.3.1　边长方式

边长方式是通过输入长度数值或指定两个端点来确定正多边形的一条边，进而绘制多边形。

下面介绍使用"边长"方式绘制正多边形的具体操作方法。

（1）单击"绘图"面板中的"多边形"按钮，在命令行中输入多边形的边数为 3 并按回车键。

（2）输入字母 E 并按回车键，选择边选项，然后依次捕捉并单击矩形的 A、B 两个端点，即可绘制所需的多边形，如图 2-22 所示。

2.3.2　内接圆方式

内接圆方式是先确定正多边形的中心位置，然后输入外接圆的半径。所输入的半径值是多边形的中心点至多边形任意端点间的距离，即整个多边形位于一个虚构的圆中。

下面介绍使用"内接圆"方式绘制正多边形的具体操作方法。

（1）单击"绘图"面板中的"多边形"按钮，在命令行中输入多边形的边数为 5 并按回车键，然后捕捉圆心为正多边形的中心点。

（2）按回车键选择默认的内接于圆选项，然后在命令行中输入圆的半径为 200，按回车键即可绘制出正多边形，如图 2-23 所示。

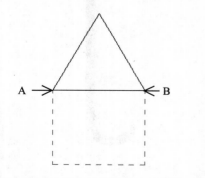

图 2-22　边长方式绘制等边三角形

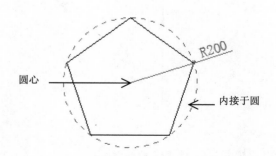

图 2-23　绘制内接于圆的正五边形

2.3.3　外切圆方式

外切圆方式是先确定正多边形的中心位置，然后输入内切圆的半径。所输入的半径值是多边形的中心点至多边线中点的垂直距离。

　　下面介绍使用"外切圆"方式绘制正多边形的具体操作方法。

　　（1）单击"绘图"面板中的"多边形"按钮◻，在命令行中输入多边形的边数为 6 并按回车键，然后捕捉圆心为正多边形的中心点。

　　（2）在命令行中输入 C 并按回车键选择内切圆选项，然后输入圆的半径为 200，按回车键即可绘制出正多边形，如图 2-24 所示。

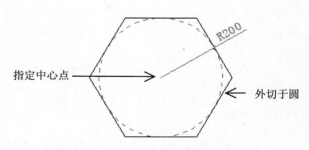

图 2-24　绘制外切于圆的正六边形

2.4　绘　制　矩　形

　　矩形是最常用的几何图形，在菜单栏中单击"绘图"|"矩形"命令，或者在功能区选项板中选择"常用"选项卡，单击"绘图"面板中的"矩形"按钮◻，都可以调用"矩形"命令。使用该命令，可以通过指定矩形的两个对角点、面积和长度或宽度来创建矩形，也可以绘制出倒角矩形、圆角矩形、有厚度的矩形等多种矩形。

2.4.1　绘制普通矩形

　　单击"绘图"面板中的"矩形"按钮◻，在绘图区任意位置单击鼠标左键，指定矩形的第一个对角点，然后根据提示进行操作，即可绘制出长度为 500，宽度为 300 的矩形，命令行提示如下：

```
命令：_rectang                                （调用矩形命令）
指定第一个角点或 [倒角(C)/标高(E)/圆角(F)/厚度(T)/宽度(W)]（在绘图区任意位置单击鼠
                                              标左键）
指定另一个角点或 [面积(A)/尺寸(D)/旋转(R)]：D↙    （选择尺寸选项）
指定矩形的长度 <10.0000>：500↙                （输入长度值并按回车键）
指定矩形的宽度 <10.0000>：300↙                （输入宽度值并按回车键）
指定另一个角点或 [面积(A)/尺寸(D)/旋转(R)]：     （在绘图区单击鼠标左键，完成矩形的绘制）
```

如图 2-25 所示为所绘制的普通矩形。

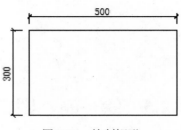

图 2-25　绘制矩形

2.4.2 绘制倒角矩形

单击"绘图"面板中的"矩形"按钮▱，在命令行中输入 C 并按回车键，选择"倒角"选项，然后根据命令提示，设置好倒角距离并指定好矩形的两个对角点，即可绘制出倒角矩形，命令行提示如下：

命令: _rectang   （调用矩形命令）
指定第一个角点或 [倒角(C)/标高(E)/圆角(F)/厚度(T)/宽度(W)]: C↙   （选择倒角选项）
指定矩形的第一个倒角距离 <0.0000>: 50↙   （输入距离值并按回车键）
指定矩形的第二个倒角距离 <50.0000>:↙   （按回车键接受默认值）
指定第一个角点或 [倒角(C)/标高(E)/圆角(F)/厚度(T)/宽度(W)]: （在绘图区任意位置单
                                                        击鼠标左键）
指定另一个角点或 [面积(A)/尺寸(D)/旋转(R)]: （在绘图区合适位置单击鼠标左键，完成矩形
                                              的绘制）

如图 2-26 所示为所绘制的倒角矩形。

2.4.3 绘制圆角矩形

单击"绘图"面板中的"矩形"按钮▱，在命令行中输入 F 并按回车键，选择"圆角"选项，然后根据命令提示，设置好圆角半径并指定好矩形的两个对角点，即可绘制出圆角矩形，命令行提示如下：

命令: _rectang   （调用矩形命令）
指定第一个角点或 [倒角(C)/标高(E)/圆角(F)/厚度(T)/宽度(W)]: F↙   （选择圆角选项）
指定矩形的圆角半径 <0.0000>: 50↙   （输入半径值并按回车键）
指定第一个角点或 [倒角(C)/标高(E)/圆角(F)/厚度(T)/宽度(W)]: （在绘图区任意位置单击
                                                        鼠标左键）
指定另一个角点或 [面积(A)/尺寸(D)/旋转(R)]: （在绘图区合适位置单击鼠标左键，完成矩形
                                              的绘制）

如图 2-27 所示为所绘制的圆角矩形。

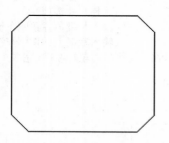

图 2-26　绘制倒角矩形　　　　　　　　　　图 2-27　绘制圆角矩形

2.5　绘　制　圆

圆是作图过程中经常遇到的基本图形。在菜单栏中单击"绘图"|"圆"命令中的子命令，或者在功能区选项板中选择"常用"选项卡，单击"绘图"面板中的相关"圆"按钮，都可

以绘制圆。AutoCAD 提供了 6 种绘制圆的方法，本节主要介绍绘制圆时常用的几种方法。

2.5.1　指定圆心、半径绘制圆

圆心、半径方式是先确定圆心，然后输入圆的半径，即可完成圆轮廓线的绘制。

下面介绍使用"圆心、半径"方式绘制圆的具体操作方法。

（1）单击"绘图"面板中的"圆心、半径"按钮◎，利用"对象捕捉"功能，捕捉正七边形的端点 A 为圆的圆心。

（2）输入圆的半径为 150，按回车键即可绘制出圆，如图 2-28 所示。

2.5.2　指定圆上的三点绘制圆

不在同一条线上的三点可以唯一确定一个圆，用三点方式绘制圆时，要求输入圆周上的三个点来确定圆，完成圆轮廓线的绘制。

下面介绍使用"三点"方式绘制圆的具体操作方法。

（1）单击"绘图"面板中的"三点"按钮◎。

（2）利用"对象捕捉"功能，依次捕捉并单击正七边形的 B、C、D 三个端点，即可绘制出圆，如图 2-29 所示。

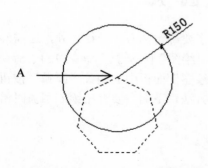
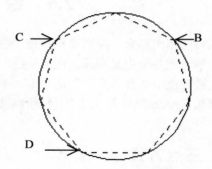

图 2-28　圆心、半径方式绘制圆　　　　　　图 2-29　三点方式绘制圆

2.5.3　指定直径的两端点绘制圆

两点方式要求用户通过确定直径来确定圆的大小及位置，即要求确定直径上的两端点，完成圆轮廓线的绘制。

下面介绍使用"两点"方式绘制圆的具体操作方法。

（1）单击"绘图"面板中的"两点"按钮◎。

（2）利用"对象捕捉"功能，依次捕捉并单击正七边形的 E、F 两个端点，即可绘制出圆，如图 2-30 所示。

2.5.4　指定相切、相切、半径方式绘制圆

相切、相切、半径方式要确定与圆相切的两个对象，并且确定圆的半径，从而完成圆轮廓线的绘制。

下面介绍使用"相切、相切、半径"方式绘制圆的具体操作方法。

（1）单击"绘图"面板中的"相切，相切，半径"按钮⊙，利用"对象捕捉"功能，依次捕捉并单击与圆相切的两个对象上的切点 1 和切点 2。

（2）输入圆的半径为 100，按回车键即可绘制出圆，如图 2-31 所示。

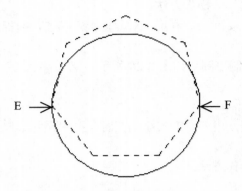

图 2-30　两点方式绘制圆

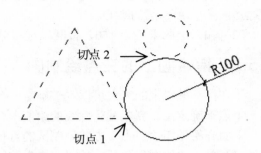

图 2-31　相切、相切、半径方式绘制圆

2.6　绘制圆弧

圆弧与圆相比起来，控制要相对难一些，除了要确定圆心和半径之外，还需确定起始角和终止角才能完全定义圆弧。在菜单栏中单击"绘图"|"圆弧"命令中的子命令，或者在功能区选项板中选择"常用"选项卡，单击"绘图"面板中的相关"圆弧"按钮，都可以绘制圆弧。AutoCAD 提供了 11 种绘制圆弧的方法，下面主要介绍绘制圆弧时常用的几种方法。

2.6.1　三点方式

三点方式是通过指定圆弧上的三点确定一段圆弧。其中第一点和第三点分别是圆弧上的起点和端点，且第二点可以确定圆弧的位置。

下面介绍使用"三点"方式绘制圆弧的具体操作方法。

（1）单击"绘图"面板中的"三点"按钮⌒。

（2）利用"对象捕捉"功能，在图形上依次捕捉并单击 A、B、C 三个中点，即可绘制出一段圆弧，如图 2-32 所示。

2.6.2　起点、圆心、端点方式

起点、圆心、端点方式是通过指定圆弧的起点、圆心和端点，即可完成圆弧的绘制。

下面介绍使用"起点、圆心、端点"方式绘制圆弧的具体操作方法。

（1）单击"绘图"面板中的"起点，圆心，端点"按钮⌒。

（2）利用"对象捕捉"功能，在图形上依次捕捉并单击 E、F、G 三个点，即可绘制出一段圆弧，如图 2-33 所示。

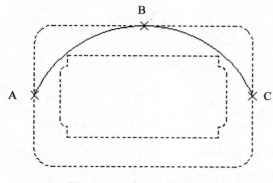
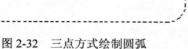

图 2-32　三点方式绘制圆弧

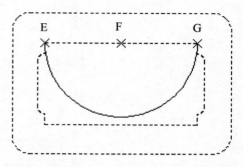

图 2-33　起点、圆心、端点方式绘制圆弧

2.6.3　起点、圆心、角度方式

起点、圆心、角度方式是先指定圆弧的起点和圆心，然后设置圆弧的包含角，即可完成圆弧的绘制。

下面介绍使用"起点、圆心、角度"方式绘制圆弧的具体操作方法。

（1）单击"绘图"面板中的"起点，圆心，角度"按钮。

（2）利用"对象捕捉"功能，在图形上依次捕捉并单击 B、H 两个中点，然后在命令行中输入包含角为 90°，按回车键即可绘制出一段圆弧，如图 2-34 所示。

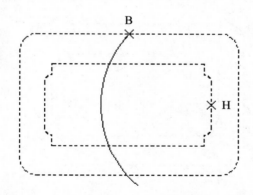

图 2-34　起点、圆心、角度方式绘制圆弧

2.6.4　起点、端点、角度方式

起点、端点、角度方式是指定圆弧上的起点和端点，然后设置圆弧的包含角，即可完成圆弧的绘制。

下面介绍使用"起点、端点、角度"方式绘制圆弧的具体操作方法。

（1）单击"绘图"面板中的"起点，端点，角度"按钮。

（2）利用"对象捕捉"功能，在图形上依次捕捉并单击 J、K 两个点，然后在命令行中输入包含角为 180°，按回车键即可绘制出一段圆弧，如图 2-35 所示。

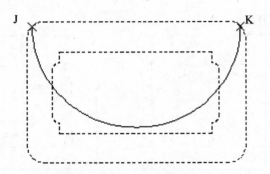

图 2-35　起点、端点、角度方式绘制圆弧

2.6.5　起点、端点、方向方式

起点、端点、方向方式是指定圆弧上的起点和端点，再指定圆弧的起点切向，即可完成圆弧的绘制。

下面介绍使用"起点、端点、方向"方式绘制圆弧的具体操作方法。

（1）单击"绘图"面板中的"起点，端点，方向"按钮　，按 F8 键开启"正交"功能。

（2）利用"对象捕捉"功能，在图形上依次捕捉并单击 M、C 两个中点，然后向右移动光标并在合适的位置单击，即可绘制出一段圆弧，如图 2-36 所示。

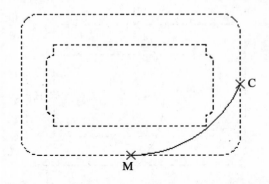

图 2-36　起点、端点、方向方式绘制圆弧

2.7　绘制椭圆和椭圆弧

椭圆曲线是指 X、Y 轴方向所对应的圆弧直径不同。如果直径完全相同则形成规则的圆轮廓线，因此可以说圆是椭圆的特殊形式，而椭圆弧则是椭圆的一部分。在菜单栏中单击"绘图"|"椭圆"命令中的子命令，或者在功能区选项板中选择"常用"选项卡，单击"绘图"面板中的相关"椭圆"按钮，都可以绘制椭圆和椭圆弧。

2.7.1　轴、端点方式

轴、端点方式是在绘图区域直接指定椭圆的一轴的两个端点，并输入另一半轴的长度，即可完成椭圆弧的绘制。

下面介绍使用"轴、端点"方式绘制椭圆的具体操作方法。

（1）单击"绘图"面板中的"轴，端点"按钮◎，依次在图形上捕捉并单击 A、B 两个端点。

（2）在命令行中输入另一半轴的长度为 10，按回车键即可绘制出椭圆，如图 2-37 所示。

2.7.2　中心点方式

中心点方式是通过指定椭圆的圆心、长半轴的端点以及短半轴的长度绘制椭圆。

下面介绍使用"中心点"方式绘制椭圆的具体操作方法。

（1）单击"绘图"面板中的"圆心"按钮◎，依次在图形上捕捉并单击 A、B 两个端点。

（2）在命令行中输入另一条半轴的长度为 10，按回车键即可绘制出椭圆，如图 2-38 所示。

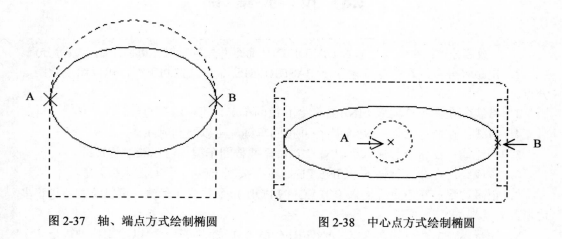

图 2-37　轴、端点方式绘制椭圆　　　　　图 2-38　中心点方式绘制椭圆

2.7.3　绘制椭圆弧

椭圆弧是椭圆的部分弧线，使用"椭圆弧"命令，通过指定圆弧的起始角和终止角，即可绘制椭圆弧。此外，在指定椭圆弧终止角时，可以通过在命令行输入数值，也可以直接在图形中指定位置点定义终止角，还可以通过参数来确定椭圆弧的另一端点。

下面介绍绘制椭圆弧的具体操作方法。

（1）单击"绘图"面板中的"椭圆弧"按钮◎，依次捕捉 A、B 两个点，然后在命令行中输入另一条半轴长度为 10 并按回车键。

（2）输入起始角度为 30°，按回车键输入终止角度为 270°，再次按回车键即可绘制椭圆弧，如图 2-39 所示。

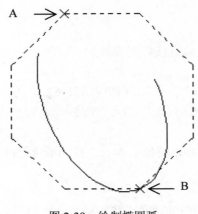

图 2-39　绘制椭圆弧

小提示： 绘制椭圆弧时，指定的第一个端点即定义了基准点，椭圆弧的角度从该点按逆时针方向计算。

2.8　技 巧 集 锦

1．定数等分点：在命令行输入 DIVIDE/DIV 命令并按回车键，可以绘制定数等分点。

2．定距等分点：在命令行输入 MEASURE/ME 命令并按回车键，可以绘制定距等分点。

3．直线：在命令行输入 LINE/L 命令并按回车键，可以绘制直线。

4．射线：在命令行输入 RAY 命令并按回车键，可以绘制射线。

5．构造线：在命令行输入 XLINE/XL 命令并按回车键，可以绘制构造线。

6．多段线：在命令行输入 PLINE/PL 命令并按回车键，可以绘制多段线。

7．正多边形：在命令行输入 POLYGON/POL 命令并按回车键，可以绘制各种正多边形。

8．矩形：在命令行输入 RECTANG/REC 命令并按回车键，可以绘制各种矩形。

9．圆和圆弧：在命令行输入 CIRCLE/C 命令并按回车键，可以绘制圆。在命令行输入 ARC/A 命令并按回车键，可以绘制圆弧。

10．椭圆和椭圆弧：在命令行输入 ELLIPSE/EL 命令并按回车键，可以绘制椭圆和椭圆弧。

2.9　课 堂 练 习

练习一　绘制三角垫片

本练习将结合本章所学内容，介绍一款三角垫片俯视图的绘制，具体步骤如下。

（1）单击"新建"命令，新建空白文件，然后单击"绘图"面板中的"多边形"命令，如图 2-40 所示。

（2）根据命令提示，设置边数为 3，然后在绘图区中指定一点为正多边形的中心点，并选择"内接于圆"选项，如图 2-41 所示。

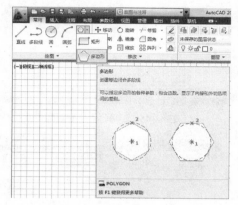

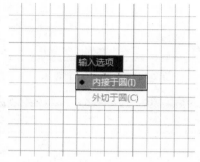

图 2-40　选择"多边形"命令　　　　　　　图 2-41　选择"内接于圆"选项

（3）在命令行中输入圆的半径为 30，按回车键即可绘制出一个三角形，如图 2-42 所示。

（4）单击"修改"面板中的"圆角"按钮，如图 2-43 所示。

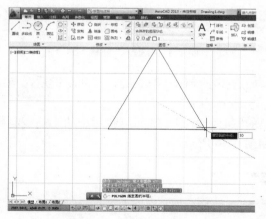

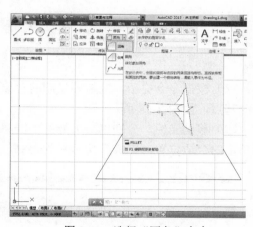

图 2-42　设置圆的半径　　　　　　　　　图 2-43　选择"圆角"命令

（5）根据命令提示，在命令行中输入 M 并按回车键，选择"多个"选项，然后输入 R 并按回车键，选择"半径"选项，并设置圆角半径为 5，按回车键后，依次选择要进行倒圆角的第一个和第二个对象，即可完成该角的倒圆角操作，如图 2-44、图 2-45 所示。

（6）根据命令提示，继续选择第一和第二个对象，完成其他两个角的倒圆角操作，然后按回车键结束圆角命令，如图 2-46 所示。

（7）单击"圆"命令，指定倒圆角的圆心为圆心，绘制一个不超出倒角的圆。然后单击"修改"面板中的"复制"按钮，如图 2-47 所示。

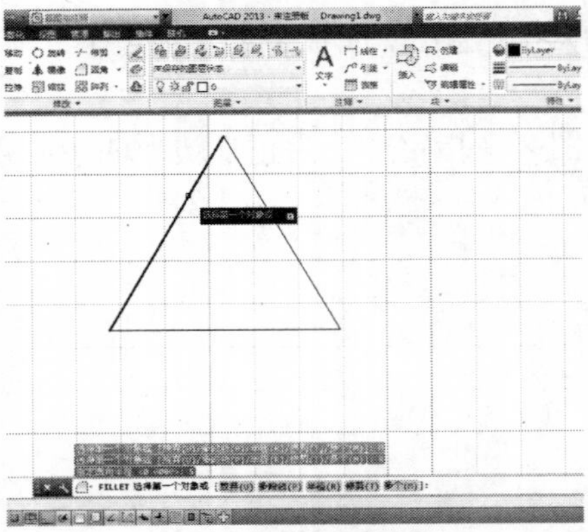

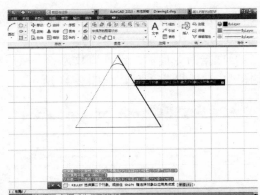

图 2-44　选择第一个对象

图 2-45　选择第二个对象

图 2-46　三角形的圆角效果

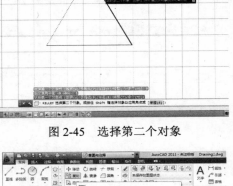

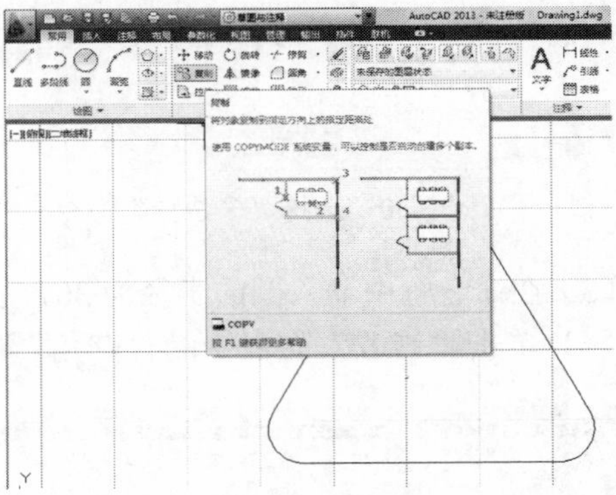

图 2-47　选择"复制"命令

（8）根据命令提示，选择要复制的对象，如选择刚绘制好的小圆，按回车键后，指定移动基点，如图 2-48 所示。

（9）移动光标，分别单击另外两个倒圆角的圆心，按回车键即可将所选的小圆复制到三角形的合适位置，完成三角垫片的绘制，如图 2-49 所示。

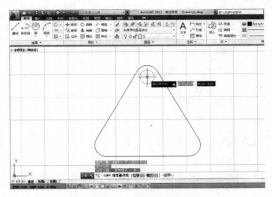

图 2-48　指定移动基点

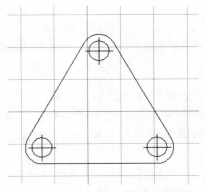

图 2-49　三角垫片的绘制效果

练习二　绘制矩形垫片

本练习介绍一款矩形垫片的绘制，具体操作步骤如下。

（1）单击"新建"命令，新建空白文件，然后进入"草图与注释"工作界面。单击"矩形"命令，创建一个长为 600 mm，宽为 400 mm 的长方形，如图 2-50 所示。

（2）单击"偏移"命令，设置偏移距离为 75 mm，将长方形向内偏移，效果如图 2-51 所示。

图 2-50　绘制矩形

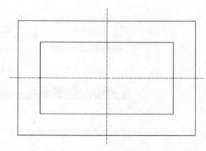

图 2-51　偏移线段

（3）单击"圆角"命令，选择"半径"选项，并设置圆角半径为 50，将大长方形的四个角进行倒圆角，然后单击"倒角"命令，选择"角度"选项，设置第一条直线的倒角长度为 20，角度为 45°，将小长方形的四个角进行倒角，如图 2-52 所示。

（4）单击"圆"命令，在图形合适位置绘制半径分别为 21 和 25 的两个同心圆，如图 2-53 所示。

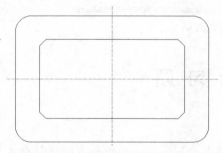

图 2-52　倒角和倒圆角矩形效果

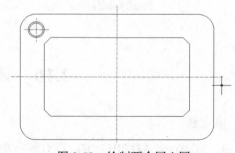

图 2-53　绘制两个同心圆

（5）单击"矩形阵列"命令，选择刚绘制的两个同心圆，按回车键，在临时出现的"阵列创建"选项卡中，设置行数和列数均为 2，行距为 300，列距为 500，如图 2-54 所示。

（6）按回车键完成阵列操作后，单击"格式"工具栏中的"图层"命令建立新图层，将图层内的线型颜色改为蓝色。单击"线性标注"命令，使用"线性"、"基线"、"连续"命令标注水平尺寸和垂直尺寸，使用"半径"命令标注半径尺寸，可单击"标注"工具栏内的"标注样式"命令来设置单位格式、公差、符号和箭头等参数。完成垫片图形的绘制，如图 2-55 所示。

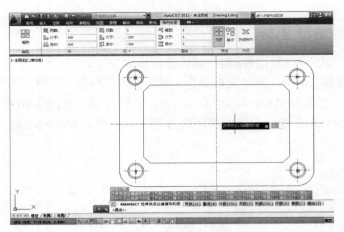

图 2-54　阵列对象效果

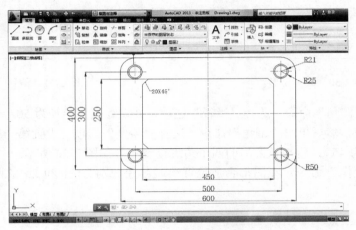

图 2-55　尺寸标注效果

2.10　课 后 习 题

一、填空题

1．在 AutoCAD 2013 中，点对象有单点、多点、＿＿＿＿＿＿＿和定距等分点 4 种。

2．使用"直线"命令绘制直线时，可以直接在绘图区指定直线的起始点和终止点，也可以指定起点后，通过输入＿＿＿＿＿＿＿来确定终点。

3．在 AutoCAD 2013 中，＿＿＿＿＿＿＿是由两点确定的两端无限长的直线，常作为辅助线来使用。

二、选择题

1．在 AutoCAD 2013 中，使用＿＿＿＿＿命令，可以绘制出倒角矩形、圆角矩形、有厚度的矩形等多种矩形。

　　A．矩形　　　　　　B．直线　　　　　　C．正多边形　　　　D．构造线

2．以下方法中不能绘制圆的是_____。

　　A．圆心、半径　　　B．圆心、角度　　C．三点　　　　　　D．相切、相切、半径

3．以下方法中不能绘制圆弧的是_____。

　　A．起点，端点，角度　　　　　　　B．起点，圆心，端点

　　C．起点，半径，角度　　　　　　　D．三点

三、简答题

1．简述绘制正多边形的方法。

2．简述绘制矩形的方法。

3．简述绘制圆的 6 种不同方法。

四、上机题

螺母就是螺帽，与螺栓或螺杆拧在一起用来起紧固作用的零件，所有生产制造机械必须用的一种元件。本练习将绘制螺母横截面图，效果如图 2-56 所示。

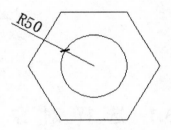

图 2-56　螺母横截面图

提示：

使用"圆"命令，绘制一个半径为 50 mm 的圆，然后使用"正多边形"命令，捕捉刚绘制好的圆的圆心为中心点，绘制一个内接于圆，半径为 100 mm 的正六边形。

第3章　编辑二维图形

在 AutoCAD 中，单纯使用绘图命令或绘图工具只能绘制一些基本的图形对象。要绘制复杂的图形，必须借助图形的编辑命令。AutoCAD 2013 提供了丰富的图形编辑命令，如旋转、移动、复制、偏移、拉伸、修剪等。使用这些命令，可以修改已有图形或通过已有图形创建出新的复杂图形。而在编辑图形对象之前，首先要选择对象，然后再进行编辑。当选择图形对象时，利用夹点编辑功能可以轻松地进行简单编辑。

本章学习要点

- ➤ 选择对象的方法；
- ➤ 使用夹点拉伸对象；
- ➤ 复制、旋转、镜像对象；
- ➤ 移动、偏移、拉伸对象；

- ➤ 阵列和缩放对象；
- ➤ 圆角和倒角对象；
- ➤ 延伸和修剪对象；
- ➤ 分解、合并、打断对象。

3.1　选 择 对 象

选择对象是对对象进行编辑操作的基础，只有先选择要编辑的对象才能进行修改。AutoCAD 用虚线显示所选的对象，这些对象就构成选择集。选择集可以包含单个对象，也可以包含复杂的对象编组。

3.1.1　设置对象的选择模式

要设置对象选择模式，可在菜单中单击"工具"|"选项"命令，或者在绘图区中单击鼠标右键，在弹出的快捷菜单中选择"选项"命令，都可以打开"选项"对话框。然后选择"选择集"选项卡，设置选择集模式、拾取框的大小及夹点功能，如图 3-1 所示。

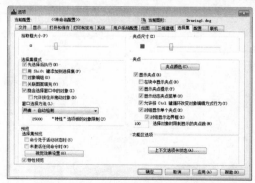

图 3-1　"选项"对话框

在该选项卡的"选择集模式"选项组中,用户可以定义选择集命令之间先后执行顺序、选择集的添加方式以及在定义与组或填充对象有关选择集时的各种设置。

3.1.2　选择对象的方法

在 AutoCAD 2013 中,选择对象的方法有很多,用户在未执行任何命令时选择对象,对象上将显示若干蓝色的小方框(即夹点),而执行要求选择对象的命令时,对象将以虚线显示。

若要查看选择对象有哪些方法,可以在命令行中输入 SELECT 命令并按回车键,然后输入"?"并按回车键,命令行提示如下:

需要点或窗口(W)/上一个(L)/窗交(C)/框(BOX)/全部(ALL)/栏选(F)/圈围(WP)/圈交(CP)/编组(G)/添加(A)/删除(R)/多个(M)/前一个(P)/放弃(U)/自动(AU)/单个(SI)/子对象(SU)/对象(O)

根据上面的提示,输入其中的大写字母并按回车键,即可以指定选择对象的方式。下面介绍几种常用的对象选取方法。

1.　直接选取对象

该方法又称点取对象,是最简单、最常用的一种选取方法。在选取对象时,将光标或者拾取框移动到要选取的对象上,然后单击即可选取对象,如果需要选取多个图形对象,可以逐个单击选取这些对象,如图 3-2、图 3-3 所示。

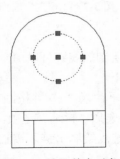
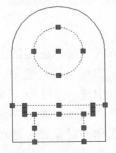

图 3-2　选取单个对象　　　　图 3-3　选取多个对象

2.　窗口选取

该方法是通过指定对角点绘制一个矩形区域来选择对象。利用该方法选取对象时,从左往右拉出选择框,全部位于矩形窗口内的对象将被选中,不在窗口内或者只有部分在窗口内的对象将不能被选中。具体操作方法如下。

(1)在图形合适位置单击鼠标左键,确定第一个对角点后,将光标向右侧移动,拖出一个实线矩形选择框,如图 3-4 所示。

(2)再次单击鼠标左键,确定第二个对角点,即可完成对象的选取,如图 3-5 所示。

3.　窗交选取

该方法与用窗口选择对象的方式类似,不同的是,利用该方法选取对象时,从右往左拉出选择框,只要对象有部分位于窗口内,都将被选中。具体操作方法如下。

(1)在图形的右侧单击鼠标左键,确定第一个对角点后,向左边移动光标,拖出一个虚线矩形选择框，如图 3-6 所示。

（2）再次单击鼠标左键，确定第二个对角点，即可完成对象的选取，如图 3-7 所示。

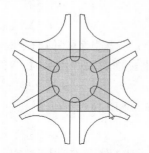

图 3-4　绘制矩形选择框

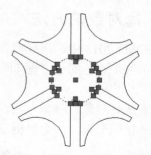

图 3-5　"窗口"选择对象

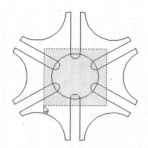

图 3-6　绘制矩形选择框

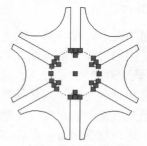

图 3-7　"窗交"选择对象

4. 栏选选取

使用该选取方式能够以画链的方式选择对象。所绘制的线链可以由一段或多段直线组成，所有与其相交的对象均被选中。具体操作方法如下。

（1）在命令行中输入 SELECT 命令并按回车键，再输入"?"并按回车键。

（2）根据命令行提示，输入字母 F 并按回车键，选择"栏选"选项。

（3）在需要选择的对象处，通过指定一系列的栏选点绘制出链，按回车键即可完成对象的选取，如图 3-8、图 3-9 所示。

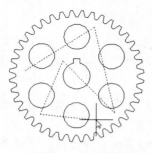

图 3-8　绘制线链

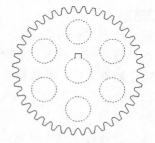

图 3-9　"栏选"选择对象

5. 圈围选取

该方法是通过指定一系列的点绘制出一个不规则的封闭多边形作为窗口来选取对象。如果给定的多边形顶点不封闭，系统将自动将其封闭。圈围多边形窗口只选择完全包含在内的对象。具体操作方法如下。

（1）在命令行中输入 SELECT 命令并按回车键，再输入"?"并按回车键。

（2）根据命令行提示，输入字母 WP 并按回车键，选择"圈围"选项。

（3）在图形中指定一系列的点，绘制一个不规则的实线多边形选择框，按回车键即可完成对象的选取，如图 3-10、图 3-11 所示。

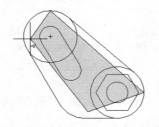

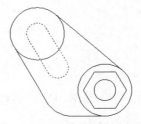

图 3-10　绘制实线多边形选择框　　　　　　图 3-11　"圈围"选择对象

6. 圈交选取

该方法与"圈围"选择方式类似，不同的是所有在多边形内或与多边形相交的对象都将被选中。具体操作方法如下。

（1）在命令行中输入 SELECT 命令并按回车键，再输入"?"并按回车键。

（2）根据命令行提示，输入字母 CP 并按回车键，选择"圈交"选项。

（3）在图形中指定一系列的点，绘制一个不规则的虚线多边形选择框，按回车键即可完成对象的选取，如图 3-12、图 3-13 所示。

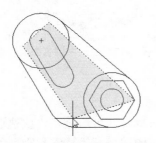

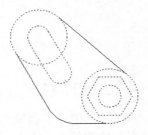

图 3-12　绘制虚线多边形选择框　　　　　　图 3-13　"圈交"选择对象

3.1.3　过滤对象

在 AutoCAD 2013 中，利用"对象选择过滤器"对话框，可以以对象的类型（如直线、圆及圆弧等）、图层、颜色、线型或线宽等特性作为条件，过滤选择符合设定条件的对象，还可以命名和保存过滤器。此时必须考虑图形中对象的这些特性是否设置为随层。

下面以利用"对象选择过滤器"对话框将图形中所有的圆弧过滤出来为例，介绍过滤对象的具体操作方法。

（1）在命令行中输入 FILTER/FI 并按回车键，打开"对象选择过滤器"对话框，在"选择过滤器"选项组的下拉列表中，选择"圆弧"选项，如图 3-14 所示。

（2）单击"添加到列表"按钮，将选择的"圆弧"过滤器添加到"对象选择过滤器"

对话框上部列表中，如图 3-15 所示。

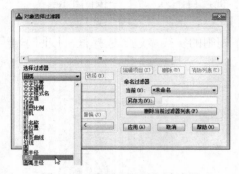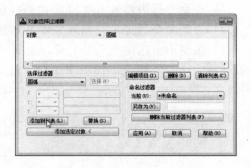

图 3-14　选择"圆弧"过滤器　　　　　　图 3-15　添加"圆弧"过滤器

（3）单击"应用"按钮，返回至绘图区，窗交选取整个图形，图形中所有的圆弧将被选中，按回车键即可结束过滤操作，如图 3-16、图 3-17 所示。

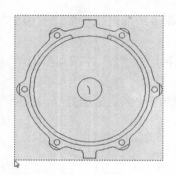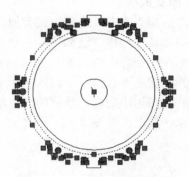

图 3-16　选择整个图形对象　　　　　　图 3-17　只选中圆弧对象

3.1.4　快速选择对象

在 AutoCAD 中，当需要选择具有某些共同特性的对象时，可通过在"快速选择"对话框中进行相应的设置，来根据图形对象的图层、颜色、图案填充等特性和类型创建选择集，从而可以准确快速地从复杂的图形中选择满足某种特性的图形对象。

在菜单栏中单击"工具"|"快速选择"命令，或者在功能区选项板中选择"常用"选项卡，单击"实用工具"面板中的"快速选择"按钮，都可以打开"快速选择"对话框。

下面以利用"快速选择"对话框只选择图形中所有半径为 3 的圆为例，介绍快速选择对象的方法。

（1）单击"工具"|"快速选择"命令，打开"快速选择"对话框，在"对象类型"下拉列表中选择"圆"选项，如图 3-18 所示。

（2）在"特性"列表框中，选择"半径"选项，然后在"值"列表中输入 3，如图 3-19所示。

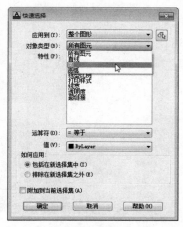
图 3-18　设置对象类型

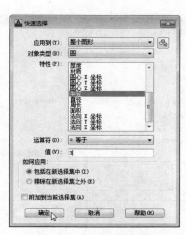
图 3-19　设置对象特性

（3）在"如何应用"选项组中，单击"包括在新选择集中"单选按钮，单击"确定"按钮，即可将图形中所有半径为 3 的圆选中，如图 3-20、图 3-21 所示。

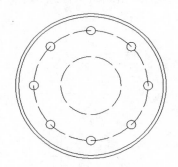
图 3-20　快速选择对象前

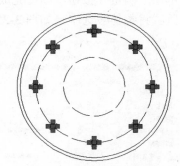
图 3-21　快速选择对象后

3.1.5　使用编组

在 AutoCAD 中，可以将图形对象进行编组，以创建一种选择集，从而使编组图形对象显得更加灵活和方便。编组是已命名的对象选择，随图形一起保存。一个对象可以作为多个编组的成员。在 AutoCAD 2013 中，利用"对象编组"对话框设置相应选项，即可对所选择的对象进行编组。

在命令行中输入 CLASSICGROUP 命令并按回车键，或者在功能区选项板中选择"常用"选项卡，单击"组"面板中的"编组管理器"按钮，都可以打开"对象编组"对话框。

下面以将图形中的所有"红色"圆进行编组为例，介绍创建及编辑编组对象的方法。

（1）在命令行中输入 CLASSICGROUP 命令并按回车键，打开"对象编组"对话框，在"编组名"文本框中输入"红色的圆"，在"创建编组"选项区中单击"新建"按钮，如图 3-22 所示。

（2）返回至绘图区并根据命令提示，依次在图形中的红色圆上单击，将其选择，如图 3-23 所示。

图 3-22　"对象编组"对话框

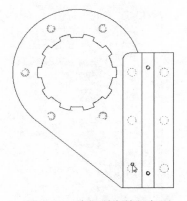

图 3-23　选择所有的红色圆

（3）按回车键返回至"对象编组"对话框，在"编组名"列表框中选中刚创建好的编组，然后在"修改编组"选项组中单击"可选择的"按钮，将其"可选择的"状态设置为"是"，如图 3-24 所示。

（4）单击"确定"按钮，即可完成对象的编组，然后单击编组中任意一个红色圆，则所有的红色圆将整体被选中，如图 3-25 所示。

图 3-24　设置编组的"可选择的"状态

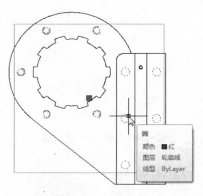

图 3-25　选择红色圆对象

> **小提示**：创建完编组后，可以通过设置系统变量来控制是否分别选择已有编组的对象。如果系统变量 PICKSTYLE 设置为 1 或 3，则打开编组选择，编组中的对象能作为一个编组来选择，不可以单独选择其中的图形元素。如果系统变量 PICKSTYLE 设置为 0，则关闭编组选择，编组中的对象只能分别选择，不能作为一个编组来选择。

3.2　使 用 夹 点

当选择图形对象时，在对象上将显示出若干小方框，这些小方框用来标记被选中对象的夹点，夹点就是对象上的控制点。在 AutoCAD 中，利用这些夹点可以编辑图形的大小、位置、方向等。

3.2.1　控制夹点显示

在 AutoCAD 中，夹点是一种集成的编辑模式，提供了一种方便、快捷的操作途径。在未进行任何操作时选取对象，对象的特征点上将会出现夹点。夹点是一些实心的彩色小方框，默认颜色为蓝色。用户可以根据个人的喜好和需要改变夹点的大小和颜色。

在绘图区中单击鼠标右键，在弹出的快捷菜单中单击"选项"命令，在打开的"选项"对话框中选择"选择集"选项卡。在该选项卡的"夹点大小"选项组中可设置夹点的大小和颜色，如 3-26 所示。

图 3-26　"选择集"选项卡

3.2.2　使用夹点编辑对象

所谓夹点指的是图形对象上的一些特征点，如端点、顶点、中点、中心点等，图形的位置和形状通常是由夹点的位置决定。在 AutoCAD 2013 中，使用夹点功能，可以对图形对象进行拉伸、移动、旋转、缩放、镜像等操作。

下面以使用夹点拉伸对象为例，介绍使用夹点编辑对象的具体操作方法。

（1）单击图形中任意一个夹点，即可以进入拉伸编辑状态，此时系统将默认所选夹点为拉伸基点，如图 3-27 所示。

（2）拖曳鼠标至合适位置单击，指定拉伸位置，即可完成图形的拉伸操作，按 Esc 键便可退出夹点操作模式，如图 3-28 所示。

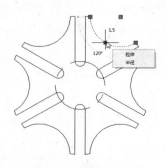

图 3-27　指定拉伸点

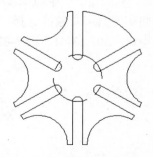

图 3-28　使用夹点拉伸对象效果

> **小提示：** 当指定的夹点是文字、块参照、直线中点、圆心和点对象上的夹点时，拉伸对象将变为移动对象。这在移动块参照和调整标注过程中是十分快捷和简便的方法。

3.3　对象的基本编辑

在 AutoCAD 2013 中，使用删除、旋转、移动、复制、偏移等命令，可对图形对象进行基本的编辑操作。

3.3.1　删除对象

在 AutoCAD 2013 中，使用"删除"命令可以删除选中的对象。在菜单栏中单击"修改"|"删除"命令，或者在功能区选项板中选择"常用"选项卡，单击"修改"面板中的"删除"按钮 ，都可以调用"删除"命令。

下面介绍删除对象的具体操作方法。

（1）单击"修改"面板中的"删除"按钮 ，根据命令行提示，选择要删除的图形对象，如图 3-29 所示。

（2）按回车键或空格键结束对象的选择，同时将已选的对象删除，如图 3-30 所示。

图 3-29　选取要删除的对象

图 3-30　删除效果

3.3.2　移动对象

在 AutoCAD 2013 中，使用"移动"命令，可以在指定方向上按指定距离移动图形对象。要精确地移动对象，还可以使用"对象捕捉"功能辅助移动操作。移动对象仅仅是位置的平移，而不改变对象的大小和方向。

在菜单栏中单击"修改"|"移动"命令，或者在功能区选项板中选择"常用"选项卡，单击"修改"面板中的"移动"按钮 ，都可以调用"移动"命令。

下面介绍移动对象的具体操作方法。

（1）单击"修改"面板中的"移动"按钮 ，根据命令行提示，选择要移动的图形对象。

（2）按回车键结束对象的选择，然后依次捕捉并单击圆心 1 和圆心 2，即可完成图形对象的移动操作，如图 3-31、图 3-32 所示。

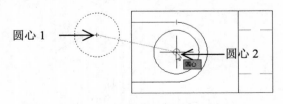

图 3-31　指定基点和目标点

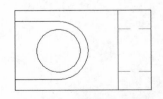

图 3-32　移动对象效果

3.3.3　复制对象

在 AutoCAD 2013 中，使用"复制"命令可以将任意复杂的图形复制到图中任意位置。复制对象与移动对象的区别是：在移动对象的同时，源对象还能保留。

在菜单栏中单击"修改"|"复制"命令，或者在功能区选项板中选择"常用"选项卡，单击"修改"面板中的"复制"按钮，都可以调用"复制"命令。

下面介绍复制对象的具体操作方法。

（1）单击"修改"面板中的"复制"按钮，根据命令行提示，选择要复制的图形对象。

（2）按回车键结束对象的选择，然后依次捕捉并单击圆心 1 和圆心 2，指定其为基点和目标点，如图 3-33 所示。

（3）继续指定多个目标点，即可复制多个对象，按 Esc 键结束对象的复制操作，如图 3-34 所示。

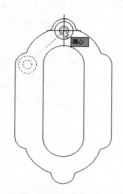
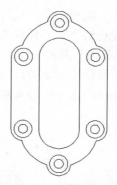

图 3-33　指定基点和目标点　　　　　图 3-34　复制对象效果

> **小提示**：执行"复制"操作时，系统默认的复制模式是多次复制。此时根据命令行提示输入 O，可将复制模式设置为单个。

3.3.4　偏移对象

在 AutoCAD 2013 中，使用"偏移"命令，可以创建一个选定对象的等距曲线对象，即创建一个与选定对象类似的新对象，并将偏移的对象放置在离源对象一定距离位置上，同时保留源对象。

在菜单栏中单击"修改"|"偏移"命令，或者在功能区选项板中选择"常用"选项卡，单击"修改"面板中的"偏移"按钮，都可以调用"偏移"命令。

下面介绍偏移对象的具体操作方法。

（1）单击"修改"面板中的"偏移"按钮，根据命令行提示，设置偏移距离为 20，然后选择要偏移的对象并将光标向图形内移动，如图 3-35 所示。

（2）单击鼠标左键即可将所选的对象偏移，按 Esc 键结束对象的偏移操作，如图 3-36 所示。

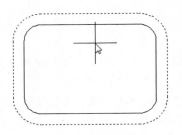

图 3-35　指定偏移方向

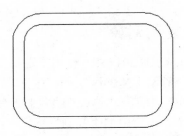

图 3-36　偏移对象效果

3.3.5　旋转对象

在 AutoCAD 2013 中，使用"旋转"命令，可将指定的对象绕指定的中心点旋转。而除了将对象调整一定角度之外，该命令还可以在旋转得到新对象的同时保留源对象，可以说是集旋转和复制操作于一体。

在菜单栏中单击"修改"|"旋转"命令，或者在功能区选项板中，选择"常用"选项卡，单击"修改"面板中的"旋转"按钮↻，都可以调用"旋转"命令。

下面介绍旋转对象的具体操作方法。

（1）单击"修改"面板中的"旋转"按钮↻，根据命令行提示，选择要旋转的图形对象。

（2）按回车键结束对象的选择，捕捉图形右上角端点作为旋转基点，如图 3-37 所示。

（3）在命令行中输入旋转角度为 270，按回车键即可完成对象的旋转操作，如图 3-38 所示。

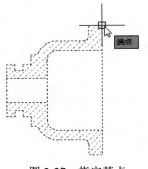

图 3-37　指定基点

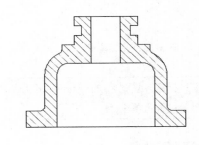

图 3-38　旋转对象效果

3.3.6　拉伸对象

在 AutoCAD 2013 中，使用"拉伸"命令，可以将选择的对象按规定的方向和角度拉长或缩短。如果选择部分与原图形相连接，那么拉伸后的图形保持与原图形的连接关系。

在菜单栏中单击"修改"|"拉伸"命令，或者在功能区选项板中，选择"常用"选项卡，单击"修改"面板中的"拉伸"按钮▢，都可以调用"拉伸"命令。

下面介绍拉伸对象的具体操作方法。

（1）单击"修改"面板中的"拉伸"按钮▢，根据命令行提示，选择图形中要拉伸的部分。

（2）按回车键结束对象的选择，捕捉图形右下角端点作为旋转基点，如图 3-39 所示。

（3）水平向右移动光标，指定拉伸的方向，然后在命令行中输入拉伸距离为 20，按回车键即可完成对象的拉伸操作，如图 3-40 所示。

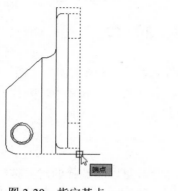 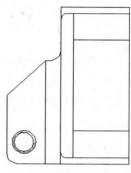

图 3-39　指定基点　　　　　　　　　　　图 3-40　拉伸对象效果

3.3.7　镜像对象

在 AutoCAD 2013 中，使用"镜像"命令，可以按指定的镜像线翻转对象，创建出对称的镜像图像，该功能经常用于绘制对称图形。

在菜单栏中单击"修改"|"镜像"命令，或者在功能区选项板中选择"常用"选项卡，单击"修改"面板中的"镜像"按钮△，都可以调用"镜像"命令。

下面介绍镜像对象的具体操作方法。

（1）单击"修改"面板中的"镜像"按钮△，根据命令提示，选择要镜像的图形对象。

（2）按回车键结束对象的选择，然后依次捕捉图形左右两边线段上的中点作为镜像中心线上的两个端点，如图 3-41 所示。

（3）直接按回车键不删除源对象，完成图形对象的镜像操作，如图 3-42 所示。

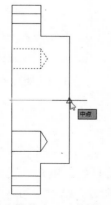 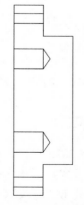

图 3-41　指定镜像中心线上的两个端点　　　　图 3-42　镜像对象效果

小提示：如果镜像对象是文字，可以通过系统变量 MIRRTEXT 来控制镜像的方向。当 MIRRTEXT 的值为 1 时，则镜像后的文字反转 180°；当 MIRRTEXT 的值为 0 时，镜像出来的文字不颠倒，即文字的方向不产生镜像效果。但要注意的是系统变量必须在调用命令前设置。

3.4　阵　列　对　象

使用"阵列"命令，可以创建按指定方式排列的多个对象副本。当用户遇到一些有规则分布的图形时，就可以使用该命令来解决。在 AutoCAD 2013 中，阵列处理主要有矩形阵列处理、环形阵列处理和路径阵列处理 3 种方式。

3.4.1　矩形阵列

在 AutoCAD 2013 中，使用"矩形阵列"命令，可以将选择的对象按指定的行数、行间距、列数和列间距进行多重复制。如果设置了"阵列角度"则可创建倾斜的矩形阵列。

在菜单栏中单击"修改"|"阵列"|"矩形阵列"命令，或者在功能区选项板中选择"常用"选项卡，单击"修改"面板中的"矩形阵列"按钮▣▣，都可以调用"矩形阵列"命令。下面介绍使用"矩形阵列"方式阵列对象的具体操作方法。

（1）单击"修改"面板中的"矩形阵列"按钮▣▣，根据命令提示，选择要阵列的图形对象，如图 3-43 所示。

（2）按回车键结束对象的选择，然后在临时出现的"阵列创建"选项卡中，设置列数为 2，行数为 3，列间距为 50，行间距为 38，按回车键即可完成图形对象的阵列操作，如图 3-44 所示。

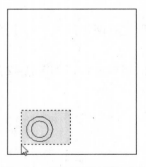

图 3-43　选择要阵列的对象

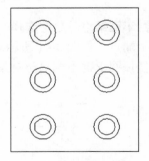

图 3-44　矩形阵列效果

3.4.2　环形阵列

在 AutoCAD 2013 中，使用"环形阵列"命令，可以将图形呈环形进行排列。阵列对象需要设定有关参数，其中包括中心点、方法、项目总数和填充角度。

在菜单栏中单击"修改"|"阵列"|"环形阵列"命令，或者在功能区选项板中选择"常用"选项卡，单击"修改"面板中的"环形阵列"按钮✦✦，都可以调用"环形阵列"命令。下面介绍使用"环形阵列"方式阵列对象的具体操作方法。

（1）单击"修改"面板中的"环形阵列"按钮 ，根据命令提示，选择要阵列的图形对象。

（2）按回车键结束对象的选择，捕捉图形中间的圆心作为阵列的中心点，如图 3-45 所示。

（3）在临时出现的"阵列创建"选项卡中，设置 X 项目数为 6，项目间角度为 60°，填充角度为 360°，按回车键即可完成图形对象的阵列操作，如图 3-46 所示。

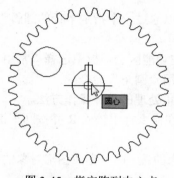

图 3-45　指定阵列中心点

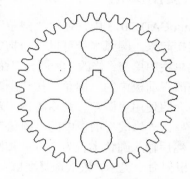

图 3-46　环形阵列效果

3.5　缩　放　对　象

在 AutoCAD 2013 中，使用"缩放"命令可以将所选择的图形对象按指定比例相对于基点进行放大或缩小处理。当输入比例因子大于 1 时将放大对象；比例因子介于 0 和 1 之间时将缩小对象。

在菜单栏中单击"修改"|"缩放"命令，或者在功能区选项板中选择"常用"选项卡，单击"修改"面板中的"缩放"按钮 ，都可以调用"缩放"命令。

下面介绍使用"缩放"命令放大图形的具体操作方法。

（1）单击"修改"面板中的"缩放"按钮 ，根据命令提示，选择要缩放的图形对象。

（2）按回车键结束对象的选择，然后捕捉图形中的圆心作为基点，并在命令行中输入比例因子为 2，按回车键即可完成图形对象的缩放操作，如图 3-47、图 3-48 所示。

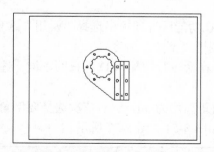

图 3-47　图形放大前

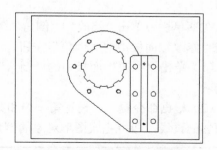

图 3-48　图形放大后

3.6 圆角与倒角

在 AutoCAD 中，使用"倒角"和"圆角"命令，可以快速地对绘制好的图形进行倒角或圆角处理，绘制出一些带有倒角或圆角的图纸。

3.6.1 使用圆角

在 AutoCAD 2013 中，使用"圆角"命令，可以通过一个指定半径的圆弧将两个对象光滑地连接起来，圆弧半径可以自由指定。

在菜单栏中单击"修改"|"圆角"命令，或者在功能区选项板中选择"常用"选项卡，单击"修改"面板中的"圆角"按钮◻，都可以调用"圆角"命令。

下面介绍使用"圆角"命令将图形对象进行圆角处理的具体操作方法。

（1）单击"修改"面板中的"圆角"按钮◻，在命令行中输入 R 并按回车键，选择半径选项，然后输入圆角半径为 100 并按回车键。

（2）根据命令提示，依次选择要圆角的两条相邻的边，即可完成图形对象的圆角操作，如图 3-49、图 3-50 所示。

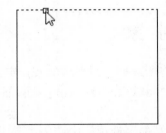

图 3-49 选择第一条要圆角的边

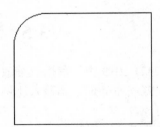

图 3-50 圆角效果

3.6.2 使用倒角

在 AutoCAD 2013 中，使用"倒角"命令，可以将两条相交的直线用倾斜角边连接起来。该命令只能对直线、多段线等对象进行倒角，而不能对圆弧、椭圆弧等弧线对象进行倒角。

在菜单栏中单击"修改"|"倒角"命令，或者在功能区选项板中选择"常用"选项卡，单击"修改"面板中的"倒角"按钮◻，都可以调用"倒角"命令。

（1）单击"修改"面板中的"倒角"按钮◻，在命令行中输入 D 并按回车键，选择距离选项。

（2）根据命令提示，设置第一个和第二个倒角距离均为 50，然后依次选择要倒角的两条相邻的直线，即可完成图形对象的倒角操作，如图 3-51、图 3-52 所示。

> **小提示：**在倒角时，倒角距离或角度不能太大，否则当前操作会无效。当两个倒角距离均为 0 时，将延伸两条直线使之相交，不产生倒角。此外，如果两条直线平行或发散，则不能进行倒角。

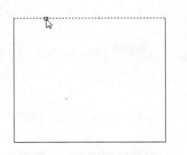

图 3-51　选择第一条直线

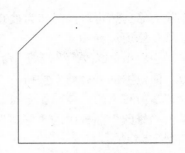

图 3-52　倒角效果

3.7　修剪和延伸

在绘制图形的过程中，使用"修剪"和"延伸"命令，可以将图形对象进行缩短或拉长处理，以与其他对象的边相接。

3.7.1　延伸对象

在 AutoCAD 2013 中，使用"延伸"命令，可将指定的对象延伸到选定的边界，被延伸的对象包括圆弧、椭圆弧、直线、开放的二维多段线、三维多段线和射线。

在菜单栏中单击"修改"|"延伸"命令，或者在功能区选项板中选择"常用"选项卡，单击"修改"面板中的"延伸"按钮 --/，都可以调用"延伸"命令。

下面介绍延伸对象的具体操作方法。

（1）单击"修改"面板中的"延伸"按钮 --/，根据命令提示，选择最外面的矩形作为延伸边界的对象。

（2）按回车键结束对象的选择，然后窗交选取所有要延伸的对象，系统将自动把所选对象延伸至所指定的边界上，按回车键即可结束延伸操作，如图 3-53、图 3-54 所示。

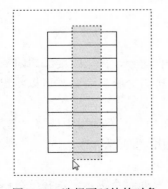

图 3-53　选择要延伸的对象

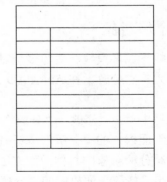

图 3-54　延伸对象效果

3.7.2　修剪对象

在 AutoCAD 2013 中，使用"修剪"命令，可以为对象指定修剪边界，将超出修剪边界的部分删除。修剪边可以同时作为被修剪边执行修剪操作。执行修剪操作的前提条件是修剪对象必须与修剪边界相交。

在菜单栏中单击"修改"|"修剪"命令，或者在功能区选项板中选择"常用"选项卡，单击"修改"面板中的"修剪"按钮／⋯，都可以调用"修剪"命令。

下面介绍修剪对象的具体操作方法。

（1）单击"修改"面板中的"修剪"按钮／⋯，根据命令提示，选择要作为修剪边界的对象，如图 3-55 所示。

（2）按回车键结束对象的选择，然后依次单击选取要修剪的对象，即可将所选对象删除，按回车键结束修剪操作，如图 3-56 所示。

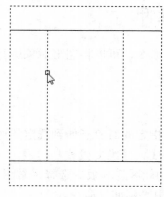
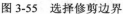

图 3-55　选择修剪边界

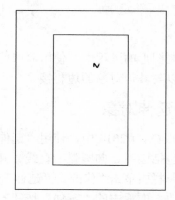

图 3-56　修剪对象效果

3.8　分解、合并与打断对象

在 AutoCAD 2013 中，可以使用打断、合并和分解命令对图形进行编辑，使其在总体形状不变的情况下对局部进行编辑。

3.8.1　分解对象

对于由矩形、多段线、块等多个对象组成的组合对象，如果需要编辑对象中的单个成员，就需要先将它分解。在 AutoCAD 2013 中，使用"分解"命令，可以将组合对象进行分解处理。

在菜单栏中单击"修改"|"分解"命令，或者在功能区选项板中选择"常用"选项卡，单击"修改"面板中的"分解"按钮⬚，都可以调用"分解"命令。

下面介绍分解对象的具体操作方法。

（1）单击"修改"面板中的"分解"按钮⬚，根据命令提示，选择要分解的对象，如图 3-57 所示。

（2）按回车键结束对象的选择，同时将已选的对象分解，如图 3-58 所示。

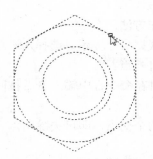
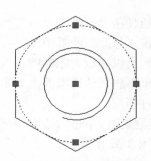

图 3-57 选择要分解的对象   图 3-58 分解对象效果

3.8.2 合并对象

在绘制图形的过程中，有时需要连接某一连续图形上的两个部分，或者将某段圆弧闭合为整圆，可以使用行"合并"命令来完成。

在菜单栏中单击"修改"|"合并"命令，或者在功能区选项板中选择"常用"选项卡，单击"修改"面板中的"合并"按钮 ⊷|，都可以调用"合并"命令。

下面介绍使用"圆弧"命令将圆弧合并为圆的具体操作方法。

（1）单击"修改"面板中的"合并"按钮 ⊷|，根据命令提示，选择要合并的对象，如图 3-59 所示。

（2）按回车键结束对象的选择，然后在命令行中输入 L 并按回车键，选择"闭合"选项，即可将所选的圆弧合并为完整的圆，如图 3-60 所示。

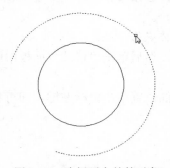
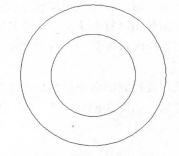

图 3-59 选择要合并的对象   图 3-60 合并对象效果

3.8.3 打断对象

打断操作包括打断和打断于点两种类型。其中打断相当于修剪操作，就是将两个断点间的线段删除；而打断于点则相当于分割操作，将一个图元分为两部分。

1. 打断

在 AutoCAD 2013 中，使用"打断"命令，可以将已有的线条分离为两段，可打断的对象包括直线、圆和椭圆等。

在菜单栏中单击"修改"|"打断"命令，或者在功能区选项板中选择"常用"选项卡，单击"修改"面板中的"打断"按钮 🏠，都可以调用"打断"命令。

下面介绍使用"打断"命令打断对象的具体操作方法。

（1）单击"修改"面板中的"打断"按钮□，根据命令提示，选择六边形作为要打断的对象，系统会以选取对象时的选取点作为第一个打断点。

（2）如果不想默认选取的点为第一打断点，则可在命令行中输入 F 并按回车键，可重新指定第一打断点。

（3）依次捕捉并单击六边形与圆相交的 A、B 两个交点，即可去除两点之间的线段，如图 3-61、图 3-62 所示。

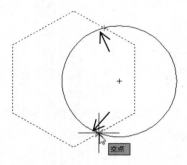
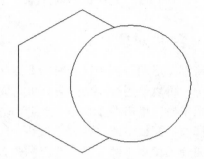

图 3-61　指定第一、第二打断点　　　　　图 3-62　打断对象效果

2. 打断于点

在 AutoCAD 2013 中，使用"打断于点"命令，可将线段在一点处断开，分离成两条独立的线段，但线段之间没有间隙。一条线段在执行过该命令后，从外观上看不出变化，但当选取该对象时，发现该对象已经被打断为两部分。

下面介绍使用"打断于点"命令打断对象的具体操作方法。

（1）在功能区选项板中，选择"常用"选项卡，然后单击"修改"面板中的"打断于点"按钮□。

（2）选取要打断的对象，然后在对象上要打断的位置单击鼠标左键，即可将该对象分割为两个对象，如图 3-63、图 3-64 所示。

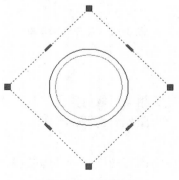
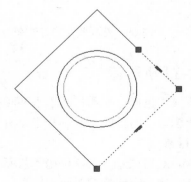

图 3-63　打断前　　　　　　　　　　图 3-64　打断后

3.9 技巧集锦

1. 选择对象：在命令行中输入 OPTIONS/OP 命令并按回车键，可以打开"选项"对话框；输入 QSELECT/QSE 命令并按回车键，可以打开"快速选择"对话框。

2. 删除对象：在命令行中输入 ERASE/E 命令并按回车键，可以删除对象。

3. 移动、复制对象：在命令行中输入 MOVE/M 命令并按回车键，可以移动对象；输入 COPY/CO 命令并按回车键，可以复制对象。

4. 偏移、旋转对象：在命令行中输入 OFFSET/O 命令并按回车键，可以偏移对象；输入 ROTATE/RO 命令并按回车键，可以旋转对象。

5. 拉伸、镜像对象：在命令行中输入 STRETCH/STR 命令并按回车键，可以拉伸对象；输入 MIRROR/MI 命令并按回车键，可以镜像复制对象。

6. 阵列对象：在命令行中输入 ARRAYRECT 命令并按回车键，可以将对象进行矩形阵列处理；输入 ARRAYPOLAR 命令并按回车键，可以将对象进行环形阵列处理；输入 ARRAY/AR 命令并按回车键，也可以将对象进行矩形或环形阵列处理。

7. 缩放对象：在命令行中输入 SCALE/SC 命令并按回车键，可以将对象进行放大或缩小处理。

8. 圆角与倒角：在命令行中输入 FILLET/F 命令并按回车键，可以将对象进行圆角处理；输入 CHAMFER/CHA 命令并按回车键，可以将对象进行倒角处理。

9. 延伸、修剪对象：在命令行中输入 EXTEND/EX 命令并按回车键，可以延伸对象；输入 TRIM/TR 命令并按回车键，可以修剪对象。

10. 分解、合并对象：在命令行中输入 EXPLODE/X 命令并按回车键，可以分解对象；输入 JOIN/J 命令并按回车键，可以合并对象。

3.10 课堂练习

练习一 绘制连杆

本练习将介绍一款机械零件连杆的绘制，具体步骤如下：

（1）单击"新建"命令，新建空白文件。单击"直线"命令，绘制一条长为 250 mm 的水平线段，单击"构造线"命令，绘制三条构造线，效果如图 3-65 所示。命令行提示信息如下：

```
命令: _xline                                      （调用"构造线"命令）
指定点或 [水平(H)/垂直(V)/角度(A)/二等分(B)/偏移(O)]: v↙   （选择"垂直"选项）
指定通过点:                                        （拾取线段1的中点A）
指定通过点: ↙                                      （按回车键，得到线段2）
命令: XLINE
指定点或 [水平(H)/垂直(V)/角度(A)/二等分(B)/偏移(O)]: A↙   （选择"角度"选项）
输入构造线的角度 (0) 或 [参照(R)]: 30↙              （输入角度值并按回车键）
```

指定通过点:	（拾取线段 1 的左端点 B）
指定通过点: ✓	（按回车键，得到线段 3）

命令：XLINE
指定点或 [水平(H)/垂直(V)/角度(A)/二等分(B)/偏移(O)]：A✓　　（选择"角度"选项）
输入构造线的角度 (0) 或 [参照(R)]：120✓　　（输入角度值并按回车键）
指定通过点: ✓　　（拾取线段 1 的左端点 B）
指定通过点: ✓　　（按回车键，得到线段 4）

（2）单击"偏移"命令，将构造线 3 依次向上偏移 100 mm 和 150 mm，结果如图 3-66 所示。

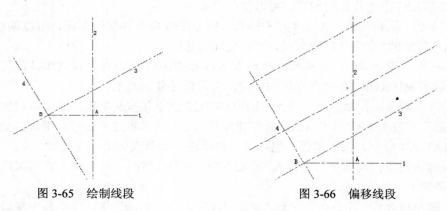

图 3-65　绘制线段　　　　　　　图 3-66　偏移线段

（3）单击"圆"命令，分别以 A、C、D 三个点为圆心，绘制半径为 40 mm 或 100 mm 的圆，结果如图 3-67 所示。

（4）单击"多边形"命令，根据命令提示，设置多边形的边数为 6，指定点 A 为中心点，选择"内接与圆"选项，设置圆的半径为 80 mm，按回车键即可完成正六边形的绘制，结果如图 3-68 所示。

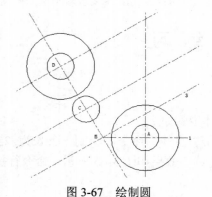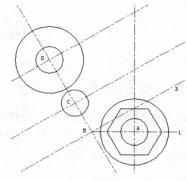

图 3-67　绘制圆　　　　　　　　图 3-68　绘制正六边形

（5）单击"偏移"命令，将构造线 4 向左偏移 100 mm，得到构造线 5，然后单击"构造线"命令，指定交点 E 为通过点，绘制一条水平构造线，再单击"特性匹配"命令，将水平构造线的特性应用到线段 5 上，结果如图 3-69 所示。

（6）单击"直线"命令，先绘制与两个大圆相切的切线 6，再绘制与两个小圆相切的切线 7 和 8，结果如图 3-70 所示。

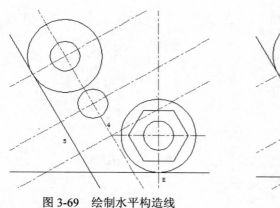

图 3-69　绘制水平构造线

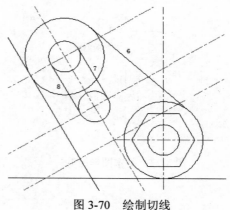

图 3-70　绘制切线

（7）单击"修剪"命令，将图形进行修剪，并删除多余的线段，修剪结果如图 3-71 所示。

（8）单击"圆角"命令，设置圆角半径为 108 mm，对角 F 进行倒圆角，完成"连杆"图形的绘制，如图 3-72 所示。

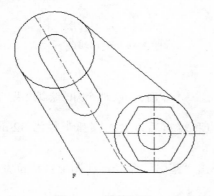

图 3-71　修剪图形

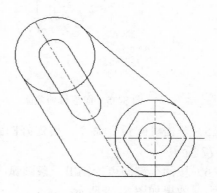

图 3-72　完成图形的绘制

练习二　绘制操作杆

本练习将介绍一款机械操作杆的绘制，具体步骤如下。

（1）单击"新建"命令，新建空白文件。单击"圆"命令，绘制三组同心圆，中心圆的大小圆直径分别为 40 mm 和 72 mm。侧面的两组同心圆尺寸相同，大小圆的直径分别为 14 mm 和 30 mm，如图 3-73 所示。

（2）单击"偏移"命令，设置相应的偏移距离，将中心圆组中的大圆进行偏移，效果如图 3-74 所示。

（3）单击"修剪"命令，将图形对象整个选中，按回车键后，依次单击选取要删除的图元即可，图形修剪效果如图 3-75 所示。

（4）单击"圆"命令，分别在距离中心圆圆心为 44 mm、84 mm 和 132 mm 处单击，指定圆心，依次绘制出半径为 7.5 mm、7.5 mm、15 mm 和 4 mm 的四个圆，如图 3-76 所示。

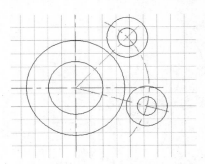

图 3-73　基本图形绘制

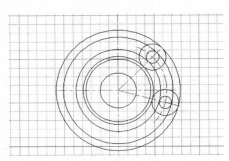

图 3-74　偏移效果

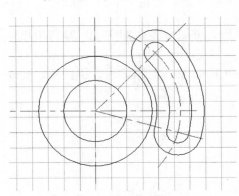

图 3-75　图形修剪效果

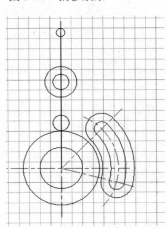

图 3-76　四个圆的绘制效果

（5）单击"圆弧"命令，指定好圆弧的起点和端点后，输入圆弧半径为 32 mm，如图 3-77 所示。

（6）按回车键即可绘制出一条圆弧，继续单击"圆弧"命令，在图形合适位置绘制所有圆弧，效果如图 3-78 所示。

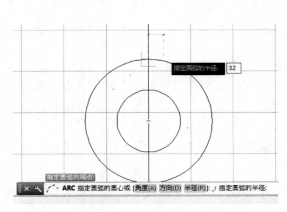

图 3-77　指定圆弧半径

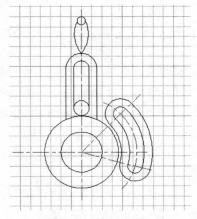

图 3-78　绘制圆弧效果

（7）单击"延伸"命令，选择要延伸到的边界对象，按回车键后，选择要延伸的对象，系统自动将所选的对象延伸至所指定的边界上，结果如图 3-79 所示。

（8）单击"绘图"面板中的"直线"命令，根据命令提示进行操作，绘制出如图 3-80 所示的线段。

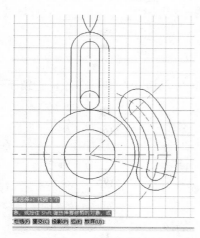

图 3-79 指定延伸边界

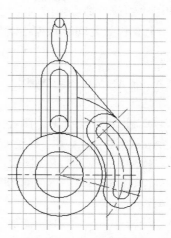

图 3-80 绘制线段效果

（9）单击"圆角"命令，输入 R 并按回车键，选择半径选项，并输入半径为 8 mm，再输入 M 并按回车键，选择"多个"选项，然后依次对右侧两个倒角处进行倒圆角，再设置半径为 16 mm，对左侧一个倒角处进行倒圆角，结果如图 3-81 所示。

（10）执行"线性"和"半径"标注命令，根据命令提示进行操作，对图形进行尺寸标注，完成"操作杆"图形的绘制，如图 3-82 所示。

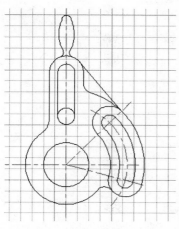

图 3-81 倒圆角效果

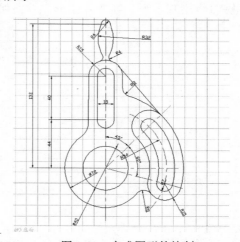

图 3-82 完成图形的绘制

3.11 课后习题

一、填空题

1. 移动对象仅仅是＿＿＿＿＿＿的平移，而不是改变对象的大小和方向。

2．在 AutoCAD 2013 中，阵列处理主要有矩形阵列处理、_____和路径阵列处理 3 种方式。

3．使用"缩放"命令缩放对象时，所输入的比例因子_____1 时将放大对象；比例因子介于 0 和 1 之间时将缩小对象。

二、选择题

1．在 AutoCAD 2013 中，使用_____命令，可以移动对象且在原位置留下一个复制对象。

    A．复制   B．移动   C．对齐   D．镜像

2．在 AutoCAD 2013 中，要绘制一个圆与已知圆同心，可以使用_____命令。

    A．阵列   B．镜像   C．偏移   D．复制

3．AutoCAD 提供了丰富的复制图形对象的命令，下面_____命令不能对图形对象进行复制操作。

    A．旋转   B．复制   C．偏移   D．镜像

三、简答题

1．在 AutoCAD 2013 中，选择对象的方法有哪些？

2．在 AutoCAD 2013 中，阵列对象的方法有哪些？

3．简述延伸和修剪工具的不同点。

四、上机题

本练习将绘制一个二维弹片图形，效果如图 3-83 所示。

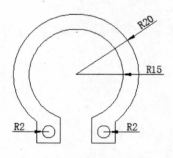

图 3-83　弹片图形

提示：

（1）使用"直线"命令，绘制两条互相垂直的辅助线。

（2）使用"圆"命令，捕捉直线的交点为圆心，绘制两个半径分为 15 和 20 的同心圆。

（3）使用"偏移"命令，将横直线向下偏移 22.5，然后将竖直线依次向左偏移 5、7.5，再将其依次向右偏移 5、7.5。

（4）使用"修剪"，将多余的线条删除，再使用"圆"命令，绘制半径为 2 的两个圆，并将其放置在合适位置。

第4章 图层的管理

在 AutoCAD 中，图层是用来控制对象线型、线宽和颜色等属性的有效工具，尤其是在设计复杂的图纸时，合理而有规律地使用图层，可以有效地提高绘图效率和准确性，并能提高图形的可读性。

本章学习要点

- ➤ 设置对象特性；
- ➤ 新建图层；
- ➤ 设置图层颜色、线型和线宽；
- ➤ 打开与关闭图层；
- ➤ 冻结与解冻图层；
- ➤ 锁定与解锁图层。

4.1 对 象 特 性

在 AutoCAD 中，对象特性包含一般特性和几何特性，一般特性包括对象的颜色、线型、线宽及打印样式等，几何特性包括对象的尺寸和位置。

4.1.1 设置对象特性

用 AutoCAD 绘制图形时，要得到符合标准的、清晰的图形，就要对对象特性进行设置。在 AutoCAD 2013 中，利用"特性"选项板，可以设置和修改对象的特性，如颜色、线型、线宽等。

在菜单中单击"修改"|"特性"命令，或者在功能区选项板中选择"常用"选项卡，单击"修改"面板中的"特性"按钮 ↘，都可以打开"特性"选项板，如图 4-1 所示。

"特性"选项板主要由"常规"、"打印样式"、"视图"等卷展栏组成，显示了当前选择集中对象的所有特性和特性值，常用到的展卷栏的功能含义如下。

- ➤ "常规"栏：主要用于设置对象的普通特性，包括颜色、图层、线型、线型比例、线宽和厚度等普通属性。
- ➤ "打印样式"栏：用于设置图形对象的输出特性。
- ➤ "视图"栏：用于设置显示图形对象的特性。
- ➤ "其他"栏：用于设置 USC 坐标显示。

图 4-1 "特性"选项板

此外，"特性"选项板的显示内容，与用户选择的对象有关。

➢ 当选择的对象类型相同（比如都是直线，或者都是圆），或者仅选择一个对象时，"特性"选项板将显示这些对象的常规特性以及专有特性。

➢ 当选择了多个不同类型的对象（比如有直线也有圆）时，"特性"选项板仅显示这些对象共有的特性。

➢ 未选定任何对象时，"特性"选项板中仅显示当前图层的常规特性、附着到图层的打印样式表的名称、视图特性以及有关 UCS 的信息。

4.1.2　编辑对象特性

在 AutoCAD 2013 中，利用"特性"选项板可以方便地查看与修改一个或多个对象的特性。

下面以修改对象的颜色和线型比例为例，介绍编辑对象特性的具体操作方法。

（1）在绘图区选中要修改其特性的图形对象，然后单击"修改"面板中的"特性"按钮 ，打开"特性"选项板，在"常规"卷展栏中的"线型比例"文本框中输入 40，如图 4-2 所示。

（2）单击"颜色"选项，在弹出的下拉列表中选择合适的颜色，如选择"红色"，如图 4-3 所示。

图 4-2　修改线型比例

图 4-3　修改颜色

（3）关闭"特性"选项板，返回至绘图区，按 Esc 键结束操作，并查看对象特性的编辑效果，如图 4-4、图 4-5 所示。

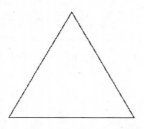

图 4-4　对象特性编辑前

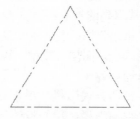

图 4-5　对象特性编辑后

此外，用户也可在"常用"选项卡的"特性"面板中，直接修改对象的颜色、线宽、线型等特性，如选择要修改的图形对象后，在"线宽"下拉表中选择合适的线宽，即可完成线宽的修改，如图 4-6 所示。

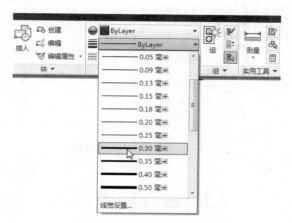

图 4-6 "特性"面板中的"线宽"下拉表

4.1.3 设置特性匹配

使用"特性匹配"命令，可以将一个对象的某些特性或者所有特性，复制到其他对象上。需要注意的是，对象的某些特性是不能进行复制的，如长度、半径和角度特性。

在菜单中单击"修改"|"特性"命令，或者在功能区选项板中选择"常用"选项卡，单击"剪切板"面板中的"特性匹配"按钮，都可以调用"特性匹配"命令。

下面介绍使用"特性匹配"命令，将选定对象的特性应用到其他对象上的具体操作方法。

（1）单击"剪切板"面板中的"特性匹配"按钮。

（2）根据命令提示，依次选取源对象和目标对象，即可完成特性匹配操作，如图 4-7、图 4-8 所示。

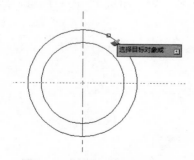

图 4-7 选择源对象和目标对象

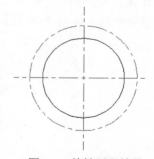

图 4-8 特性匹配效果

在默认情况下，使用"特性匹配"命令将复制对象的所有特性。如果只想复制部分选定的特性，可以在选择完"源对象"之后，在命令行输入 S，激活"设置"选项，打开"特性设置"对话框，将不想复制的特性前面的勾去掉即可，如图 4-9 所示。

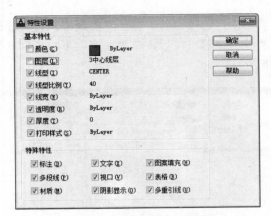

图 4-9　"特性设置"对话框

4.2　创 建 图 层

图层在 AutoCAD 中是一个重要的组织和管理图形对象的工具，用于控制图形对象的线型、线宽和颜色等属性。在 AutoCAD 中，利用"图层特性管理器"对话框，可以很方便地创建图层以及设置其基本属性。

在菜单中单击"格式"|"图层"命令，或者在功能区选项板中选择"常用"选项卡，单击"图层"面板中的"图层特性"按钮，都可以打开"图层特性管理器"对话框。

4.2.1　新建图层

开始绘制新图形时，AutoCAD 会自动创建一个名称为"0"的图层，该图层不能删除或重命名。默认情况下，新建图层与当前图层的特性相同。用户可以根据需要创建新的图层，以便在绘制图形时将不同类的对象放置在不同的图层上，从而有效地对图层进行管理。

下面介绍新建图层的具体操作方法。

（1）单击"图层"面板上的"图层特性"按钮，打开"图层特性管理器"对话框。

（2）单击"新建图层"按钮，即可添加一个名称为"图层 1"的新图层，此时"图层 1"为选中状态，如图 4-10 所示。

图 4-10　创建新图层

（3）直接在文本框中输入新的图层名（如虚线），按回车键即可创建出一个名称为"虚线"的新图层，如图 4-11 所示。

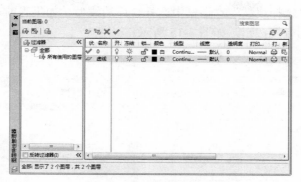

图 4-11 设置新图层的名称

4.2.2 设置图层颜色

图层的颜色实际上就是图层中图形的颜色，每个图层都可以设置颜色，不同图层可以设置相同的颜色，也可以设置不同的颜色，使用颜色可以非常方便地区分各图层上的对象。

下面介绍设置图层颜色的具体操作方法。

（1）单击"图层"面板上的"图层特性"按钮，打开"图层特性管理器"对话框，单击"虚线"图层的"颜色"列对应的图标，打开"选择颜色"对话框，如图 4-12 所示。

（2）单击所要选择的颜色如"红色"，然后单击"确定"按钮，返回"图层特性管理器"对话框，完成图层颜色的更改。即可将"虚线"图层的颜色更换为所选颜色，如图 4-13 所示。

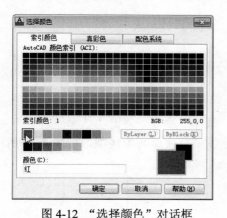

图 4-12 "选择颜色"对话框

图 4-13 轴线图层颜色的变化

4.2.3 设置图层线型

线型是图形基本元素中线条的组成和显示方式，在 AutoCAD 2013 中，默认图层线型为 Continuous 线型，而在制图过程中每条线型的用途都不相同，所以用户需要根据制图要求进行线型的更换。

下面介绍设置图层线型的具体操作方法。

（1）单击"图层"面板上的"图层特性"按钮，打开"图层特性管理器"对话框，单击"虚线"图层的"线型"列对应的图标，如图 4-14 所示。

（2）在打开的"选择线型"对话框中选择合适的线型，如果当前对话框中没有所需要的线型，可单击"加载"按钮，如图 4-15 所示。

图 4-14　单击"线型"

图 4-15　"选择线型"对话框

（3）打开"加载或重载线型"对话框，在该对话框中选择合适的线型，然后单击"确定"按钮，如图 4-16 所示。

（4）返回至"选择线型"对话框，选中新加载的线型，然后单击"确定"按钮，返回至"图层特性管理器"对话框，完成图层线型的更改，如图 4-17 所示。

图 4-16　"加载或重载线型"对话框

图 4-17　更改后的"线型"

此外，用户还可以在菜单栏中单击"格式"|"线型"命令，打开"线型管理器"对话框，在"线型"列表框中选择一种线型，即可用该线型替换原对象线型，如图 4-18 所示。

图 4-18　"线型管理器"对话框

小提示：在绘制图形的过程中，经常遇到细点划线或虚线间距太小或太大的情况，可采用修改线型比例改变其外观。单击"显示细节"按钮，然后选择需要修改的线型，即可在下方的"详细信息"选项组中设置线型的全局比例因子和当前对象缩放比例。

4.2.4　设置图层线宽

在 AutoCAD 中，线宽设置就是改变线条的线宽。使用不同宽度的线条表现对象的大小或类型，可以提高图形的表达能力和可读性。

下面介绍设置图层线宽的具体操作方法。

（1）单击"图层"面板上的"图层特性"按钮，打开"图层特性管理器"对话框，单击"虚线"图层的"线宽"列对应的图标，如图 4-19 所示。

（2）打开"线宽"对话框，在该对话框中选择合适的线宽，如选择"0.15 mm"，如图 4-20 所示。

图 4-19　选择合适的线宽选项

图 4-20　墙体图层线宽的变化

（3）单击"确定"按钮，返回至"图层特性管理器"对话框，完成图层线宽的更改，即原有的线宽更换为所选的线宽，如图 4-21 所示。

图 4-21　"虚线"图层线宽的变化

4.2.5　图层置为当前

在菜单栏中单击"格式"|"图层"命令，打开"图层特性管理器"对话框。在该对话框中选择要置为当前的图层，如选中"虚线"图层，然后单击"置于当前"按钮，即可

将"虚线"图层设置为当前工作图层，如图 4-22 所示。

图 4-22　切换当前图层

关闭"图层特性"选项板，此时，在"图层"面板中，可以看到当前图层为"虚线"图层。

4.2.6　重命名图层

每个图层有一个名称，与其他图层加以区别。如果用户对已经命名好的图层名称不满意的话，可以重新命名该图层，

下面介绍重命名图层的具体操作方法。

（1）单击"图层"面板上的"图层特性"按钮 ，打开"图层特性管理器"对话框，选中要重命名的图层，如"实线"图层，如图 4-23 所示。

（2）单击鼠标右键，在弹出的下拉菜单中选择"重命名图层"选项，使其处于编辑状态，然后输入新名称如"轮廓线"，按回车键即可完成重命名操作，如图 4-24 所示。

图 4-23　选中要重命名的图层

图 4-24　重命名图层

> **小提示**：在为创建的图层重命名时，在图层的名称中不能包含通配字符（*和？）和空格，也不能与其他图层重名。

4.3　管　理　图　层

使用"图层特性管理器"对话框，还可以对图层进行更多的设置与管理，如控制图层

的状态、删除图层等。

4.3.1　打开与关闭图层

在绘制复杂图形时，由于过多的线条干扰设计者的工作，这就需要用到打开或关闭图层将指定的图层暂时隐藏。关闭图层后，该图层上的对象不能在屏幕上显示或由绘图仪输出。重新生成图形时，被关闭的图层上的对象仍将重新生成。

下面介绍打开与关闭图层的具体操作方法。

（1）单击"格式"|"图层"命令，在打开的"图形特性管理器"对话框中，选择要关闭的图层，如选择"中心线"图层，如图 4-25 所示。

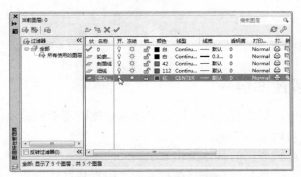

图 4-25　选择要关闭的图层

（2）单击"中心线"图层的"开"列对应的小灯泡图标，该灯泡的颜色由黄色变为蓝色，该图层对应的图形对象将被隐藏，如图 4-26 所示。

（3）再次单击小灯泡图标，该灯泡的颜色由蓝色变回黄色，所有被隐藏的图形对象又将显示出来，如图 4-27 所示。

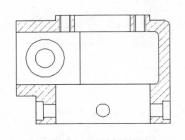

图 4-26　关闭图层

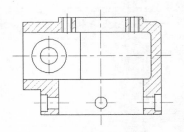

图 4-27　打开图层

4.3.2　冻结与解冻图层

冻结图层后，该图层上的对象不能在屏幕上显示或由绘图仪输出。在重新生成图形时，冻结图层上的对象将不被重新生成，而解冻已冻结的图层时，AutoCAD 将重新生成图层并显示该图层上的对象。

下面介绍冻结与解冻图层的具体操作方法。

（1）单击"格式"|"图层"命令，在打开的"图形特性管理器"对话框中，选择要冻

结的图层，如选择"剖面线"图层，如图 4-28 所示。

（2）单击"剖面线"图层的"冻结"列对应的小太阳图标 ☀，小太阳变为小雪花，该图层对应的图形对象被冻结，单击小雪花图标 ❄，即可将冻结的图层解冻，如图 4-29 所示。

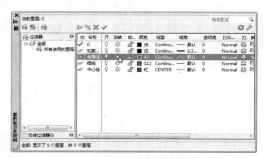
图 4-28 选择要冻结的图层

图 4-29 冻结与解冻图层

4.3.3 锁定与解锁图层

在绘制图形过程中，锁定图层后，用户只能观察该图层上的对象，不能对其进行编辑和修改，但该对象仍可以显示和输出。

下面介绍锁定与解锁图层的具体操作方法。

（1）单击"格式"|"图层"命令，在打开的"图形特性管理器"对话框中，选择要冻结的图层，如选择"轮廓线"图层，如图 4-30 所示。

（2）单击"轮廓线"图层的"锁定"列对应的小锁图标 🔓，小锁由蓝色开状态变为黄色锁状态，该图层对应的图形对象被锁定，再次单击该小锁图标 🔒，即可将锁定的图层解锁，如图 4-31 所示。

图 4-30 选择要锁定的图层

图 4-31 锁定与解锁图层

4.3.4 合并与删除图层

在 AutoCAD 2013 中，可以使用"图层合并"命令，通过合并图层来减少图形中的图层数。将所合并图层上的对象移动到目标图层，并从图形中清理原始图层。还可以利用"图层特性管理器"对话框删除一些不用的图层。

1. 合并图层

在菜单中单击"格式"|"图层工具"|"图层合并"命令，或者在功能区选项板中选

择"常用"选项卡，单击"图层"面板中的"图层合并"按钮🔊，都可以调用"图层合并"命令。

下面介绍使用"图层合并"命令，将所选对象所在图层合并到目标图层上的具体操作方法。

（1）单击"图层"面板中的"图层合并"按钮🔊，根据命令提示，选择要合并的图层上的对象，如单击图形最外面的实线圆，如图 4-32 所示。

（2）按回车键结束对象的选择，再根据命令提示，选择目标图层上的对象，如单击图形中的虚线圆，然后在命令行中输入 Y 并按回车键，即可完成图层合并操作，并删除原始图层，如图 4-33 所示。

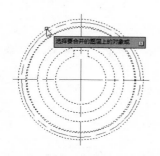
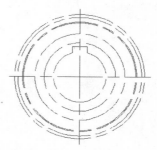

图 4-32　选择要合并的图层上的对象　　　图 4-33　图层合并效果

2. 删除图层

下面介绍删除图层的具体操作方法。

（1）单击"格式"|"图层"命令，在打开的"图形特性管理器"对话框中选择要删除的图层，如选择"图层 1"图层，如图 4-34 所示。

（2）单击"删除"按钮✖或按 Delete 键，即可将所选的图层删除，如图 4-35 所示。

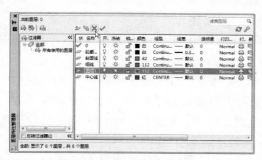
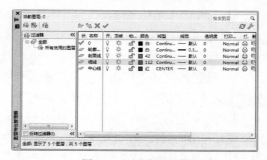

图 4-34　选择要删除的图层　　　图 4-35　删除图层效果

> **小提示**：当前图层、"0"图层、定义点层（对图形标注尺寸时系统自动生成的层）、参照图层和包含图形对象的图层不能被删除。

4.3.5　图层匹配

如果在错误的图层上创建了对象，可以通过选择目标图层上的对象来更改该对象的图层。在 AutoCAD 2013 中，使用"图层匹配"命令，可以更改选定对象所在的图层，以使其匹配目标图层。

在菜单中单击"格式" | "图层工具" | "图层匹配"命令，或者在功能区选项板中选择"常用"选项卡，单击"图层"面板中的"匹配"按钮，都可以调用"图层匹配"命令。

下面介绍使用"图层匹配"命令，将所选对象更改到目标图层上的具体操作方法。

（1）单击"图层"面板中的"匹配"按钮，根据命令提示，选择要修改其图层的对象，如单击图形最里面的虚线圆，如图 4-36 所示。

（2）按回车键结束对象的选择，再根据命令提示，选择目标图层上的对象，如单击图形最外面的实线圆，即可将所选对象更改到目标图层上，完成图层匹配操作，如图 4-37 所示。

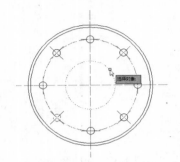
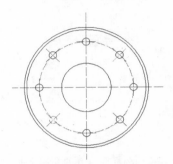

图 4-36　选择要修改其图层的对象　　　　图 4-37　图层匹配效果

4.4　技 巧 集 锦

1．设置对象特性：在命令行中输入 PROPERTIES/PR 命令并按回车键，或者按 Ctrl+1 快捷键，都可以打开"特性"选项板。

2．设置特性匹配：在命令行中输入 MATCHPROP/MA 命令并按回车键，可以调用"特性匹配"命令。

3．设置图层颜色：在"常用"选项卡中单击"图层"面板中的"图层"下拉按钮，在弹出的下拉列表中，单击"图层颜色"色块，可直接访问"选择颜色"对话框。

4．图层置为当前：在"图层特性管理器"对话框中，双击某一图层，双击要设置为当前图层的图层名，或者按 F2 键，都可以使其处于编辑状态。

5．重命名图层：在"图层特性管理器"对话框中，两次单击要重命名的图层的图层名，或者按 F2 键，都可以使其处于编辑状态。

6．打开与关闭图层：在"常用"选项卡"图层"面板中的"图层"列表窗口中，单击"开/关图层"图标，可对图层进行打开或关闭操作。

7．冻结与解冻图层：在"常用"选项卡"图层"面板中的"图层"列表窗口中，通过单击"冻结/解冻层"图标，也可对图层进行冻结或解冻操作。

8．锁定与解锁图层：在"常用"选项卡"图层"面板中的"图层"列表窗口中，通过单击"锁定/解锁层"图标，也可对图层进行锁定或解锁操作。

9．合并图层：在命令行中输入 LAYMRG 命令并按回车键，也可以合并图层。

10．图层匹配：在命令行中输入 LAYMCH 命令并按回车键，也可以更改选定对象所在的图层，以使其匹配目标图层。

4.5 课 堂 练 习

练习一　绘制轴承零件图

本练习将介绍一款轴承零件图的绘制，具体操作步骤如下。

（1）单击"图层特性"命令，创建新图层"中心线"，并设置其颜色为"红色"，线型为 CENTER，线宽为 0.15 mm。用同样的方法创建其他图层，如图 4-38 所示。

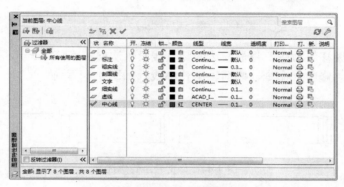

图 4-38　"图层特性管理器"对话框

（2）双击"中心线"图层，将其设置为当前层。单击"直线"命令，绘制一条长为 80 mm 的中心线，如图 4-39 所示。

（3）将"粗实线"图层设置为当前层。单击"直线"命令，绘制一条长为 7 mm 的线段，并垂直于中心线，如图 4-40 所示

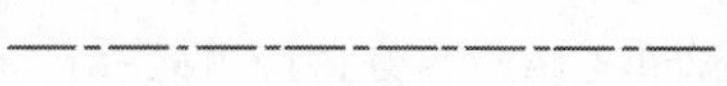

图 4-39　绘制中心线 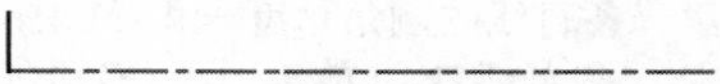　　　　　　　　　　　　图 4-40　绘制辅助线

（4）单击"偏移"命令，将绘制好的线段依次向右偏移 26 mm、12 mm、2 mm、2 mm、1 mm、23 mm、2 mm、11 mm、1 mm，结果如图 4-41 所示。

图 4-41　偏移线段

（5）单击"偏移"命令，将中心线依次向上偏移 6.5 mm、0.5 mm、0.5 mm、0.5 mm、2 mm，结果如图 4-42 所示。

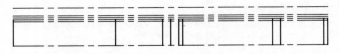

图 4-42 偏移中心线

（6）在"常用"选项卡的"剪贴板"面板中，单击"特性匹配"按钮，将偏移的中心线转化成为粗实线，如图 4-43 所示。

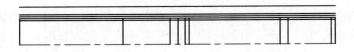

图 4-43 偏移中心线转为粗实线

（7）单击"偏移"命令，将最左边的竖直线段依次向右偏移 1 mm、1 mm、1.1 mm。执行"延伸"和"修剪"命令，修剪轴承轮廓线，如图 4-44 所示。

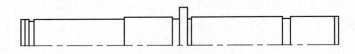

图 4-44 修剪轴承轮廓线

（8）单击"倒角"命令，根据命令提示进行操作，将轴承两端进行倒角，角度为 45 度，其结果如图 4-45 所示。命令行提示信息如下：

```
命令：_chamfer                                              （调用"倒角"命令）
（"修剪"模式）当前倒角距离 1 = 0.0000，距离 2 = 0.0000
选择第一条直线或 [放弃(U)/多段线(P)/距离(D)/角度(A)/修剪(T)/方式(E)/多个(M)]：A
                                                           （选择"角度"）
指定第一条直线的倒角长度 <0.0000>：1                        （选取最左边垂直线段）
指定第一条直线的倒角角度 <0>：45
选择第一条直线或 [放弃(U)/多段线(P)/距离(D)/角度(A)/修剪(T)/方式(E)/多个(M)]：
                                                           （选取最左边垂直线段）
选择第二条直线，或按住 Shift 键选择直线以应用角点或 [距离(D)/角度(A)/方法(M)]：
                                                           （选取与它相交的线段）
```

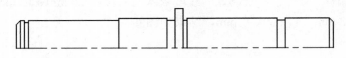

图 4-45 将轴承倒角

（9）单击"镜像"命令，选择"轴承"图形，将其沿中心线进行镜像复制，结果如图 4-46 所示。

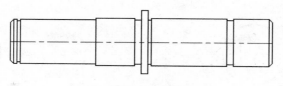

图 4-46　镜像轴承

（10）单击"矩形"命令，绘制一个长为 18 mm、宽为 6 mm 的长方形。单击"圆角"命令，设置圆角半径为 3 mm，将矩形倒圆角，然后将其移动到轴承适当位置，如图 4-47 所示。

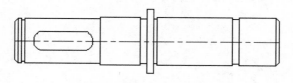

图 4-47　绘制轴承键槽

（11）单击"复制"命令，将刚绘制的键槽复制一个移动到另外一边，结果如图 4-48 所示。

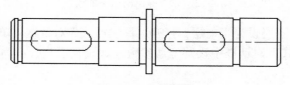

图 4-48　复制键槽

（12）绘制轴承键槽的剖面图。将"中心线"图层设置为当前层，单击"直线"命令，绘制两条相互垂直的中心线。

（13）将"粗实线"图层设置为当前层。单击"圆"命令，以中心线交点为圆心，分别绘制直径为 14 mm 和 16 mm 的两个圆，结果如图 4-49 所示。

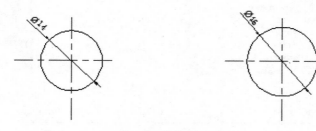

图 4-49　绘制两个圆

（14）单击"直线"命令，在直径 14 mm 的圆内且距离圆边 10 mm 的位置，绘制一条长为 6 mm 的线段，如图 4-50 所示。

（15）将"粗实线"图层设置为当前层。执行"直线"命令，绘制两条垂直于 6 mm 的线段并相交于圆边。执行"修剪"命令，修剪掉多余的线段，如图 4-51 所示。

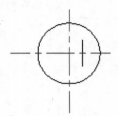 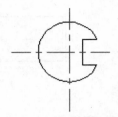

图 4-50　绘制剖面线段　　　　　　　　　图 4-51　绘制键槽剖面

（16）将"剖面线"图层设为当前层。单击"图案填充"命令，拾取填充空间，选择合适的图案，填充键槽剖面。使用同样的方法，为直径 16 mm 的圆进行填充操作，其结果如图 4-52 所示。

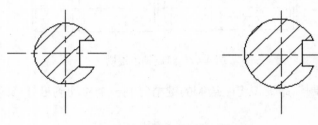

图 4-52　完成键槽剖面图的绘制

（17）将"标注"图层设为当前层。打开"标注样式"对话框，单击"修改"按钮，在打开的"修改标注样式"对话框中设置合适参数，如设置箭头大小为 1，文字高度为 1.5，如图 4-53 所示。

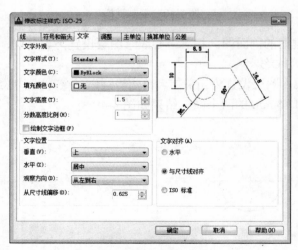

图 4-53　设置标注样式

（18）设置完成后，执行"线性"和"角度"标注命令，对整个零件图进行尺寸标注。将"粗实线"设置为当前图层，执行"多段线"、"图案填充"、"镜像"命令，绘制剖切符号，再切换至"文字"图层，单击"多行文字"，标注文字，如图 4-54 所示。至此，本案例已全部绘制完毕，最后保存文件。

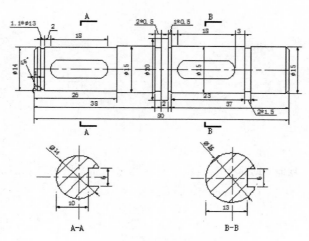

图 4-54　最终效果图

练习二　绘制链轮零件图

本练习将介绍一款链轮零件图的绘制，具体操作流程如下。

（1）单击"图层特性"命令，创建新图层"中心线"，并设置其颜色为"红色"，线型为 CENTER，线宽为 0.15 mm。用同样的方法创建其他图层，如图 4-55 所示。

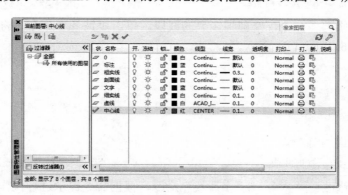

图 4-55　图层设置

（2）双击"中心线"图层，将其设置为当前层。单击"直线"命令，绘制两条互相垂直的中心线。单击"圆心，半径"命令，以中心线交点为圆心绘制直径分别为 40 mm、120 mm、180 mm 和 200 mm 的四个辅助圆，结果如图 4-56 所示。

（3）将直径为 40 mm 圆的线段设置为"细实线"。单击"偏移"命令，将水平中心线向上偏移 93 mm，交垂直中心线于 A 点。然后将此线段设置为"粗实线"，结果如图 4-57 所示。

（4）单击"旋转"命令，将刚绘制的粗实线以 A 点为旋转中心，旋转 69°。单击"偏移"命令，将刚旋转的粗实线向右偏移 3 mm，结果如图 4-58 所示。

（5）将"粗实线"图层设置为当前层。单击"圆心，半径"命令，以 A 点为圆心绘制一个半径为 3 mm 的圆。结果如图 4-59 所示。

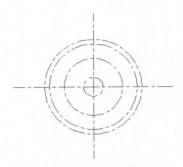

图 4-56　绘制辅助圆

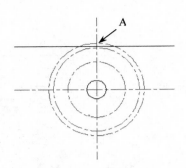

图 4-57　绘制辅助线

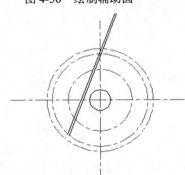

图 4-58　旋转粗实线

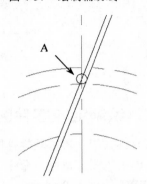

图 4-59　偏移粗实线

（6）单击"修剪"命令，修剪掉多余的线段。单击"镜像"命令，将修剪好的线段进行镜像，如图 4-60、图 4-61 所示。

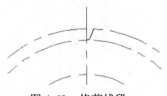

图 4-60　修剪线段

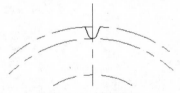

图 4-61　镜像线段

（7）单击"修改"|"对象"|"多段线"命令，根据命令提示进行操作，即可将镜像好的线段编辑成一条多段线。命令行提示如下：

```
命令: _pedit
选择多段线或 [多条(M)]:
  选定的对象不是多段线                              (选取其中一条线段)
  是否将其转换为多段线？<Y>                          (按 Enter 键)
输入选项 [闭合(C)/合并(J)/宽度(W)/编辑顶点(E)/拟合(F)/样条曲线(S)/非曲线化(D)/线
型生成(L)/反转(R)/放弃(U)]: J
选择对象: 找到 1 个                                (选取剩下 3 条线段)
选择对象: 找到 1 个，总计 2 个
选择对象: 找到 1 个，总计 3 个
选择对象:                                         (按 Enter 键)
多段线已增加 3 条线段
```

（8）单击"环形阵列"命令，指定阵列中心点，设置阵列数目为 40，将绘制的多段线进行环形阵列，如图 4-62 所示。

（9）将直径为 200 mm 的圆设置为"粗实线"。单击"修剪"命令，将多余的线段减去，从而生成链轮的轮齿，如图 4-63 所示。

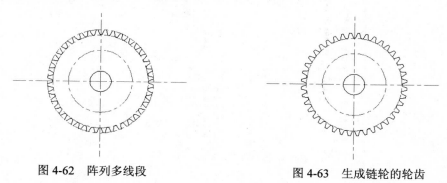

图 4-62　阵列多线段　　　　　　　　图 4-63　生成链轮的轮齿

（10）单击"圆心，半径"命令，以直径为 120 mm 的圆与垂直中心线的交点为圆心，绘制一个半径为 19 mm 的圆作为链轮的轴孔，如图 4-64 所示。

（11）单击"环形阵列"命令，指定阵列中心点，设置阵列项目数为 6，将轴孔进行环形阵列，结果如图 4-65 所示。

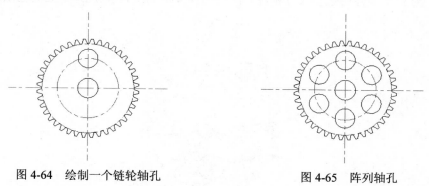

图 4-64　绘制一个链轮轴孔　　　　　　图 4-65　阵列轴孔

（12）单击"矩形"命令，绘制一个长为 9 mm，宽为 6 mm 的矩形，并移动到轴孔适当位置。单击"修剪"命令将其修剪，绘制出链轮轴孔键槽，如图 4-66 所示。

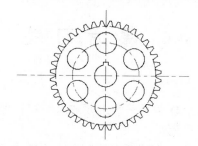

图 4-66　绘制轴孔键槽

（13）将"标注"图层设为当前层。打开"标注样式"对话框，单击"修改"按钮，在打开的"修改标注样式"对话框中，设置合适参数，如设置文字高度和箭头大小均为 10，如图 4-67 所示。

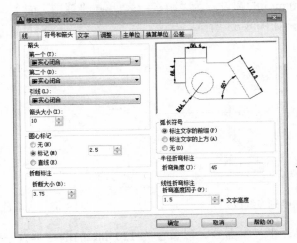

图 4-67 设置标注样式

（14）设置完成后，依次单击"确定"、"关闭"按钮。执行"直径"、"半径"和"角度"标注命令，对整个零件图进行尺寸标注，结果如图 4-68 所示。至此，本案例已全部绘制完毕，最后保存文件。

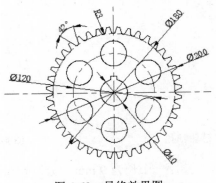

图 4-68 最终效果图

4.6 课 后 习 题

一、填空题

1. _____在 AutoCAD 中是一个重要的组织和管理图形对象的工具，用于控制图形对象的线型、线宽和颜色等属性。

2. 绘图过程中，经常遇到细点划线或虚线间距太小或太大的情况，以至于和实线区分不开，解决这个问题，可以通过设置图形中的_____来改变线型的外观。

3. 在 AutoCAD 2013 中，使用_____命令，可以将一个对象的某些特性或者所有特性，复制到其他对象上。

二、选择题

1. 在 AutoCAD 中，锁定图层后该图层上的图形将以_____显示，表示其不可以编辑和修改。

　　A. 灰色　　　　　　　B. 红色　　　　　　　C. 绿色　　　　　　　D. 黑色

2. 在 AutoCAD 2013 中，可以使用_____命令，可通过合并图层来减少图形中的图层数。

　　A. 图层隔离　　　　B. 图层关闭　　　　C. 图层合并　　　　D. 图层关闭

3. 在 AutoCAD 2013 中，使用_____命令，可以更改选定对象所在的图层，以使其匹配目标图层。

　　A. 图层删除　　　B. 图层匹配　　　C. 图层隔离　　　D. 冻结图层

三、简答题

1. 简述将图层设置为当前图层的方法。

2. 简述新建图层的方法。

3. 简述打开与关闭图层的方法。

四、上机题

机械零件"凸轮"属于路径执行器件，本练习将绘制二维"凸轮"零件图形，效果如图 4-69 所示。

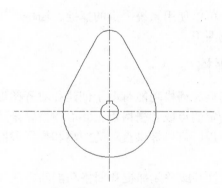

图 4-69　"凸轮"图形

提示：

（1）利用"图层特性管理器"对话框，创建虚线和实线图层。将"虚线"图层设置为当前图层，然后使用"构造线"命令，绘制两条垂直的构造线作为辅助线。

（2）将当前图层切换至"实线"图层，然后使用"圆"命令，捕捉构造线交点绘制半径分别为 80、15 的两个同心圆。

（3）使用"偏移"命令，将横构造线向上偏移 120，将竖构造线向左向右偏移 5，然后使用"圆"命令，捕捉偏移后的构造线上的交点为圆心，绘制半径为 25 的圆。

（4）将偏移后的两条竖构造线合并至"实线"图层中，使用"直线"命令，捕捉上下两个圆的 4 个切点，绘制出两条切线，然后使用"修剪"命令，修剪掉多余的线段。

第 5 章　精确控制图形

在绘制图形时，尽管可以通过移动光标来指定点的位置，但却很难准确指定一点的位置，精度不高，远远不能满足工程制图的要求。因此，为了解决该问题，需要通过使用AutoCAD 提供的捕捉、栅格、正交功能、对象捕捉功能、自动追踪功能以及坐标输入等方式来精确定位点的位置。

本章学习要点

> 使用捕捉和栅格功能；
> 使用正交功能；
> 使用对象捕捉功能；

> 使用自动追踪功能；
> 使用动态输入；
> 缩放和平移视图。

5.1　使用捕捉、栅格和正交功能

在 AutoCAD 2013 中，可以使用系统提供的捕捉、栅格、正交等功能，在不输入坐标的情况下快速、精确地绘制图形。

5.1.1　使用捕捉与栅格

在绘制图形时，使用捕捉和栅格功能有助于创建和对齐图形中的对象。捕捉使光标在移动时只能停留在图形中指定的点或者栅格点上。而栅格则是按照设置的间距显示在图形区域中的点，起坐标纸的作用，可以提供直观的距离和位置参照，栅格只在图形界限以内显示。

在 AutoCAD 2013 中，打开或关闭捕捉和栅格功能的方法如下。

> 在状态栏中单击"捕捉模式"按钮▨或按 F9 键，可以打开或关闭捕捉功能。
> 在状态栏中单击"栅格显示"按钮▨或按 F7 键或 Ctrl＋G 快捷键，可以显示或隐藏栅格。

捕捉与栅格之间有着很多联系，尤其是两者间距的设置。有时为了方便绘图，可将栅格间距设置为与捕捉间距相同，或者设置栅格间距为捕捉间距的倍数。

单击"工具"|"绘图设置"命令，在打开的"草图设置"对话框中，选择"捕捉和栅格"选项卡，在该选项卡中，用户可以设置捕捉和栅格间距、栅格的行为方式、捕捉的类型及控制捕捉和栅格功能的开关，如图 5-1 所示。

"捕捉和栅格"选项卡中的内容分为两项：捕捉的相关设置和栅格的相关设置，下面分别对其进行介绍。

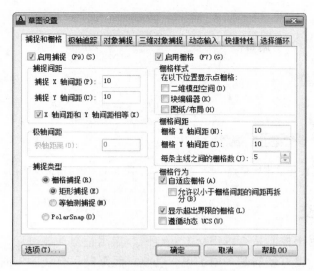

图 5-1　"捕捉和栅格"选项卡

（1）设置捕捉

➤ "启用捕捉"复选框：勾选或取消该复选框，可以打开或关闭捕捉功能。

➤ "捕捉间距"选项组：可以设置 X 轴方向（水平）和 Y 轴方向（垂直）的捕捉间距。

➤ "捕捉类型"选项组：可选择"栅格捕捉"和"极轴捕捉"两种类型。选择"栅格捕捉"时，光标只能在栅格方向上精确移动；选择"极轴捕捉"时，光标可以在极轴方向上精确移动。其中，"栅格捕捉"又分为"矩形捕捉"和"等轴测捕捉"两种样式。

（2）设置栅格

➤ "启用栅格"复选框：勾选或取消该复选框，可以显示或隐藏栅格。

➤ "栅格间距"选项组：可以设置栅格点在 X 轴方向（水平）和 Y 轴方向（垂直）上的距离。

➤ "栅格行为"选项组：控制将视觉样式设置为除二维线框之外的任何视觉样式时所显示栅格线的外观。

下面以使用"直线"命令并利用捕捉和栅格功能绘制一个菱形为例，介绍使用捕捉和栅格功能绘制图形的具体操作方法。

（1）在状态中分别单击"捕捉模式"按钮 ▦ 和"栅格显示"按钮 ▦，打开捕捉和栅格功能。

（2）单击"直线"命令，根据命令提示，在绘图区中依次捕捉并单击栅格点 A、B、C、D，如图 5-2 所示。

（3）单击捕捉栅格点 A，按回车键即可完成菱形的绘制，如图 5-3 所示。

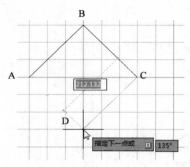

图 5-2　捕捉并单击栅格点

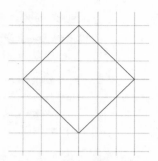

图 5-3　使用捕捉和栅格功能绘制的菱形

5.1.2　使用正交

正交功能主要用于控制是否以正交方式绘图，启用正交功能以后，系统将只能绘制出水平或垂直的直线。更方便的是，由于正交功能已经限制了直线的方向，所以要绘制一定长度的直线时，不再需要输入完整的相对坐标了，只需在命令行中直接输入长度值即可。

在状态中单击"正交模式"按钮 　或按 F8 键，都可以打开或关闭正交功能。

下面以在正交模式下使用"直线"命令绘制一个尺寸为 100×120 的矩形为例，介绍使用正交功能绘制图形的具体操作方法。

（1）在状态中单击"正交模式"按钮 　，打开正交功能，然后单击"直线"命令，根据命令提示，在绘图区任意位置单击鼠标左键，确定直线的起始点。

（2）向右移动光标，然后在命令行中输入 100 并按回车键，再向下移动光标，并在命令行中输入 120，如图 5-4 所示。

（3）按回车键后，继续向左移动光标，然后在命令行中输入 100 并按回车键，再向上移动光标，捕捉起始点并单击鼠标左键，按回车键即可完成矩形的绘制，如图 5-5 所示。

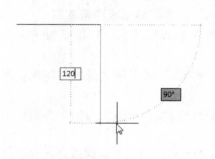

图 5-4　向下移动光标

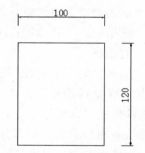

图 5-5　使用正交功能绘制的矩形

5.2　使用对象捕捉功能

在绘图的过程中，经常要指定一些已有对象上的点，例如端点、圆心和两个对象的交点等。如果只凭观察来拾取，不可能非常准确地找到这些点。为此，AutoCAD 提供了对象捕捉功能，可以迅速、准确地捕捉到某些特殊点，从而精确地绘制图形。在 AutoCAD 中，对象捕捉分为自动对象捕捉和临时对象捕捉两种模式。

5.2.1 自动对象捕捉

在绘图过程中，如果每当需要在对象选取特征点时，都要先选择该特征点的捕捉命令，这会使工作效率大大降低。为此，AutoCAD 提供了自动对象捕捉模式。

在状态栏中单击"对象捕捉"按钮□或按 F3 键，都可以打开或关闭自动对象捕捉功能。

在执行自动对象捕捉操作前，首先要设置好需要的对象捕捉点，以后当光标移动到这些对象捕捉点附近时，系统就会自动捕捉到这些点。如果把光标放在捕捉点上多停留一会，系统还会显示捕捉的提示。这样，在选点之前，就可以预览和确认捕捉点。

在菜单栏中单击"工具"|"绘图设置"命令，打开"草图设置"对话框，然后选择"对象捕捉"选项卡，如图 5-6 所示。

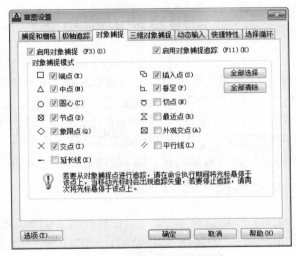

图 5-6 "对象捕捉"选项卡

在该选项卡的"对象捕捉模式"选项组中，列出了 13 种对象捕捉点和对应的捕捉标记。需要捕捉哪些对象捕捉点，就勾选这些点前面的复选框。设置完毕后，单击"确定"按钮关闭对话框即可。

5.2.2 临时对象捕捉

临时对象捕捉是一种一次性的捕捉模式，这种模式不是自动的。当用户需要临时捕捉某个特征点时，需要在捕捉之前手工设置要捕捉的特征点，然后进行对象捕捉。而且这种捕捉设置是一次性的，不能反复使用。在下一次遇到相同的对象捕捉点时需要再次设置。

在命令行提示输入点的坐标时，如果要使用临时对象捕捉模式，可按 Shift 键或 Ctrl 键，同时在绘图区中单击右键，打开对象捕捉快捷菜单，如图 5-7 所示。单击选择需要的对象捕捉点，如选择"端点"，然后把光标移到要捕捉对象的特征点附近，即可捕捉到该对象的端点，如图 5-8 所示。

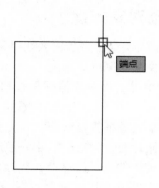

图 5-7　临时捕捉菜单　　　　　　　　图 5-8　捕捉对象的端点

5.3　使用自动追踪功能

在 AutoCAD 中，自动追踪功能可按指定角度绘制对象，或者绘制与其他对象有特定关系的对象。自动追踪功能分极轴追踪和对象捕捉追踪两种，是非常有用的辅助绘图工具。

极轴追踪是按事先给定的角度增量来追踪特征点。而对象捕捉追踪则按与对象的某种特定关系来追踪，这种特定的关系确定了一个未知角度。也就是说，如果事先知道要追踪的方向（角度），则使用极轴追踪；如果事先不知道具体的追踪方向（角度），但知道与其他对象的某种关系（如相交），则用对象捕捉追踪。极轴追踪和对象捕捉追踪可以同时使用。

5.3.1　设定自动追踪参数

在菜单栏中单击"工具"|"绘图设置"命令，在打开的"草图设置"对话框中选择"极轴追踪"选项卡，在该选项卡中，用户可以对极轴追踪和对象捕捉追踪进行设置，如图 5-9 所示。

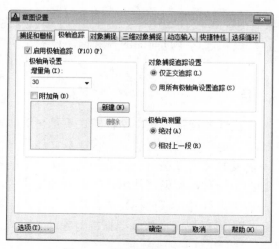

图 5-9　"极轴追踪"选项卡

"极轴追踪"选项卡中各选项的含义如下。

➢ "启用极轴追踪"复选框：勾选或取消该复选框，可以打开或关闭极轴追踪。

➢ "增量角"下拉列表框：设置用来显示极轴追踪对齐路径的极轴角增量，可以输入任何角度，也可以选择系统预设定的角度。

➢ "附加角"复选框：对极轴追踪使用列表中的任何一种附加角度。

➢ 仅正交追踪：单击该单选按钮，可在启用对象捕捉追踪时，只显示获取的对象捕捉点的正交（水平或垂直）对象捕捉追踪路径。

➢ 用所有极轴角设置追踪：单击该单选按钮，可以将极轴追踪设置应用到对象捕捉追踪。使用对象捕捉追踪时，光标将从获取的对象捕捉点起沿极轴对齐角度进行追踪。

➢ 绝对：单击该单选按钮，可以基于当前用户坐标系确定极轴追踪角度。

➢ 相对上一段：单击该单选按钮，可以基于最后绘制的线段确定极轴追踪角度。

> **小提示**：附加角度是绝对的，而非增量的。如果勾选"附加角"复选框，将列出可用的附加角度。要添加新的角度，可单击"新建"按钮，最多可以添加 10 个附加极轴追踪对齐角度。要删除现有角度，可单击"删除"按钮。

5.3.2　使用极轴追踪

极轴追踪功能可以在系统要求指定一个点时，按预先设置的角度增量显示一条无限延伸的辅助线（这是一条虚线），这时就可以沿辅助线追踪得到光标点。

在状态栏中单击"极轴追踪"按钮 ⌖ 或按 F10 键，都可以打开或关闭极轴追踪功能。

5.3.3　对象捕捉追踪

对象捕捉追踪是指当系统自动捕捉到图形中的一个特征点后，再以这个点为基点，沿设置的极坐标角度增量追踪另一点，并在追踪方向上显示一条辅助线，用户可以在该辅助线上定位点。在使用对象捕捉追踪时，必须打开对象捕捉，并捕捉一个几何点作为追踪参照点。

在状态栏中单击"对象捕捉追踪"按钮 ∠ 或按 F11 键，打开或关闭对象捕捉追踪功能。

> **小提示**：对象追踪必须与对象捕捉同时工作，即在追踪对象捕捉到点之前，必须先打开对象捕捉功能。

5.4　使用动态输入

在 AutoCAD 2013 中，使用动态输入功能可以在指针位置处显示标注输入和命令提示等信息，从而极大地方便了绘图。动态输入由指针输入、标注输入和动态提示 3 个组件组成。

在状态栏中单击"动态输入"按钮 ⌐ 或按 F12 键，都可以打开或关闭动态输入功能。

5.4.1 启用指针输入

单击"工具"|"绘图设置"命令，在打开的"草图设置"对话框中选择"动态输入"选项卡，勾选"启用指针输入"复选框，可以启用"指针输入"功能，如图 5-10所示。

要进行指针输入设置，可在"指针输入"选项区域中单击"设置"按钮，在打开的"指针输入设置"对话框中设置指针的格式和可见性，如图 5-11 所示。

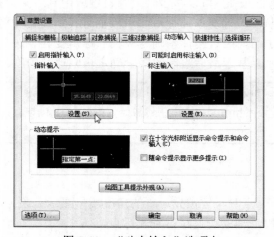

图 5-10 "动态输入"选项卡

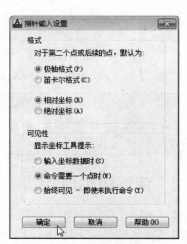

图 5-11 "指针输入设置"对话框

5.4.2 启用标注输入

在如图 5-10 所示的"动态输入"选项卡中，勾选"可能时启用标注输入"复选框，可以启用"标注输入"功能。

要进行标注输入设置，在"标注输入"选项区域中单击"设置"按钮，在打开的"标注输入的设置"对话框中，设置标注的可见性，如图 5-12 所示 。

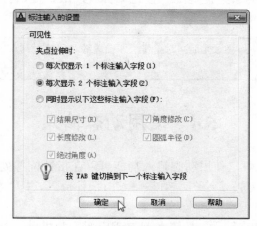

图 5-12 "标注输入的设置"对话框

5.4.3 显示动态提示

在"草图设置"对话框的"动态输入"选项卡中，勾选"动态提示"选项区域中的"十字光标附近显示命令提示行和命令输入"复选框，可以在光标附近显示命令提示，如图 5-13 所示。

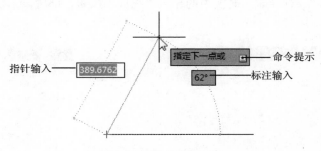

图 5-13 显示命令提示

5.4.4 设置工具栏提示外观

在"草图设置"对话框的"动态输入"选项卡中，单击"绘图工具提示外观"按钮，打开"工具显示外观"对话框，在该对话框中可以设置工具栏模型预览、布局预览的颜色以及工具栏提示外观的大小，如图 5-14 所示。

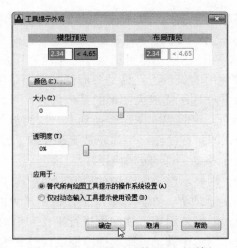

图 5-14 "工具显示外观"对话框

5.5 使用视图显示

对于一个较为复杂的图形来说，在观察整幅图形时往往无法对其局部细节进行查看和操作，而当在屏幕上显示一个细部时又看不到其他部分，为解决这类问题，AutoCAD 提供了缩放、平移和视口等命令用于显示和观看绘制的图形。

5.5.1 缩放视图

在 AutoCAD 2013 中，使用"缩放"命令，可以将图形放大或缩小显示，以便观察和绘制图形。该命令并不改变图形的实际位置和尺寸，只是改变视图的比例。

在菜单栏中单击"视图"|"缩放"命令中的子命令，或者在功能区选项板中选择"视图"选项卡，单击"二维导航"面板中的相关"缩放"按钮，都可以缩放图形，如图 5-15、图 5-16 所示。

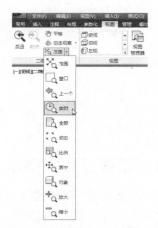

图 5-15　"缩放"菜单中的子命令　　　　图 5-16　下拉列表中的"缩放"按钮

AutoCAD 提供了"范围"、"窗口"、"实时"等 11 种缩放图形的命令，选择相应的命令，即可执行对应的缩放操作，下面就分别对其类型进行简单阐述。

➢ 范围：选择该命令，在绘图区中尽可能大地显示所有图形对象。与全部缩放模式不同的是，范围缩放使用的显示边界只是图形范围而不是图形界限。

➢ 窗口：选择该命令并框选所需放大图形的某一部分，可将其局部放大。

➢ 上一个：选择该命令，可将当前图形转换到上一次缩放的大小。

➢ 实时：选择该命令，即可在绘图区中显示放大镜图样，按住放大镜向下方移动，即可缩小图形，若向上移动，即可放大图形。

➢ 全部：选择该命令，则显示整个图形中的所有对象。在平面视图中，它以图形界限或当前图形范围为显示边界，在具体情况下，范围最大的将作为显示边界。

➢ 动态：选择该命令，则可使用矩形视图框进行平移和缩放。视图框表示视图，可以更改它的大小，或在图形中移动。移动视图框或调整它的大小，将其中的视图平移或缩放，以充满整个视口。

➢ 比例：选择该命令，可在命令行中，输入比例数值，即可缩放当前图形。

➢ 居中：选择该命令，则可缩放显示由中心点和比例值/高度所定义的视图。高度值较小时增加放大比例，高度值较大时减小放大比例。

➢ 对象：选择该命令，根据命令提示，在绘图区中选择一个图形对象，视图将以显示所选择图形的全部区域进行放大或缩小。

➢ 放大：选择该命令，系统将会使整个视图放大一倍，即默认的比例因子为 2。

➢ 缩小：选择该命令，系统将会使整个视图缩小一倍，即默认的比例因子为 0.5。

下面以使用"窗口"和"实时"缩放命令将放大或缩小图形为例，介绍缩放视图的具体操作方法。

1. 实时缩放

下面介绍使用"实时"缩放命令，缩放图形的具体操作方法。

（1）单击"二维导航"面板中的"实时"缩放按钮，此时光标将变成放大镜形状。

（2）按住鼠标左键，向下移动光标可缩小图形，向上移动光标可放大图形，当缩放到合适后，释放鼠标即可获得图形的缩放效果，按回车键即可退出缩放操作，如图 5-17、图 5-18 所示。

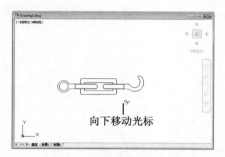

图 5-17　实时缩小图形效果

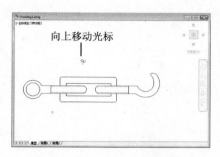

图 5-18　实时放大图形效果

2. 窗口缩放

下面介绍使用"窗口"缩放命令，缩放图形的具体操作方法。

（1）单击"二维导航"面板中的"窗口"缩放按钮，在图形左上角单击鼠标左键，指定第一个角点，然后将鼠标向右下方移动，拉出一个矩形框指定放大图形的区域，该矩形的中心是新的显示中心，如图 5-19 所示。

（2）在合适位置单击鼠标左键，确定其对角点位置，同时 AutoCAD 将尽可能地将该矩形区域内的图形放大以充满整个绘图窗口，如图 5-20 所示。

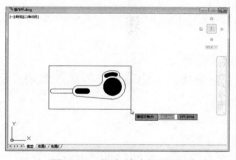

图 5-19　指定放大图形区域

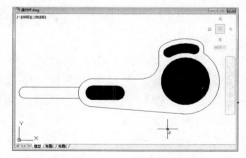

图 5-20　窗口放大图形效果

5.5.2　平移视图

在 AutoCAD 2013 中，使用"平移"命令平移视图时，不改变视图的显示比例，只改变显示范围。

在菜单栏中单击"视图"|"平移"命令中的子命令，或者在功能区选项板中选择"视图"选项卡，单击"二维导航"面板中的"平移"按钮，都可以平移视图。

下面介绍平移图形的具体操作方法。

（1）单击"二维导航"面板中的"平移"按钮，此时光标将变成小手形状，如图 5-21 所示。

（2）按住鼠标左键，然后向不同方向移动光标，释放鼠标并按 Esc 键，即可获得平移图形效果，如图 5-22 所示。

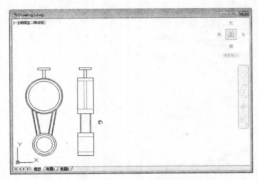
　　图 5-21　平移图形前

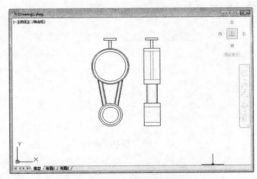
　　图 5-22　平移图形后

5.6　技巧集锦

1．使用捕捉：在命令行中输入 SNAP 命令并按回车键，可以设置捕捉的间距和控制捕捉的开关。

2．使用栅格：在命令行中输入 GRID 命令并按回车键，可以设置栅格的间距和控制栅格是否显示。

3．"草图设置"对话框：在命令行中输入 DSETTINGS/DS 命令并按回车键，可以打开"草图设置"对话框。

4．使用正交：按 Ctrl+L 快捷键，可以打开或关闭正交功能。

5．对象捕捉：在"草图设置"对话框的"对象捕捉"选项卡中勾选或取消"启用对象捕捉"复选框，也可以打开或关闭对象捕捉功能。

6．对象捕捉追踪：在"草图设置"对话框的"对象捕捉"选项卡中勾选或取消"启用对象捕捉追踪"复选框，可以打开或关闭对象捕捉追踪。

7．缩放视图：在命令行中输入 ZOOM/Z 命令并按回车键，可以控制视图的缩放。

8．平移视图：在命令行中输入 PAN/P 命令并按回车键，可以将视图进行平移。

5.7　课 堂 练 习

练习一　绘制起重钩

本练习将介绍一款起重钩零件图的绘制，具体步骤如下。

（1）单击"图层特性"命令，创建新图层"中心线"，并设置其颜色为"红色"，线型为 CENTER，线宽为 0.15 mm。用同样的方法创建其他图层，如图 5-23 所示。

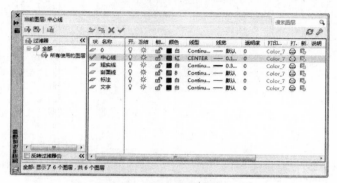

图 5-23　"图层特性管理器"对话框

（2）双击"中心线"图层，将其设置为当前图层。依次单击状态栏中的"正交"、"动态输入"按钮，开启正交和动态输入功能，然后在"对象捕捉"按钮上单击右键，在弹出的快捷菜单中选择"设置"选项，打开"草图设置"对话框，选中"端点"、"中点"、"圆心"等复选框，并启用对象捕捉和对象捕捉追踪功能，如图 5-24 所示。

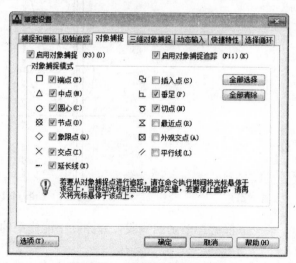

图 5-24　"草图设置"对话框

（3）单击"直线"命令，绘制两条互相垂直的中心线。将当前图层切换至"粗实线"，单击"圆心，半径"命令，利用对象捕捉功能捕捉两条中心线的交点作为圆心，分别绘制半径为 10 mm、13 mm 和 20 mm 的同心圆，如图 5-25 所示。

（4）单击"偏移"命令，将水平中心线先向上偏移 28 mm，再依次向下偏移 20 mm、90 mm，接着将垂直中心线分别向左和向右偏移 11 mm、12 mm、15 mm，除了最下面的偏移线段，选中其他所有的偏移线段，将其图层更改为"粗实线"，如图 5-26 所示。

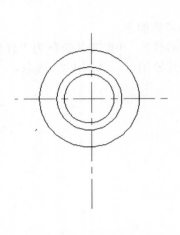

图 5-25　绘制同心圆

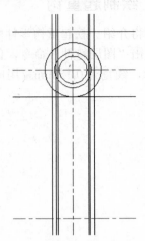

图 5-26　偏移中心线

（5）单击状态栏上的"极轴追踪"按钮，开启极轴追踪功能，然后在该按钮上单击右键，在弹出的快捷菜单中设置增量角为 15°，如图 5-27 所示。

（6）单击"直线"命令，利用极轴追踪功能，以中心线的交点为起点绘制夹角为 30°的两条直线段，如图 5-28 所示。

图 5-27　设置增量角

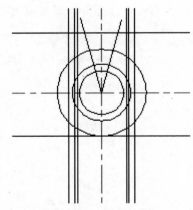

图 5-28　绘制直线

（7）单击"修剪"命令，修剪掉多余的线段，并删除不能修剪的多余线段，如图 5-29 所示。

（8）单击"直线"命令，利用对象捕捉功能，捕捉直线的端点和圆弧上的切点，绘制出两条切线，如图 5-30 所示。

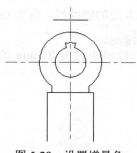

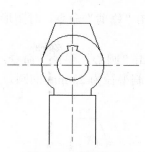

图 5-29　设置增量角　　　　　　　　　　图 5-30　绘制切线

（9）单击"修剪"命令，对圆弧进行修剪。单击"偏移"命令，将垂直中心线向右偏移 9 mm，将线段 1 向右偏移 40 mm，如图 5-31 所示。

（10）单击"圆心，半径"命令，以交点 a 为圆心，绘制半径为 20 mm 的圆，再以交点 b 为圆心，绘制半径分别为 48 mm 和 88 mm 的两个辅助圆，以交点 c 为圆心，绘制半径为 40 mm 的圆，如图 5-32 所示。

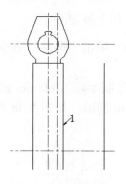

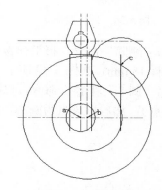

图 5-31　偏移线段 1　　　　　　　　　　图 5-32　绘制圆

（11）单击"修剪"命令对图形进行修剪，并删除多余的辅助线。单击"偏移"命令，将线段 2 向右偏移 60 mm，如图 5-33 所示。

（12）单击"圆心，半径"命令，以交点 a 为圆心，绘制半径为 80 mm 的圆，以交点 d 为圆心，绘制半径为 60 mm 的圆，如图 5-34 所示。

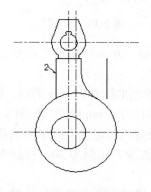

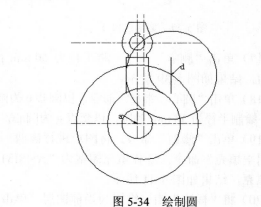

图 5-33　偏移线段 2　　　　　　　　　　图 5-34　绘制圆

（13）单击"修剪"命令，对图形进行修剪，并删除多余的辅助线，修剪结果如图 5-35 所示。

（14）单击"圆心，半径"命令，以交点 b 为圆心，绘制半径为 71 mm 的圆，以交点 e 为圆心，绘制半径为 23 mm 的圆，如图 5-36 所示。

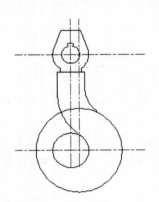

图 5-35　修剪图形

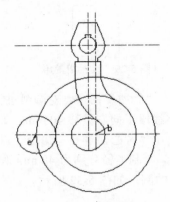

图 5-36　绘制圆

（15）单击"删除"命令，将半径为 71 mm 的圆删除。单击"偏移"命令，将水平中心线 3 向下偏移 15 mm，如图 5-37 所示。

（16）单击"圆心，半径"命令，以交点 a 为圆心，绘制半径为 60 mm 的圆，并交偏移水平中线于点 f，然后以该点为圆心，绘制半径为 40 mm 的圆，如图 5-38 所示。

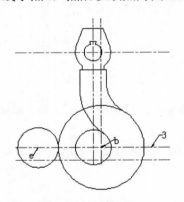

图 5-37　偏移线段 3

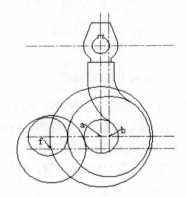

图 5-38　绘制圆

（17）单击"删除"命令，将半径为 60 mm 的圆删除。单击"修剪"命令，将图形进行修剪，结果如图 5-39 所示。

（18）单击"圆心，半径"命令，以圆心 e 为圆心，绘制半径为 27 mm 的圆，以圆心 f 为圆心，绘制半径为 36 mm 的圆，以交点 g 为圆心，绘制半径为 4 mm 的圆，如图 5-40 所示。

（19）单击"修剪"命令，将图形进行修剪，然后设置"剖面线"图层为当前图层，单击"图案填充"命令，选择填充图案为"ANSI31"，设置填充比例为 30，将起重钩的头部进行填充，结果如图 5-41 所示。

（20）将"标注"图层设置为当前图层，单击"标注样式"命令修改标注样式，如设置文字高度为 6，箭头大小为 5，设置完成后，执行"线性"、"角度"和"半径"标注命令，对图形进行尺寸标注，结果如图 5-42 所示。至此，本案例已全部绘制完毕，最后保存文件。

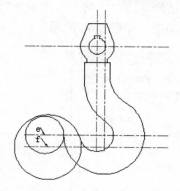

图 5-39　修剪图形

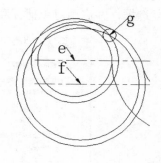

图 5-40　绘制圆

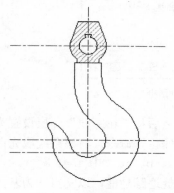

图 5-41　填充图形

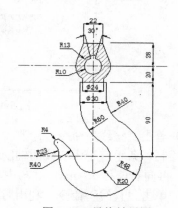

图 5-42　最终效果图

练习二　绘制手柄

本练习将介绍一款手柄零件图的绘制，具体步骤如下。

（1）单击"图层特性"命令，创建新图层"中心线"，并设置其颜色为"红色"，线型为 CENTER，线宽为 0.15 mm。用同样的方法创建其他图层，如图 5-43 所示。

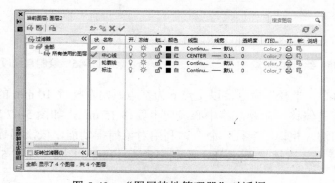

图 5-43　"图层特性管理器"对话框

（2）双击"中心线"图层，将其设置为当前图层。依次单击状态栏中的"正交"、"动态输入"按钮，开启正交和动态输入功能，然后在"对象捕捉"按钮上右击，在弹出的快捷菜单中选择"设置"选项，打开"草图设置"对话框，选中"端点"、"中点"、"圆心"等前面的复选框，并启用对象捕捉和对象捕捉追踪功能，如图5-44所示。

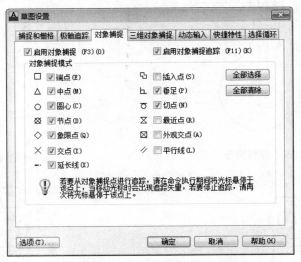

图 5-44 "草图设置"对话框

（3）单击"直线"命令，绘制一条水平中心线，然后将"轮廓线"图层设置为当前图层，再绘制一条垂直于中心线的辅助线，接着单击"偏移"命令，将该条线段先向左偏移15 mm，再向右偏移75 mm，并与中心线分别交于点a、b、c，如图5-45所示。

（4）单击"直线"命令，利用对象捕捉和对象捕捉追踪功能，以交点a为基点，向上捕捉10 mm的位置绘制直线，且与最左边的垂直中心线相交于点d。单击"圆心，半径"命令，以交点a为圆心，绘制半径为15 mm的圆，如图5-46所示。

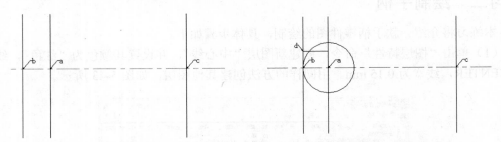

图 5-45 绘制辅助线　　　　　　　　图 5-46 绘制直线段和圆

（5）单击"圆心，半径"命令，以交点c为基点，向左捕捉10 mm的位置绘制半径为10 mm的圆。单击"偏移"命令，将中心线向上偏移15 mm，如图5-47所示。

（6）单击"相切，相切，半径"命令，利用对象捕捉功能，依次捕捉点e、f，绘制半径为50 mm的圆，再依次捕捉点g、h，绘制半径为12 mm的圆，如图5-48所示。

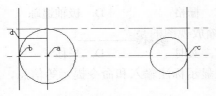
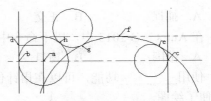

图 5-47 偏移中心线　　　　　　　　　图 5-48 绘制相切圆

（7）单击"修剪"命令，修剪掉多余的线段，并删除不能修剪的多余线段，结果如图 5-49 所示。

（8）单击"镜像"命令，将绘制好的图形轮廓以中心线为镜像轴进行镜像复制，结果如图 5-50 所示。

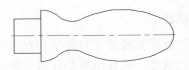

图 5-49 修剪图形　　　　　　　　　　图 5-50 镜像图形

（9）单击"直线"命令，分别捕捉中点 g、h 绘制一条辅助线段，再单击"圆心，半径"命令，以辅助线与中心线的交点 i 为圆心，绘制半径为 2.5 mm 的圆，并删除辅助线，结果如图 5-51 所示。

（10）将"标注"图层设置为当前图层，单击"标注样式"命令，修改标注样式，如设置文字高度为 2.5，箭头大小为 2，设置完成后，执行"线性"和"半径"标注命令，对图形进行尺寸标注，结果如图 5-52 所示。至此，本案例已全部绘制完毕，最后保存文件。

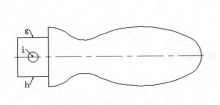
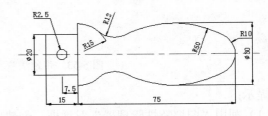

图 5-51 绘制圆　　　　　　　　　　图 5-52 最终效果图

5.8 课后习题

一、填空题

1. 在 AutoCAD 中，对象捕捉分为_____和临时对象捕捉两种模式。

2. 在 AutoCAD 中，自动追踪功能分极轴追踪和_____两种。

3. 在 AutoCAD 中，动态输入由指针输入、_____和动态提示 3 个组件组成。

二、选择题

1. 在 AutoCAD 2013 中，启用_____功能，系统将只能绘制出水平或垂直的直线。

　　A．捕捉　　　　　B．正交　　　　　C．栅格　　　　　D．极轴追踪

　　2．在 AutoCAD 2013 中，以下命令中不能缩放视图的是_____。

　　A．范围　　　　　B．窗口　　　　　C．实时　　　　　D．平移

　　3．使用_____功能，可以在指针位置处显示标注输入和命令提示等信息，从而极大地方便了绘图。

　　A．对象捕捉追踪　B．正交　　　　　C．动态输入　　　D．捕捉

三、简答题

　　1．简述设置捕捉和栅格的方法。

　　2．简述设置对象捕捉的方法。

　　3．简述设置自动追踪参数的方法。

四、上机题

　　法兰盘是实线管子与管子相互连接的零件，连接于管端。法兰上有孔眼，可穿螺栓，使两法兰紧连，其作用就是使得关键连接处固定并密封。本练习将绘制带颈法兰二维构造图，效果如图 5-53 所示。

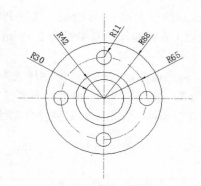

图 5-53　带颈法兰二维构造图

　　提示：

　　（1）利用"图层特性管理器"对话框，创建出"虚线"和"实线"两个图层，并设置好其颜色、线宽和线型，然后将"虚线"图层设置为当前工作图层。

　　（2）打开"捕捉"、"对象捕捉"、"对象追踪"等功能，然后使用"构造线"命令，绘制出两条互相垂直的构造线，再使用"圆"命令并利用捕捉功能，捕捉构造线交点为圆心，绘制出半径为 65 的圆。

　　（3）将当前图层切换至"实线"图层，使用"圆"命令，捕捉虚线圆的圆心，依次绘制出半径为 30、42、88 的三个同心圆。

　　（4）继续使用"圆"命令，捕捉虚线圆与构造线相交的交点，绘制出半径为 11 的圆，然后使用"复制"命令，将其分别复制到虚线圆上的合适位置。

文字对象是 AutoCAD 图形中重要的图形元素之一，是绘图中不可缺少的组成部分。在一个完整的图样中，通常都包含一些文字注释来标注图样中的一些非图形信息，如填充材质的性质、设计图纸的设计人员、图纸比例等，这些就需要在图形中添加必要的文字。此外，使用表格功能可以创建不同类型的表格，还可以在其他软件中复制表格，以简化制图制作。

本章学习要点

➢ 创建和修改文字样式；　　　　　➢ 输入特殊符号；

➢ 输入单行文字；　　　　　　　　➢ 创建表格样式；

➢ 输入多行文字；　　　　　　　　➢ 插入与编辑表格。

6.1　设置文字样式

AutoCAD 图形中的所有文字都应具有与之相关联的文字样式。在进行文字标注之前，应先对文字样式进行设置，从而方便、快捷地对图形对象进行标注，得到统一、标准、美观的标注文字。在 AutoCAD 2013 中，利用"文字样式"对话框可以修改或创建文字样式，并设置文字的当前样式。

在菜单栏中单击"格式"|"文字样式"命令，或者在功能区选项板中选择"注释"选项卡，单击"文字"面板中的"文字样式"按钮 ，都可以打开"文字样式"对话框。

6.1.1　创建文字样式

文字样式是对同一类文字的格式设置的集合，包括文字的"字体"、"字体样式"、"大小"、"高度"、"效果"等。当输入文字时，AutoCAD 会使用当前的文字样式作为其默认的样式，用户也可以根据具体要求重新设置文字样式或创建新的样式。

下面以创建"文字标注"文字样式为例，介绍创建并设置文字样式的具体操作方法。

（1）在菜单栏中单击"格式"|"文字样式"命令，打开"文字样式"对话框，如图 6-1 所示。

（2）单击"新建"按钮，打开"新建文字样式"对话框，在"样式名"文本框中输入新创建的文字样式的名称（如输入文字标注），如图 6-2 所示。

（3）单击"确定"按钮，完成新样式的创建，并返回至"文字样式"对话框，在"字体名"下拉列表框中选择需要的字体名称，这里选择"仿宋"字体，如图 6-3 所示。

图 6-1　"文字样式"对话框

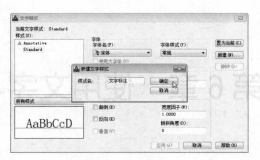

图 6-2　设置样式名

图 6-3　设置字体名

（4）在"大小"选项组中的"高度"文本框中输入 300，其选项保持默认设置，单击"置为当前"按钮，将创建好的新文字样式设置为当前样式，然后单击"关闭"按钮，即可完成新文字样式的创建并退出"文字样式"对话框，如图 6-4 所示。

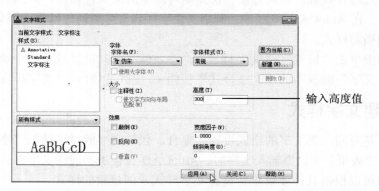

图 6-4　设置文字高度

6.1.2　修改文字样式

在 AutoCAD 2013 中，如果对已创建好的文字样式不满意，可在"文字样式"对话框中选择要修改的文字样式（如选择"文字标注"），然后在右侧的参数设置区中进行修改（如设置文字高度为 350），完成后单击"应用"按钮，即可修改所选的文字样式，如图 6-5 所示。

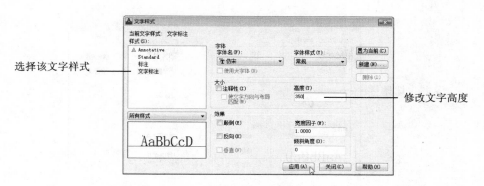

选择该文字样式

修改文字高度

图 6-5 "文字样式"对话框

"文字样式"对话框中各选项的含义如下。

➢ "样式"列表框：显示了当前图形文件中所有定义的文字样式，默认文字样式为 Standard。

➢ "字体"栏：用于设置文字样式使用的字体和字高等属性。其中"字体名"下拉列表框用于选择字体；"字体样式"下拉列表框用于选择字体格式，如斜体、粗体和常规字体等；"高度"文本框用于设置文字的高度。选中"使用大字体"复选框，"字体样式"下拉列表框变为"大字体"下拉列表框，用于选择大写字体文件。

➢ "大小"栏：可以设置文字的高度。如果将文字的高度设为 0，在使用 TEXT 命令标注文字时，命令行将显示"指定高度："提示，要求指定文字的高度。如果在"高度"文本框中输入了文字高度，AutoCAD 将按此高度标注文字，而不再提示指定高度。

➢ "效果"栏：可以设置文字的颠倒、反向、垂直等显示效果。在"宽度比例"文本框中可以设置文字字符的高度和宽度之比；在"倾斜角度"文本框中可以设置文字的倾斜角度，角度为 0°时不倾斜，角度为正值时向右倾斜，为负值时向左倾斜。

➢ "新建"按钮：单击该按钮打开"新建文字样式"对话框，然后在"样式名"文本框中输入新建文字样式名称后，再单击"确定"按钮可以创建新的文字样式，则新建的文字样式将显示在"样式"列表框中。

➢ "删除"按钮：单击该按钮可以删除某一已有文字样式，但无法删除已经使用的文字样式、当前文字样式和默认的文字样式。

6.1.3 重命名文字样式

在 AutoCAD 2013 中，用户还可以在"文字样式"对话框中重命名文字样式的名称，具体操作方法如下。

（1）在"文字样式"对话框中的"样式"列表框中选择要重命名的文字样式（如选择"数字标注"），然后单击鼠标右键，在弹出的快捷菜单中选择"重命名"选项，如图 6-6 所示。

（2）所选的文字样式的名称进入编辑状态，直接输入新的样式名（如输入"汉字标注"）并按回车键，即可完成文字样式的重命名，如图 6-7 所示。

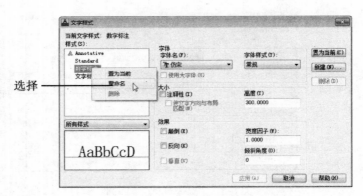

选择

图 6-6　选择"重命名"选项

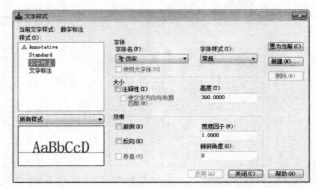

图 6-7　完成文字样式的重命名

6.2　单 行 文 字

　　单行文字就是将每一行作为一个文字对象，一次性地在图纸中的任意位置添加所需要的文本内容，并且可对每个文字对象进行单独的修改。该输入方式主要用于创建不需要使用多种字体的简短内容，如对图形对象的规格说明、标题栏信息和标签等。

6.2.1　输入单行文字

　　在 AutoCAD 2013 中，使用"单行文字"命令可以在图形中创建一个或多个单行文字对象。

　　在菜单栏中单击"绘图"|"文字"|"单行文字"命令，或者在功能区选项板中选择"注释"选项卡，单击"文字"面板中的"单行文字"按钮 A，都可以调用"单行文字"命令。

　　下面介绍输入单行文字的具体操作方法。

　　（1）单击"文字"面板中的"单行文字"按钮 A，根据命令行提示，在图形合适位置单击鼠标左键，确定好文字的起点后，在命令行中输入文字高度为 50 并按回车键。

　　（2）再根据命令提示输入文字的旋转角度，这里直接按回车键选择默认角度，然后输入文字内容，两次按回车键即可完成单行文字的创建，如图 6-8、图 6-9 所示。

带劲法兰

图 6-8　输入文字内容

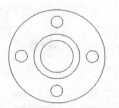

带劲法兰二维结构图

图 6-9　完成单行文字的创建

小提示： 在使用"单行文字"命令输入文字内容时，如果要输入另一行文字，可在行尾按回车键，继续输入文字即可；如果要退出文字输入，可以重新另起一行时不输入内容并按回车键。

6.2.2　设置文字的对正方式

在 AutoCAD 2013 中，系统为文字提供了多种对正方式。单击"文字"面板中的"单行文字"按钮 A，根据命令提示，在命令行中输入 J 并按回车键，选择"对正"选项，此时命令行显示如下提示信息：

输入选项 [对齐 (A) /布满 (F) /居中 (C) /中间 (M) /右对齐 (R) /左上 (TL) /中上 (TC) /右上 (TR) /左中 (ML) /正中 (MC) /右中 (MR) /左下 (BL) /中下 (BC) /右下 (BR)]：

根据命令提示，选择相应的选项即可设置相应的对齐方式，如图 6-10 所示。

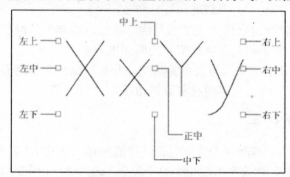

图 6-10　文字对正方式

各种对齐方式及其说明如下。

➢ 对齐（A）：将文字限制在指定基线的两个端点之间。输入 a 按回车键，命令行会提示指定文字基线的第一个端点和第二个端点，输入的文字正好嵌在指定的两个端点之间，文字的倾斜角度由指定的两个端点决定，高度由系统计算得到，不需要用户指定，注意文字的高宽比保持不变。

➢ 布满（F）：也是将文字限制在指定基线的两个端点之间，与"对齐"不同的是，需要用户指定字高，字符的宽度因子由系统计算得到。当用户选定两点并输入文本后，系统把文字压缩或扩展使其充满指定的宽度范围。

➢ 中心（C）：以指定点为中心点对齐文字，文字向两边缩排。需要用户指定基线的中心点、文字高度和旋转角度。

➢ 中间（M）：文字基线的水平中点与文字高度的垂直中点重合，需要用户指定文字的中间点、文字高度和旋转角度。

➢ 右对齐（R）：在基线上以指定点为基准右对齐文字，需要用户指定文字的右端点、文字高度和旋转角度。

➢ 左上（TC）：以指定点作为文字的顶部左端点，并且以该点为基准左对齐文字，需要用户指定文字的左上点、文字高度和旋转角度。

➢ 中上（TC）：以指定点作为文字顶部中点，并且以该点为基准居中对齐文字，需要用户指定文字的中上点、文字高度和旋转角度。

➢ 右上（TR）：以指定点作为文字的顶部右端点，并且以该点为基准右对齐文字，需要用户指定文字的右上点、文字高度和旋转角度。

➢ 左中（ML）：以指定点作为文字高度上的中点，并且以该点为基准左对齐文字，需要用户指定文字的左中点、文字高度和旋转角度。

➢ 正中（MC）：以指定点作为文字高度上的中点，并且以该点为基准居中对齐文字，需要用户指定文字的中间点、文字高度和旋转角度。"中间"选项与"正中"选项不同，"中间"选项使用的中点是所有文字包括下行文字在内的中点，而"正中"选项使用大写字母高度的中点。

➢ 右中（MR）：以指定点作为文字高度上的中点，并且以该点为基准右对齐文字，需要用户指定文字的右中点、文字高度和旋转角度。

➢ 左下（BL）：以指定点作为文字的基线，并且以该点为基准左对齐文字，需要用户指定文字的左下点、文字高度和旋转角度。

➢ 中下（BC）：以指定点作为文字的基线，并且以该点为基准居中对齐文字，需要用户指定文字的中下点、文字高度和旋转角度。

➢ 右下（BR）：以指定点作为文字的基线，并且以该点为基准右对齐文字，需要用户指定文字的右下点、文字高度和旋转角度。

6.2.3　编辑单行文字

在 AutoCAD 2013 中，编辑单行文字包括文字的内容、对正方式以及缩放比例。在菜单栏中单击"修改"|"对象"|"文字"命令中的子命令，即可进行相应的设置，如图 6-11 所示。

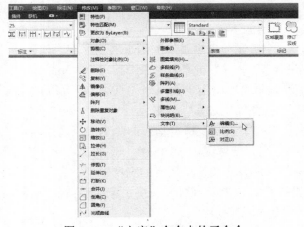

图 6-11　"文字"命令中的子命令

"文字"命令中的"编辑"、"比例"和"对正"命令的含义如下。

➢ "编辑"命令：选择该命令，然后在绘图区中单击要编辑的单行文字，进入文字编辑状态，可以重新输入文本内容。

➢ "比例"命令：选择该命令，然后在绘图区中单击要编辑的单行文字，此时需要输入缩放的基点以及指定高度、匹配对象或缩放比例。

➢ "对正"命令：选择该命令，然后在绘图区中单击要编辑的单行文字，此时可以重新设置文字的对正方式。

6.2.4　输入特殊字符

在实际设计绘图中，经常需要标注一些特殊的字符。例如，在文字上方或下方添加划线、直径符号、百分号、正负公差符号等。这些特殊字符不能从键盘上直接输入，此时，可通过输入一些代码来实现特殊符号的输入，常用特殊符号及其代码如表 6-1 所示。

表 6-1　AutoCAD 的常用特殊符号及其代码

代　　码	符　　号	代　　码	符　　号
%%C	直径（Φ）符号	%%D	度（°）符号
%%O	上划线符号	%%P	正负公差（±）符号
%%U	下划线符号	\U+2238	约等于（≈）符号
%%%	百分号（%）符号	\U+2220	角度（∠）符号

下面介绍使用"单行文字"命令输入特殊字符的具体操作方法。

（1）单击"文字"面板中的"单行文字"按钮 A，根据命令行提示，在绘图区任意位置单击鼠标左键，指定好文字的起点后，按回车键选择默认角度，然后输入文字内容，如输入"%%u 室内设计原则："，如图 6-12 所示。

（2）两次按回车键即可完成单行文字的输入，此时"室内设计原则："文字下显示下划线，如图 6-13 所示。

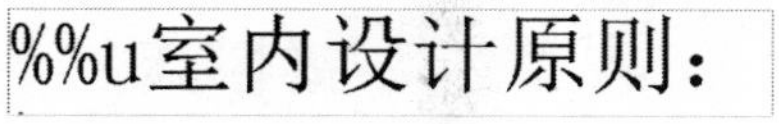

%%u室内设计原则：　　　　　室内设计原则：

图 6-12　输入文字内容 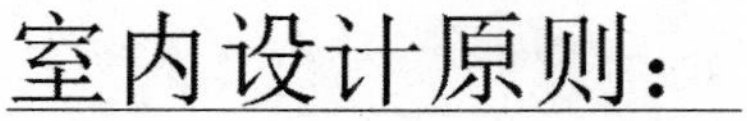　　　　　图 6-13　创建特殊符号效果

小提示：在 AutoCAD 的常用特殊符号的代码中，%%O 和%%U 分别是上划线与下划线的开关，第一次出现此代码时，可打开上划线或下划线，第二次出现该代码时，则会关掉上划线或下划线。

6.3　多行文字

多行文字主要用于输入内部格式比较复杂的文字说明（如工程图的设计说明）。多行文字可以包含任意多个文本行和文本段落，并可以对其中的部分文字设置不同的文字格式。整个多行文字作为一个对象处理，其中的每一行不再为单独的对象。

6.3.1　创建多行文字

在 AutoCAD 2013 中，使用"多行文字"命令可以创建较为复杂的文字说明，如图纸的设计说明等。

在菜单栏中单击"绘图"|"文字"|"多行文字"命令，或者在功能区选项板中选择"注释"选项卡，单击"文字"面板中的"多行文字"按钮 A，都可以调用"多行文字"命令。下面介绍创建多行文字的具体操作方法。

（1）单击"文字"面板中的"多行文字"按钮 A，根据命令提示，在绘图区单击鼠标左键，指定第一角点，然后向右下角拖曳鼠标，拖出一个矩形框，如图 6-14 所示。

图 6-14　绘制矩形区域

（2）在合适位置再次单击鼠标左键，确定好对角点，创建出多行文字输入框，同时打开"文字编辑器"选项卡，如图 6-15 所示。

图 6-15　创建文字输入框

（3）在文字输入框中输入有关机械设计分类等文字内容，如图 6-16 所示。

（4）完成文字的输入后，在文字输入框外单击鼠标左键或在"文字编辑器"选项卡的"关闭"面板中单击"关闭文字编辑器"按钮 ✕，即可完成多行文本的创建，如图 6-17 所示。

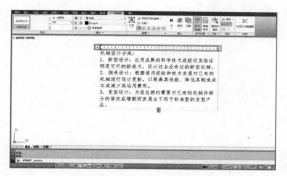

图 6-16　输入文字内容

机械设计分类：
1．新型设计：应用成熟的科学技术或经过实验证
明是可行的新技术，设计过去没有过的新型机械。
2．继承设计：根据使用经验和技术发展对已有的
机械进行设计更新，以提高其性能、降低其制造成
本或减少其运用费用。
3．变型设计：为适应新的需要对已有的机械作部
分的修改或增删而发展出不同于标准型的变型产
品。

图 6-17　创建多行文字效果

6.3.2　输入分数与公差

堆叠文字是指在多行文字对象和多重引线中堆叠分数和公差格式的文字。在 AutoCAD 2013 中，使用"堆叠"命令可以将所选文字创建为堆叠文字。特殊字符可以指示如何堆叠选定的文字，创建堆叠文字的符号有以下 3 种。

➢ 斜杠（/）：以垂直方式堆叠文字，由水平线分隔。
➢ 井号（#）：以对角形式堆叠文字，由对角线分隔。
➢ 插入符（^）：创建公差堆叠（垂直堆叠，且不用直线分隔）。

下面介绍使用"多行文字"命令输入分数与公差形式文字的具体操作方法。

（1）单击"文字"面板中的"多行文字"按钮 **A**，根据命令提示，指定对角点创建出多行文字输入框，在该输入框中输入"半径为 2/3 的圆"的文字内容，然后选中文字"2/3"，如图 6-18 所示。

图 6-18　选中部分文字内容

（2）在"文字编辑器"选项卡的"格式"面板中单击"堆叠"按钮，即可完成分数格式的文字创建，如图 6-19 所示。

（3）将光标放置在"圆"文字后面，按回车键另起一行并输入"200+0.020^-0.016"文字，选中文字"+0.020^-0.016"，再单击"格式"面板中单击"堆叠"按钮，即可创建出公差格式的文字，单击"关闭文字编辑器"按钮 **X**，结束输入操作，如图 6-20 所示。

图 6-19　创建分数格式文字效果

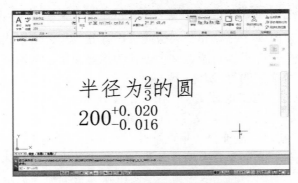

图 6-20　创建公差格式文字效果

6.3.3　输入特殊符号

在 AutoCAD 2013 中，使用"多行文字"命令输入特殊符号，也可在"文字编辑器"选项卡的"插入"面板中单击"符号"按钮@，在弹出的菜单中选择相应的选项，即可添加相应的特殊符号。

下面介绍使用"多行文字"命令，输入特殊符号的具体操作方法。

（1）单击"文字"面板中的"多行文字"按钮 A，根据命令提示，指定对角点创建出多行文字输入框，在该输入框中输入"涡轮分度圆直径=100"的文字内容，如图 6-21 所示。

图 6-21　输入文字内容

（2）将光标放置在"="与"100"之间，然后单击"插入"面板中的"符号"按钮@，在弹出的菜单中选择"直线"选项即可插入直径符号，然后单击"关闭文字编辑器"按钮 ✕，结束操作，如图 6-22 所示。

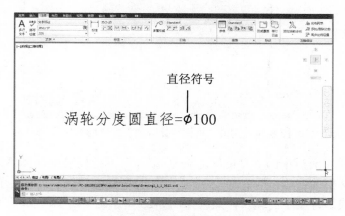

图 6-22　插入特殊符号效果

6.3.4　编辑多行文字

在 AutoCAD 2013 中，要编辑创建的多行文字，可双击该多行文字，或者先选中该多行文字，然后单击鼠标右键，在弹出的菜单中选择"编辑多行文字"命令，即可进入文本编辑状态，打开"文字编辑器"选项卡，在该选项卡中，用户对多行文字进行编辑。

下面介绍编辑多行文字的具体操作方法。

（1）双击要修改的多行文字，进入文本编辑状态，并打开"文字编辑器"选项卡，选中文字"机械设计分类"，如图 6-23 所示。

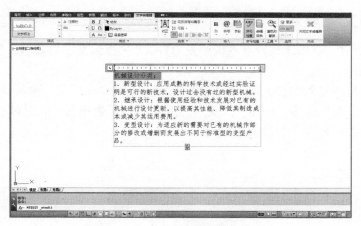

图 6-23　打开"文字编辑器"选项卡

（2）在"格式"面板中单击按钮 U，为选中的文字添加下划线，在"功能区组合框-字体"下拉列表中选择"黑体"，更改所选多行文字的字体，然后选中段落文字，如图 6-24 所示。

图 6-24　完成"机械设计分类"文字的编辑

（3）在"格式"面板中的"功能区组合框-字体"下拉列表中选择"楷体-GB2312"，更改所选的多行文字的字体，再单击"倾斜"按钮将所选文字倾斜，然后单击"关闭文字编辑器"按钮完成多行文本的编辑，效果如图 6-25 所示。

机械设计分类：
1. 新型设计：应用成熟的科学技术或经过实验证明
是可行的新技术，设计过去没有过的新型机械。
2. 继承设计：根据使用经验和技术发展对已有的
机械进行设计更新，以提高其性能、降低其制造成
本或减少其运用费用。
3. 变型设计：为适应新的需要对已有的机械作部
分的修改或增删而发展出不同于标准型的变型产
品。

图 6-25　编辑多行文字效果

6.3.5　控制文字显示

在 AutoCAD 中，可以通过设置系统变量 QTEXT 来控制文字的显示。下面介绍控制文字显示的具体操作方法。

（1）在命令行中输入 QTEXT 命令并按回车键，根据命令提示，输入 ON 并按回车键，选择"开"选项，然后单击"视图"|"重生成"命令，刷新视图，此时可看到多行文字被隐藏，只显示文字的框架，如图 6-26 所示。

图 6-26　隐藏文字

（2）在命令行中输入 QTEXT 命令并按回车键，再输入 OFF 并按回车键，选择"关"选项，然后单击"视图"|"重生成"命令，刷新视图，被隐藏的多行文字又显示出来了，如图 6-27 所示。

机械设计安全性准则

零件安全性：指在规定外载荷和规定时间内零件不发生如断裂、过度变形、过度磨损等。

整机安全性：指机器保证在规定条件下不出故障，能正常实现总功能的要求。

工作安全性：指对操作人员的保护，保证人身安全和身心健康等。

环境安全性：指对机器周围的环境和人不造成污染和危害。

图 6-27 显示文字

6.4 设置表格样式

表格是以一种简洁、清晰的行和列格式提供信息的工具，常适用于具有管道组件、进出口一览表、预制混凝土配料表、原料清单和许多其他组件的图形中。在 AutoCAD 2013 中，利用"表格样式"对话框可以创建或修改表格样式，并设置表格的当前样式。

在菜单栏中单击"格式"|"表格样式"命令，或者在功能区选项板中选择"注释"选项卡，单击"表格"面板的"表格样式"按钮，都可以打开"表格样式"对话框。

6.4.1 创建表格样式

表格样式控制一个表格的外观，用于保证标准的字体、颜色、文本、高度和行距。用户可以使用默认表格样式 STANDARD，也可以创建自己的表格样式。

下面介绍创建并设置表格样式的具体操作方法。

（1）单击"格式"|"表格样式"命令，打开"表格样式"对话框，单击"新建"按钮，在打开的"创建新的表格样式"对话框中输入新的表格样式名，如输入"机械零件明细表"，如图 6-28 所示。

图 6-28 "创建新的表格样式"对话框

（2）单击"继续"按钮，打开"新建表格样式：机械零件明细表"对话框，在该对话框中通过设置"起始表格"、"常规"、"单元样式"等选项组中的参数，完成表格样式的设置，如图 6-29 所示。

（3）在"单元样式"下拉列表中选择"标题"单元样式，然后在其下方选择"常规"选项卡，如在"对齐"下拉列表中选择"正中"，其他特性设置保持不变，如图 6-30 所示。

（4）选择"文字"选项卡，在该选项卡中设置"文字高度"为 100，其他特性设置保持不变，如图 6-31 所示。

图 6-29　"新建表格样式"对话框

图 6-30　"常规"选项卡

图 6-31　"文字"选项卡

（5）按照以上相同的操作方法，将"表头"和"数据"单元格式的文字高度分别设置为 80 和 50，对齐方向分别设置为"正中"和"左中"，如图 6-32 所示。

图 6-32　设置"数据"单元样式

（6）单击"确定"按钮，返回"表格样式"对话框，新创建的样式显示在"样式"列表框中，然后单击"关闭"按钮，完成表格样式的创建，如图 6-33 所示。

图 6-33　表格样式设置完成

6.4.2　重命名表格样式

在 AutoCAD 2013 中，如果对新建的或已有的表格样式的名称不满意，还可在"表格样式"对话框中重命名表格样式的名称，具体操作方法如下。

（1）单击"格式" | "表格样式"命令，打开"文字样式"对话框，在"样式"列表框中选择要重命名的文字样式，如选择"建筑图表"并单击鼠标右键，在弹出的快捷菜单中选择"重命名"选项，如图 6-34 所示。

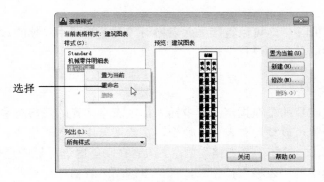

图 6-34　选择"重命名"选项

（2）所选的表格样式的名称进入编辑状态，直接输入新的样式名，如输入"设备材料表"，按回车键即可完成表格样式的重命名，如图 6-35 所示。

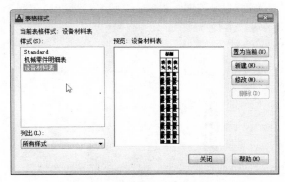

图 6-35　重命名表格样式效果

6.4.3 设置为当前样式

在 AutoCAD 2013 中，要将新创建的或已有的表格样式设置为当前样式，可单击"格式"|"表格样式"命令，打开"表格样式"对话框，在"样式"列表框中选择要设置为当前样式的表格样式，如选择"机械零件明细表"，然后单击"置为当前"按钮，即可将所选定的表格样式设置为当前样式，如图 6-36 所示。

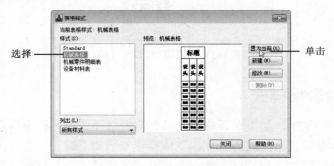

图 6-36　设置当前样式

6.5　插入和编辑表格

在 AutoCAD 2013 中，可以直接插入表格对象而不需要用单独的直线绘制组成表格，并且可以对表格中的单元格进行编辑。

6.5.1 插入表格

设置表格样式的目的是在指定图形中插入指定表格样式的表格对象，因此，在设置完表格样式后，用户就可以使用"表格"命令，在绘图区中插入表格对象。

在菜单栏中单击"绘图"|"表格"命令，或者在功能区选项板中选择"注释"选项卡，单击"表格"面板中的"表格"按钮，都可以调用"表格"命令。

下面介绍使用"表格"命令创建表格的具体操作方法。

（1）单击"表格"面板中的"表格"按钮，打开"插入表格"对话框，在"列和行设置"选项组中设置列数为 7，数据行数为 20，列宽为 100，行高为 1，如图 6-37 所示。

图 6-37　"插入表格"对话框

（2）单击"确定"按钮，根据命令行提示在绘图区合适位置单击鼠标左键，指定好插入点，即可插入一个表格并进入"标题"单元格的编辑状态，输入标题文字即可，如图 6-38 所示。

（3）按回车键，进入"表头"单元格的编辑状态，利用键盘上的上下左右键，完成所有表头文字的输入，结果如图 6-39 所示。

图 6-38　输入标题文字

图 6-39　输入表头文字

（4）再次按回车键，可进入"数据"单元格的编辑状态，利用键盘上的上下左右键，完成所有数据文字的输入，结果如图 6-40 所示。

（5）在"表头"单元格中，选择需要合并的单元格，如图 6-41 所示。

图 6-40　输入数据文字

图 6-41　选择要合并的单元格

（6）在"表格单元"选项卡的"合并"面板中单击"合并单元"下拉按钮，在弹出的下拉列表中选择"按行合并"按钮，即可将所选的单元格合并，如图 6-42 所示。

（7）继续选择要合并的单元格，然后单击"按行合并"按钮，将所选的单元格合并，然后在空白区域单击鼠标左键，完成表格的插入，如图 6-43 所示。

图 6-42　合并单元格

图 6-43　插入表格效果

6.5.2　编辑表格

当创建完表格后，用户可根据需要修改表格的内容或格式。AutoCAD 提供了多种方式对表格进行编辑。其中包括夹点编辑、选项板编辑方式和快捷菜单编辑方式。

1. 使用夹点

通常情况下使用"表格"命令插入的表格都需要进行必要的调整，才能使其符合表格定义的要求。单击表格上任意网格线即可选中该表格，同时表格上将出现编辑的夹点，然后通过拖动夹点即可对该表格进行编辑操作，如图 6-44 所示。

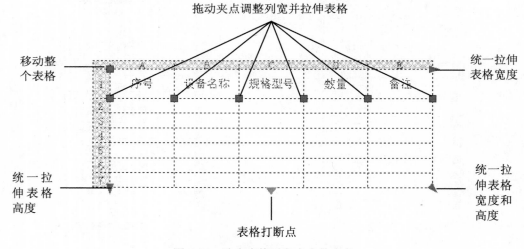

图 6-44　选中表格时各夹点的含义

下面介绍使用夹点编辑表格的具体操作方法。

（1）在需要编辑的表格上单击任意网格线，即可选中该表格，然后单击"均匀拉伸表格宽度"夹点，并向右移动光标，如图 6-45 所示。

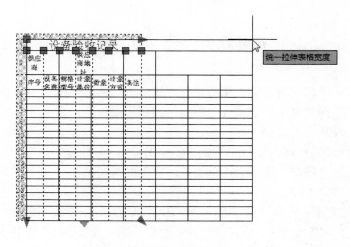

图 6-45 统一拉伸表格宽度

（2）在合适位置单击鼠标左键，即可调整表格的宽度，再单击"均匀拉伸表格高度"夹点，然后向下移动光标，在合适位置单击，完成表格的编辑，按 Esc 键结束操作，如图 6-46 所示。

2. 使用选项板

在表格上单击任意网格线即可选中该表格，然后单击鼠标右键，在弹出的下拉菜单中单击"特性"命令，打开"特性"选项板，在"表格"卷展栏中可以更改单元宽度、单元高度、文字高度、文字颜色等内容，如图 6-47 所示。

设备验收记录						
供应商			供应商地址			
序号	设备名称	规格型号	计量单位	数量	计量方式	备注

图 6-46 夹点编辑表格效果 图 6-47 "特性"选项板

6.6 技 巧 集 锦

1．"文字样式"对话框：在命令行中输入 STYLE/ST 命令并按回车键，或者在功能区选项板中选择"常用"选项卡，单击"注释"面板中的"文字样式"按钮，都可以打开"文字样式"对话框。

2．单行文字：在命令行中输入 DTEXT/TEXT/DT 命令并按回车键，或者在功能区选项板中选择"常用"选项卡，单击"注释"面板中的"单行文字"按钮，都可以调用"单行文字"命令。

3．多行文字：在命令行中输入 MTEXT/MT/T 命令并按回车键，或者在功能区选项板中选择"常用"选项卡，单击"注释"面板中的"多行文字"按钮，都可以调用"多行文字"命令。

4．输入分数与公差：选中要堆叠的文字，单击鼠标右键，在弹出的快捷菜单中选择"堆叠"选项，也可将所选文字堆叠成分数与公差格式的文字。

5．输入特殊符号：在多行文字输入框中，单击鼠标右键，在弹出的快捷菜单中选择"符号"命令中的子命令，也可输入相应的特殊符号。

6．"表格样式"对话框：在命令行中输入 TABLESTYLE 命令并按回车键，或者在"常用"选项卡的"注释"面板中单击"表格样式"按钮，都可以打开"表格样式"对话框。

7．插入表格：在命令行中输入 TABLE 命令并按回车键，或者在"常用"选项卡的"注释"面板中单击"表格"按钮，都可以调用"表格"命令来插入表格。

6.7 课 堂 练 习

练习一　绘制法兰盘零件图

本练习将介绍一款法兰盘零件图的绘制，具体步骤如下。

（1）单击"图层特性"命令，创建新图层"中心线"，并设置其颜色为"红色"，线型为 CENTER，线宽为 0.15 mm。用同样的方法创建其他图层，如图 6-48 所示。

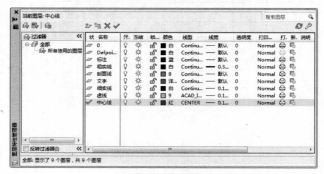

图 6-48　设置图层

（2）双击"中心线"图层，将其设置为当前图层。单击"直线"命令，绘制两条相互垂直的中心线。

（3）将"粗实线"图层设置为当前图层。单击"圆心，半径"命令，以两条中心线的交点为圆心，绘制半径分别为 30 mm、42 mm、66 mm 和 88 mm 四个同心圆。并将半径为 66 mm 圆的图层改为"中心线"，结果如图 6-49 所示。

（4）单击"圆心，半径"命令，以交点 a 为圆心，绘制半径为 11 mm 的圆。单击"环形阵列"命令，指定同心圆圆心为阵列的中心点，并设置阵列项目数为 4，将刚绘制的圆进行环形阵列，如图 6-50 所示。

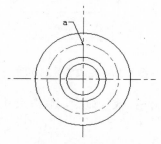

图 6-49　绘制同心圆

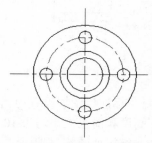

图 6-50　阵列底盘轴孔

（5）将"中心线"图层设为当前图层。单击"直线"命令，结合利用"对象捕捉追踪"功能，以 a、b、c、d 和 e 点为基点，绘制其延长线，然后将最上面和最下面的线段图层改为"粗实线"，如图 6-51 所示。

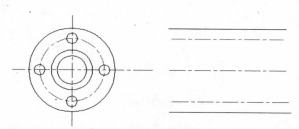

图 6-51　绘制延长线

（6）将"粗实线"图层设置为当前图层。单击"直线"命令，绘制出 L1 线段，单击"偏移"命令，将 L1 线段依次向右偏移 7 mm、16 mm、52 mm，结果如图 6-52 所示。

（7）将线段 L2 依次向下偏移 11 mm、22 mm、13 mm、12 mm、60 mm、12 mm、13 mm 和 22 mm，结果如图 6-53 所示。

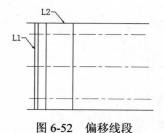

图 6-52　偏移线段

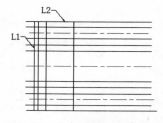

图 6-53　偏移 L2 线段

（8）单击"修剪"命令，将多余的线段进行修剪，绘制出法兰盘剖面图，如图 6-54 所示。

（9）将"剖面线"图层设置为当前图层。单击"图案填充"命令，选择填充图案为"ANSI31"，设置填充比例为 1，将剖面图进行填充，结果如图 6-55 所示。

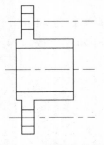

图 6-54　修剪好的图

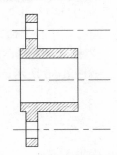

图 6-55　完成零件剖面图

（10）将"标注"图层设置为当前图层。单击"标注样式"命令，修改尺寸标注样式，如设置文字高度和箭头大小均为 10。执行"线性标注"和"半径"标注命令，将法兰盘进行尺寸标注，结果如图 6-56 所示。

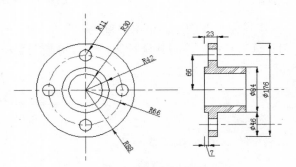

图 6-56　标注尺寸图

（11）将"粗实线"图层设置为当前图层。执行"多段线"、"图案填充"和"镜像"命令，绘制剖切符号。将当前图层切换至"文字"图层。单击"多行文字"命令，为图形添加文字注释，结果如图 6-57 所示。

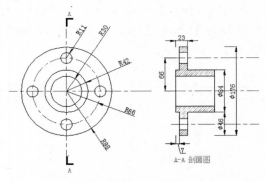

图 6-57　添加文字标注

（12）将"细实线"图层设置为当前图层。单击"插入" | "块"命令，打开"插入"对话框，单击"浏览"按钮，在弹出的"选择图形文件"对话框中选择所需插入的图框，单击"打开"按钮，返回到"插入"对话框，如图 6-58 所示。

（13）单击"确定"按钮，在绘图区任意位置单击即可插入图框。单击"缩放"命令，调整图框比例，并将其移动到图形合适位置，最终效果如图 6-59 所示。至此，本案例已全部绘制完毕，最后保存该文件。

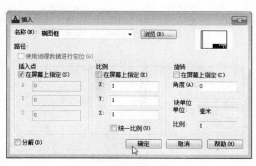

图 6-58　插入对话框

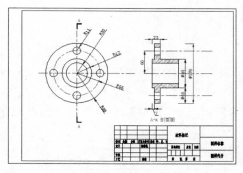

图 6-59　最终效果图

练习二　绘制轴承支座零件图

本练习将介绍一款轴承支座零件图的绘制，具体步骤如下。

（1）单击"图层特性"命令，创建新图层"中心线"，并设置其颜色为"红色"，线型为 CENTER，线宽为 0.15 mm。用同样的方法创建其他图层，如图 6-60 所示。

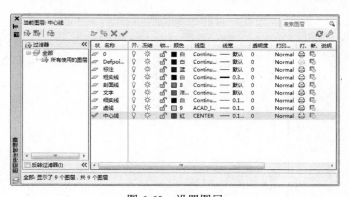

图 6-60　设置图层

（2）双击"中心线"图层，将其设为当前图层。单击"直线"命令，绘制两条相互垂直的中心线。单击"偏移"命令，将水平中心线向下偏移 40 mm，得到线段 L1，如图 6-61 所示。

（3）将线段 L1 图层设置为"粗实线"，然后单击"偏移"命令，将其依次向上偏移 3 mm、7 mm、2 mm、46 mm，结果如图 6-62 所示。

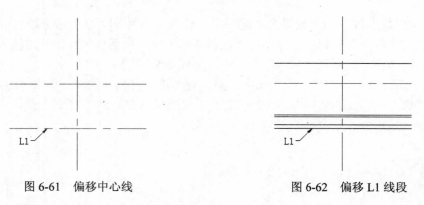

图 6-61　偏移中心线　　　　　　　　　　　　图 6-62　偏移 L1 线段

（4）将垂直中心线依次向左偏移 17.5 mm、15 mm、12.5 mm，并将偏移 17.5 mm、12.5 mm 的线段图层设置为"中心线"，结果如图 6-63 所示。

（5）单击"修剪"命令，将全部线段进行修剪，得到结果如图 6-64 所示。

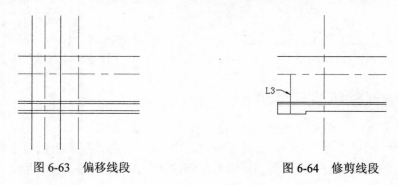

图 6-63　偏移线段　　　　　　　　　　　　　图 6-64　修剪线段

（6）单击"偏移"命令，设置偏移距离分别为 3 mm、6.5 mm，将 L3 线段向左和向右分别进行偏移，然后将偏移好的四条线段都设置为"粗实线"，如图 6-65 所示。

（7）单击"修剪"命令，将多余的线段减去，得到结果如图 6-66 所示。

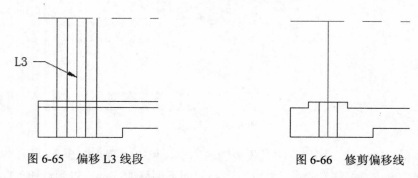

图 6-65　偏移 L3 线段　　　　　　　　　　　图 6-66　修剪偏移线

（8）单击"圆角"命令，设置圆角半径为 2 mm，将修剪后的图形进行倒圆角，结果如图 6-67 所示。

（9）单击"圆心，半径"命令，以两条中心线的交点为圆心，绘制直径分别为 16 mm、30 mm 的两个同心圆，如图 6-68 所示。

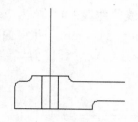

图 6-67　将图形进行倒圆角

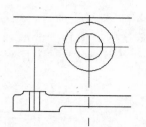

图 6-68　绘制辅助线和轴承孔

（10）单击"偏移"命令，将垂直中心线向左偏移 5 mm，将偏移后的中心线图层设置为"粗实线"，如图 6-69 所示。

（11）单击"修剪"命令，将多余的线段进行修剪。单击"圆角"命令，设置圆角半径为 2 mm，将图形进行倒圆角，结果如图 6-70 所示。

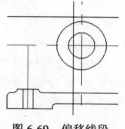

图 6-69　偏移线段

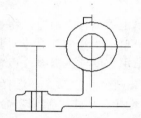

图 6-70　修剪和倒角图形

（12）单击"直线"命令，将 a 点与 b 点进行连接，绘制出支座加强筋。单击"镜像"命令，以中心线为镜像轴，将轴承支座进行镜像，完成支座正立面图的绘制，如图 6-71、图 6-72 所示。

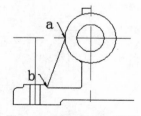

图 6-71　绘制支座加强筋

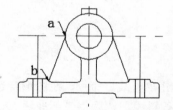

图 6-72　绘制支座正立面图

（13）单击"直线"命令，利用"对象捕捉追踪"功能，根据正立面图来绘制侧立面辅助线，并将中心线的图层设置为"中心线"，如图 6-73 所示。

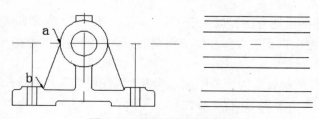

图 6-73　绘制侧立面辅助线

（14）单击"直线"命令，绘制一条垂直于辅助线的线段 L4。单击"偏移"命令，将该条线段依次向右偏移 5 mm、8 mm、2 mm、15 mm 和 4 mm，并将偏移 2mm 的线段图层设置为"中心线"。单击"修剪"命令，将偏移线段进行修剪，结果如图 6-74 所示。

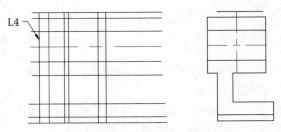

图 6-74　修剪侧立面轮廓图

（15）单击"偏移"命令，将 L5 线段向下偏移 6 mm，将垂直中心线分别向左、向右偏移 5 mm。单击"修剪"命令对其进行修剪，结果如图 6-75 所示。

（16）单击"偏移"命令，设置偏移距离为 0.75 mm，将 L6、L7 线段分别向内进行二次偏移。单击"倒角"命令，选择"角度"选项，设置倒角长度为 1，倒角角度为 45°，将图形进行倒角。单击"修剪"命令将其进行修剪，结果如图 6-76 所示。

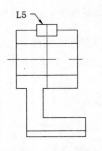

图 6-75　修剪图形

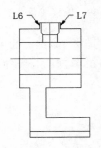

图 6-76　修剪轮廓线

（17）单击"直线"命令，在图形合适位置绘制一条斜线，然后将"剖面线"设置为当前图层。单击"图案填充"命令，选择填充图案为"ANSI31"，设置填充比例为 0.5，将修剪好的图形进行图案填充，完成侧立面图的绘制，如图 6-77 所示。

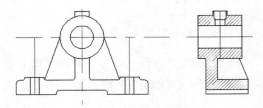

图 6-77　完成侧立面图的绘制

（18）支座剖视图的绘制方法和以上步骤大同小异。读者只要根据正立面图和侧立面图的尺寸数据进行绘制即可，其结果如图 6-78 所示。

（19）将"标注"图层设置为当前图层。单击"标注样式"命令修改标注样式，如设置文字高度为 5，箭头大小为 3。执行"线性标注"和"半径标注"命令，对轴承支座零件图进行标注，结果如图 6-79 所示。

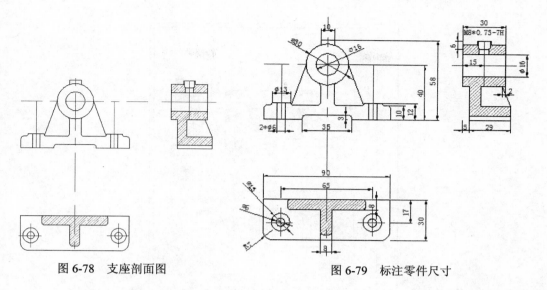

图 6-78　支座剖面图　　　　　　　　　　图 6-79　标注零件尺寸

（20）将"粗实线"图层设置为当前图层。执行"多段线"、"图案填充"和"镜像"命令，绘制剖切符号。将当前图层切换至"文字"图层。单击"多行文字"命令，为图形添加文字注释，结果如图 6-80 所示。

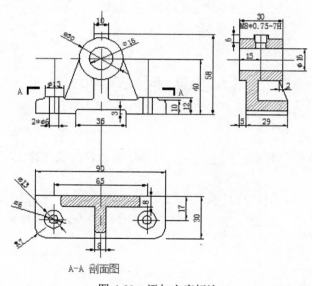

A-A 剖面图

图 6-80　添加文字标注

（21）单击"插入"|"块"命令，调用合适的图框。单击"缩放"命令，调整图框比例，并将其移动到图形合适位置，最终效果如图 6-81 所示。至此，本案例已全部绘制完毕，最后保存该文件。

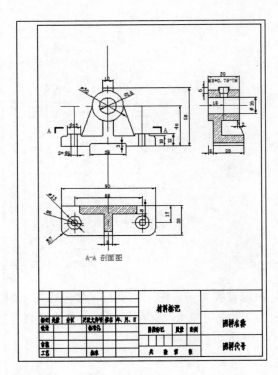

图 6-81　最终效果

6.8　课 后 习 题

一、填空题

1．在 AutoCAD 中，利用＿＿＿＿＿＿＿＿对话框可以修改或创建文字样式，并设置文字的当前样式。

2．在 AutoCAD 中，可以通过设置系统变量＿＿＿＿＿＿＿＿来控制文字的显示。

3．在 AutoCAD 中，＿＿＿＿＿＿＿＿控制一个表格的外观，用于保证标准的字体、颜色、文本、高度和行距。

二、选择题

1．文本样式包括文字的字体、字体样式、大小、＿＿＿＿＿＿和效果等。

   A．色彩　　　　　　B．高度　　　　　　C．宽度　　　　　　D．格式

2．在输入多行文字之前，可在"文字编辑器"的＿＿＿＿＿＿面板中设置文字字体、颜色和背景遮罩，以及进行是否加粗、倾斜或加下划线等设置。

   A．样式　　　　　　B．格式　　　　　　C．段落　　　　　　D．标尺

3．在设置完表格样式后，用户就可以使用＿＿＿＿＿＿命令，在绘图区中插入表格对象。

   A．多行文字　　　　B．单行文字　　　　C．表格样式　　　　D．表格

三、简答题

1．简述创建文字样式的方法。
2．简述创建单行文字和多行文字的方法。
3．简述插入表格和编辑表格的方法。

四、上机题

本练习将创建一个"机械零件明细表"表格，如图 6-82 所示。主要对"表格"、"表格文字"、"多行文字"等进行综合练习和巩固。

序号	代号	名称	材料	数量
1	GB/1700-168	上轴衬	ZQAL9-4	1
2	GB/1700-168	下轴衬	ZQAL9-4	1
3	GB/T8-1988	轴承座	HT150	2
4	GB/T600-1988	轴承盖	HT150	2
5	GB/T700-1988	固定套	HT120	4

图 6-82　机械零件明细表

提示：

（1）使用"文字样式"命令创建一个新的文字样式，然后使用"表格样式"命令新建一个表格的样式，并在"新建表格样式"对话框中，将"标题"、"表头"和"数据"单元样式的文字样式均设置为新建的文字样式。

（2）使用"表格"命令，创建出表格并为其填写表格内容。

面域是具有边界的平面区域，它是一个面对象，内部可以包含孔。虽然从外观来说，面域和一般的封闭线框没区别，但实际上面域就像是一张没有厚度的纸，除了包括边界外，还包括边界内的平面。图案填充主要用来表达图形中部分或全部的结构特征，从而更清晰、准确地查看某区域的材料和结构形状。而图形信息是间接表达图形组成的一种方式，可对图形中各点、线段之间的距离和交角等特性进行详细查询。

本章学习要点

- ➢ 创建面域；
- ➢ 面域的布尔运算；
- ➢ 创建图案填充；
- ➢ 创建渐变色填充；
- ➢ 创建孤岛填充；
- ➢ 查询图形数据信息。

7.1　面　　域

面域是使用形成闭合环的对象创建的二维闭合区域。环可以是直线、多段线、圆、圆弧、椭圆、椭圆弧和样条曲线的组合。组成环的对象必须闭合或通过与其他对象共享端点而形成闭合的区域。

7.1.1　创建面域

创建面域对象是为了便于执行填充、检测和着色等平面区域操作，并且提取面域的几何特性（如面积）和物理特性（如质心）等信息，因此属于特殊的二维对象。在 AutoCAD 2013 中，使用"面域"命令可以将封闭区域的对象转换为面域对象。

在菜单栏中单击"绘图"|"面域"命令，或者在功能区选项板中选择"常用"选项卡，单击"绘图"面板中的"面域"按钮◎，都可以调用"面域"命令。

下面介绍使用"面域"命令，创建面域的具体操作方法。

（1）单击"绘图"面板中的"面域"按钮◎，选择一个或多个要转换为面域的封闭图形。

（2）按回车键即可将所选的封闭图形转换为面域。由于封闭图形属于线框模型，而面域属于实体模型，因此它们在选择时所表现的夹点形式是不相同的，如图 7-1、图 7-2 所示。

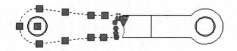

图 7-1　选择封闭图形

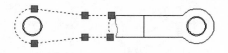

图 7-2　选择面域

7.1.2　面域的布尔运算

布尔运算是数学上一种逻辑运算，它包括并集运算、差集运算和交集运算。在 AutoCAD 中绘图时使用布尔运算，可以提高绘图的效率，尤其是在绘制比较复杂的图形时。布尔运算的对象只包括实体和共面的面域，对于普通的线条图形对象，则无法进行布尔运算。

1. 面域的并集运算

并集运算用于创建面域的并集，即将多个面域合并为一个面域。具体操作方法如下。

（1）在菜单栏中单击"修改"|"实体编辑"|"并集"命令。

（2）选择要合并的面域对象，按回车键即可获得合并效果，如图 7-3、图 7-4 所示。

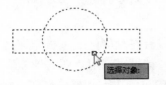 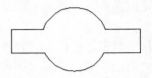

图 7-3　选择要合并的对象　　　　　　　　图 7-4　并集运算效果

2. 面域的差集运算

差集运算用于创建面域的差集，即用一部分面域减去另一部分面域。具体操作方法如下。

（1）在菜单栏中单击"修改"|"实体编辑"|"差集"命令。

（2）选择要保留的对象并按回车键，然后选择要减去的对象，按回车键即可获得差集效果，如图 7-5、图 7-6 所示。

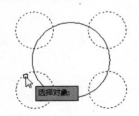 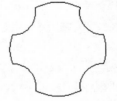

图 7-5　选择要减去的对象　　　　　　　　图 7-6　差集运算效果

3. 面域的交集运算

交集运算用于创建面域的交集，即各个面域的公共部分。具体操作方法如下。

（1）在菜单栏中单击"修改"|"实体编辑"|"交集"命令。

（2）选择要进行交集的对象，按回车键即可获得交集效果，如图 7-7、图 7-8 所示。

 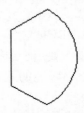

图 7-7　选择要进行交集的对象　　　　　　图 7-8　交集运算效果

7.2　图　案　填　充

图案填充是一种使用指定线条图案、颜色来充满指定区域的操作，常常用于表达剖切面和不同类型物体对象的外观纹理等，被广泛应用在绘制机械图、建筑图及地质构造图等各类图形中。

7.2.1　创建图案填充

在绘制图形中，经常要将某种特定的图案填充到一个封闭的区域内，以表达该区域的特征，这就是图案填充。在 AutoCAD 2013 中，使用"图案填充"命令可以直接指定边界进行填充。

在菜单栏中单击"绘图"|"图案填充"命令，或者在功能区选项板中选择"常用"选项卡，单击"绘图"面板中的"图案填充"按钮▨，都可以调用"图案填充"命令并打开"图案填充创建"选项卡，用户可以直接在该选项卡中设置填充的图案样式、图案类型、图案比例和角度、拾取点等，如图 7-9 所示。

图 7-9　"图案填充创建"选项卡

下面介绍创建图案填充的具体操作方法。

（1）在"绘图"面板中单击"图案填充"按钮▨，打开"图案填充创建"选项卡，在"图案"面板中选择合适的图案。

（2）返回至绘图区，依次在要进行填充的封闭区域内单击，拾取其内部空间点，如图 7-10 所示。

（3）在"特性"面板中设置"填充图案比例"为 2，按回车键即可完成图案填充操作，并关闭"图案填充创建"选项卡，如图 7-11 所示。

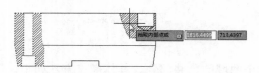

图 7-10　连续拾取内部空间点

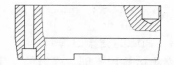

图 7-11　填充图案效果

"图案填充创建"选项卡主要由 6 个功能面板组成，而且每个面板中包含多个按钮和控件，下面介绍各面板中各功能选项的含义。

1.　"边界"面板

该功能面板主要用于选择填充区域的边界，也可以通过对边界的删除或重新创建等操作来直接改变区域填充的效果，其常用选项的功能如下所示。

（1）拾取点

单击"拾取点"按钮▣，可在填充的区域内指定任意一点，AutoCAD 系统会自动确定出包围该点的封闭填充边界，并且这些边界以高亮度显示。

（2）选择边界对象

单击"选择边界队形"按钮，可以通过选取填充区域的边界线来决定填充区域。同样，被选择的边界也会以高亮显示，如图 7-12、图 7-13 所示。

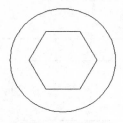

图 7-12 原图形

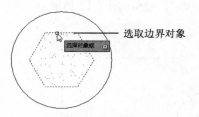

选取边界对象

图 7-13 定义填充区域

（3）删除边界

删除边界是重新定义边界的一种方式，前提条件是已经利用"拾取点"或"选择对象"方式定义过边界。单击"删除边界"按钮，可以取消系统自动选取或用户选取的边界，从而形成新的填充区域。

> **小提示**：单击"重新创建边界"按钮，可重新定义图案填充边界。单击"选择边界对象"按钮，将切换到绘图窗口，已定义的填充边界将高亮显示，用来查看已定义的填充边界。

2. "图案"面板

在该功能面板中显示了所有预定义和自定义图案的预览图像，用户可以直接在该面板中选择需要的图案进行填充，如图 7-14、图 7-15 所示。

选择该图案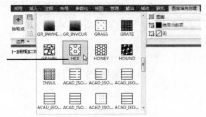

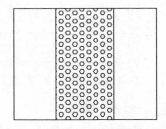

图 7-14 "图案"面板

图 7-15 图案填充效果

3. "特性"面板

执行图案填充的第一步就是定义填充图案类型，用户可在该功能面板中设置图案填充类型、比例、角度等，其常用选项的功能如下所示。

（1）图案填充类型

"特性"面板的"图案填充类型"下拉列表中包括 4 种类型，用于指定是创建实体填充、渐变色填充、图案，还是创建用户定义的填充图案。

（2）图案填充角度和比例

"图案填充角度"选项用于指定填充图案时的旋转角度。默认角度为 0，用户可在该列文本中输入所需要的旋转角度（有效值为 0 到 359）。而"填充图案比例"选项则是用于确定填充图案的比例值，默认比例为 1。用户可以在该文本框中输入相应的比例值来放大或缩小填充的图案。

　　设置填充角度和比例与图案类型选择相关联。只有将"图案填充类型"设定为"图案"，"图案填充角度"和"填充图案比例"选项才可用。通过设置填充角度和图案比例值来改变填充效果，如图 7-16、图 7-17 所示。

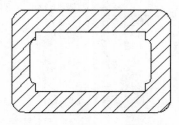

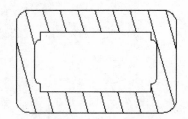

图 7-16　角度为 0，比例为 1　　　　　　　　　图 7-17　角度为 60，比例为 2

（3）图案填充间距

　　该选项是指定用户定义图案中的直线之间的间距，在"图案填充间距"文本框中输入间距值即可。仅当"图案填充类型"设定为"用户定义"时，此选项才可用。

　　通过设置角度和平行线之间的间距来改变填充效果，如图 7-18 所示。设置间距时，如果启用"双向"选项功能，则可以使用垂直的两组平行线填充图案，如图 7-19 所示。

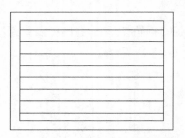

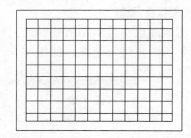

图 7-18　角度为 0，间距为 300　　　　　　　　图 7-19　启用"双向"后效果

4.　"原点"面板

　　该功能面板用于设置图案填充原点的位置，因为许多图案填充需要对齐填充边界上的某一个点。各个功能按钮的含义如下。

（1）设定原点

单击该按钮，从绘图窗口中直接指定新的图案填充原点。

（2）使用当前原点

单击该按钮，可以使用当前 UCS 的原点（0，0）作为图案填充的原点。

（3）存储为默认原点

单击该按钮，可将指定的点存储为默认的图案填充原点。

（4）左下、右下、左上、右上和中心

　　分别单击这些按钮，可以将图案填充原点设定在图案填充边界矩形范围的左下角、右下角、左上角、右上角和中心点上。

5. "选项"面板

该功能面板主要用于设置图案填充的一些附属功能，它的设置间接影响图案填充的效果。

（1）关联

在创建填充图案时，单击该按钮，可以将填充的图案设置为关联图案。完成图案填充后，使用夹点对边界进行拉伸等编辑操作时，关联图案填充随边界的更改而自动更新，而非关联的图案填充则不会随边界的更改而自动更新，如图 7-20、图 7-21 所示。

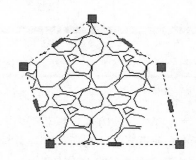

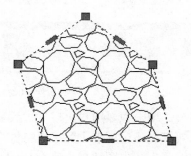

图 7-20　非关联图案填充　　　　　　　　图 7-21　关联图案填充

（2）特性匹配

单击"特性匹配"下拉按钮，在展开的下拉列表中包含以下两个功能按钮。

➢ 使用当前原点：单击该按钮，可使用选定图案填充对象（除图案填充原点外）设定图案填充的特性。

➢ 用源图案填充的原点：单击该按钮，使用选定图案填充对象（包括图案填充原点）设定图案填充的特性。

（3）允许间隙

设定将对象用作图案填充边界时可以忽略的最大间隙。默认值为 0，此值指定对象必须封闭区域而没有间隙。

（4）绘图次序

单击"置于边界之后"下拉按钮，在展开的下拉列表中包括 5 个功能按钮：不指定、后置、前置、置于边界之后以及置于边界之前，这些按钮用于指定图案填充的绘图顺序。

（5）创建独立的图案填充

单击该按钮，可以创建独立的图案填充，它不随边界的修改而自动更新图案填充。

> **小提示**：单击"选项"面板最右下方的按钮 ⌐，打开"图案填充和渐变色"对话框，利用该对话框，也可设置填充的图案样式、图案类型、图案比例和角度、拾取点等。各选项的含义与"图案填充创建"选项卡类似。

6. "关闭"面板

在该功能面板中单击"关闭图案填充创建"按钮即可退出图案填充操作并关闭"图案填充创建"选项卡。用户也可以按 Enter 键或 Esc 键退出图案填充操作。

7.2.2 渐变色填充

渐变色是指从一种颜色到另一种颜色的平滑过渡。渐变色能产生光的效果，可为图形添加视觉效果。在 AutoCAD 2013 中，使用"渐变色"命令可以对封闭区域进行适当的渐变色填充，以形成比较好的颜色修饰效果。

在菜单栏中单击"绘图"|"渐变色"命令，或者在功能区选项板中选择"常用"选项卡，在"绘图"面板中单击"渐变色"按钮，都可以调用"渐变色"命令，并打开"图案填充创建"选项卡，如图 7-22 所示。

图 7-22　"图案填充创建"选项卡

在该选项卡中，用户可以通过设置颜色类型、填充样式以及方向，以获得多彩的渐变色填充效果。该选项卡中除了"特性"面板中相应的选项设置方法有所改变，其他各功能选项的设置方法与图案填充完全相同，这里具体介绍渐变色填充的设置方法。

1. 单色设置

单色渐变色填充是指从较深着色到较浅色调平滑过渡的单色填充。单色渐变色填充的具体操作方法如下。

（1）在"绘图"面板中单击"渐变色"按钮，打开"图案填充创建"选项卡，在"特性"面板中关闭"渐变色 2"选项，然后在"渐变色 1"下拉列表中选择一种合适的颜色进行填充，如图 7-23 所示。

（2）如果此列表中没有用户需要的颜色，可以选择"选择颜色"选项，在打开的"选择颜色对话框"中选择合适的颜色类型，如图 7-24 所示。

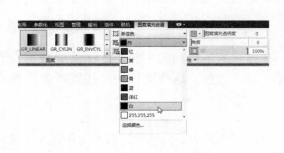

图 7-23　选择合适的颜色

图 7-24　"选择颜色"对话框

（3）单击"确定"按钮返回至"图案填充创建"选项卡，在"特性"面板中设置"渐变色角度"为 90，然后在"图案"面板中选择合适的图案，如图 7-25 所示。

（4）在要进行渐变色填充的封闭区域内连续单击，拾取其空间内部点，按回车键即可完成渐变色的填充，如图 7-26 所示。

图 7-25　选择合适图案

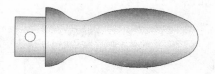

图 7-26　单色填充效果

2．双色设置

双色渐变色填充是指定两种颜色之间平滑过渡的渐变填充。其设置方法与单色设置方法类似。双色渐变色填充的具体操作方法如下。

（1）在"图案填充创建"选项卡的"特性"面板中启用"颜色 2"选项，分别在"颜色 1"和"颜色 2"选项中选择合适的填充颜色，然后在"图案"面板中选择合适的图案，如图 7-27 所示。

（2）在要进行渐变色填充的封闭区域内连续单击，拾取其空间内部点，按回车键即可完成双色渐变色的填充，如图 7-28 所示。

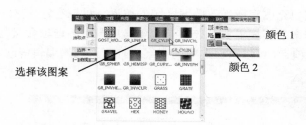

图 7-27　选择合适图案

图 7-28　双色填充效果

> **小提示**：除了上述方法外，用户也可以通过执行"图案填充"命令打开"图案填充创建"选项卡，然后在"特性"面板中的"图案填充类型"下拉列表中选择"渐变色"类型，即可将"图案填充"选项卡切换至"渐变色"选项卡。

7.2.3　孤岛填充

在进行图案填充时，通常将位于一个已定义好的填充区域内的封闭区域称为孤岛。"孤岛检测"方式用于指定是否把内部对象包括为边界对象，AutoCAD 为用户提供了 3 种孤岛检测样式。

➤ 普通：在"图案填充创建"选项卡的"选项"面板中，单击"普通孤岛检测"按钮，将从最外边界向里填充图案，遇到与之相交的内部边界时断开填充图案，遇到下一个内部边界时继续填充，如图 7-29 所示。

➤ 外部：在"图案填充创建"选项卡的"选项"面板中，单击"外部孤岛检测"按钮，系统将从最外边界向里填充图案，遇到与之相交的内部边界时断开填充图案，不再继续向里填充，如图 7-30 所示。

➤ 忽略：在"图案填充创建"选项卡的"选项"面板中，单击"忽略孤岛检测"按钮，则系统忽略边界内部的所有孤岛对象，所有内部结构都将被填充图案覆盖，如图 7-31 所示。

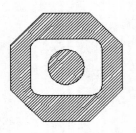 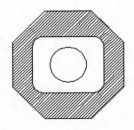 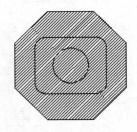

图 7-29　"普通"填充效果　　　图 7-30　"外部"填充效果　　　图 7-31　"忽略"填充效果

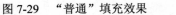

小提示：在"图案填充创建"选项卡的"选项"面板中，单击"无孤岛检测"按钮，可以关闭孤岛检测。

7.2.4　编辑填充图案

创建了图案填充后，如果需要修改填充图案或修改图案区域的边界，可以在绘图区中直接单击要编辑的填充图案，打开"图案填充编辑器"选项卡，该选项卡中各选项含义与"图案填充创建"选项卡相同。利用该选项卡，可以对已选中的图案进行一系列的编辑修改，如图 7-32 所示。

图 7-32　"图案填充编辑器"选项卡

下面介绍编辑填充图案的具体操作方法。

（1）单击要编辑的填充图案，打开"图案填充编辑器"选项卡，在"图案"面板中重新选择填充的图案，然后在"特性"面板中的"填充图案比例"文本框中输入合适的比例值。

（2）按回车键即可完成填充图案的编辑操作，并关闭"图案填充编辑器"选项卡，如图 7-33、图 7-34 所示。

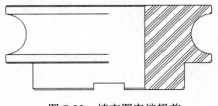 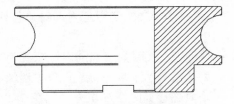

图 7-33　填充图案编辑前　　　　　　图 7-34　填充图案编辑后

除上述方法外，在菜单栏中单击"修改"|"对象"|"图案填充"命令，然后在绘图区中单击需要编辑的填充图案，打开"图案填充编辑"对话框。利用该对话框，也可以对已选中的图案进行编辑修改，如图 7-35 所示。

图 7-35 "图案填充编辑"对话框

7.3 信 息 查 询

在图形处理过程中，AutoCAD 能够精确保存和处理图形中所有对象的详细信息，除了可以精确测量距离和计算面积，还能够查找到编辑图形文件的时间。

7.3.1 查询距离和半径

在绘制、编辑和查看建筑图形时，可以通过 AutoCAD 提供的"距离"和"半径"查询工具对指定线性对象进行测量操作，以获得必要的图形信息。

1. 查询距离

测量距离是指选取的两点之间的距离，适用于二维和三维空间距离测量。在 AutoCAD 2013 中，使用"距离"查询命令，可以计算出指定两点之间的距离和有关角度。

在菜单栏中单击"工具"|"查询"|"距离"命令，或者在功能区选项板中选择"常用"选项卡，单击"实用工具"面板中的"距离"按钮 ，都可以调用"距离"查询命令。

下面介绍使用"距离"查询命令测量距离的具体操作方法。

（1）单击"实用工具"面板中的"距离"按钮 ，根据命令提示，在要进行测量的图形对象上选取两个点，此时，在光标附近即可查看该对象距离值，如图 7-36 所示。

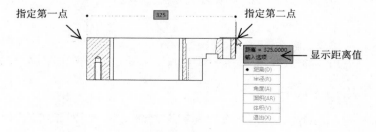

图 7-36 测量距离

（2）按 Esc 键即可退出测量距离操作，此时系统将在命令行或 AutoCAD 文本窗口中显示这两点之间的距离值，命令行显示信息如下。

```
命令：_MEASUREGEOM
输入选项 [距离(D)/半径(R)/角度(A)/面积(AR)/体积(V)] <距离>: _distance
指定第一点：
指定第二个点或 [多个点(M)]:
距离 = 325.0000, XY 平面中的倾角 = 0,    与 XY 平面的夹角 = 0
X 增量 = 325.0000,    Y 增量 = 0.0000,    Z 增量 = 0.0000
输入选项 [距离(D)/半径(R)/角度(A)/面积(AR)/体积(V)/退出(X)] <距离>: *取消*
```

2. 查询半径

在 AutoCAD 2013 中新增了"半径"查询命令，在绘制、编辑和查看图形时，使用该命令可显示选定的弧或圆的半径。

在菜单栏中单击"工具"|"查询"|"半径"命令，或者在功能区选项板中选择"常用"选项卡，单击"实用工具"面板中的"半径"按钮 ⊙，都可以调用"半径"查询命令。

下面介绍使用"半径"查询命令，测量半径的具体操作方法。

（1）单击"实用工具"面板中的"半径"按钮 ⊙，在要进行测量半径的圆上单击鼠标左键，即可在光标附近查看该对象的半径和直径值，如图 7-37 所示。

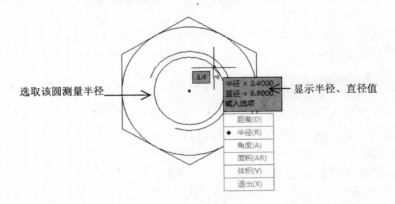

图 7-37　测量半径

（2）按 Esc 键即可退出测量半径操作，此时系统将在命令行或 AutoCAD 文本窗口中显示该圆的半径和直径值，命令行显示信息如下。

```
命令：_MEASUREGEOM
输入选项 [距离(D)/半径(R)/角度(A)/面积(AR)/体积(V)] <距离>: _radius
选择圆弧或圆：
半径 = 3.4000
直径 = 6.8000
输入选项 [距离(D)/半径(R)/角度(A)/面积(AR)/体积(V)/退出(X)] <半径>: *取消*
```

7.3.2　查询角度和面积

通过 AutoCAD 提供的"角度"和"面积"查询工具，可对指定的图形对象进行测量操作，获得角度、面积和周长等信息。

1. 测量角度

测量角度是指定的圆弧、圆、直线或顶点的角度。查询的角度则包括两种类型，如果测量两点虚构线在 XY 平面内的夹角，则同样适用于二维和三维空间测量；如果测量两点虚构线与 XY 平面的夹角，则仅适用于三维空间。

在菜单栏中单击"工具"|"查询"|"角度"命令，或者在功能区选项板中选择"常用"选项卡，单击"实用工具"面板中的"角度"按钮，都可以调用"角度"查询命令。

下面介绍使用"角度"查询命令测量角度的具体操作方法。

（1）单击"实用工具"面板中的"角度"按钮，根据命令提示，在绘图区中选取两条直线作为角度参照线，在光标附近即可查看该对象角度值，如图 7-38 所示。

（2）按 Esc 键即可退出测量角度操作，此时系统将在命令行或 AutoCAD 文本窗口中显示这两条直线之间的角度值，命令行显示信息如下。

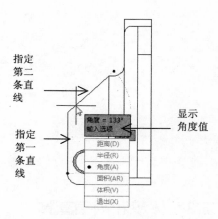

图 7-38　测量角度

```
命令：_MEASUREGEOM
输入选项 [距离(D)/半径(R)/角度(A)/面积(AR)/体积(V)] <距离>：_angle
选择圆弧、圆、直线或 <指定顶点>：
选择第二条直线：
角度 = 133°
输入选项 [距离(D)/半径(R)/角度(A)/面积(AR)/体积(V)/退出(X)] <角度>：*取消*
```

2. 测量面积

在 AutoCAD 2013 中，使用"面积"查询命令，可以求若干个点为顶点的多边形区域，或由指定对象所围成区域的面积与周长。对于确定的对象面积和周长，如果对象为圆、矩形和封闭的多段线等图形，可以直接选取对象测量面积和周长；如果对象为线段、圆弧等元素组成的封闭图形，则可以通过选取点来测量，多点之间以直线连接，且最后一点和第一点形成封闭图形。

在菜单栏中单击"工具"|"查询"|"面积"命令，或者在功能区选项板中选择"常用"选项卡，单击"实用工具"面板中的"面积"按钮，都可以调用"面积"查询命令。

下面介绍使用"面积"查询命令测量面积的具体操作方法。

（1）单击"实用工具"面板中的"面积"按钮，根据命令提示，在命令行中输入 O 并按回车键，选择"对象"选项，然后在要进行测量的图形对象上单击，在光标附近即可显示选取图形的面积和周长测量信息，如图 7-39 所示。

（2）按 Esc 键结束操作，此时系统将在命令行或 AutoCAD 文本窗口中显示该对象的面积和周长值，命令行显示信息如下。

```
命令：_MEASUREGEOM
输入选项 [距离(D)/半径(R)/角度(A)/面积(AR)/体积(V)] <距离>：_area
```

指定第一个角点或 ［对象(O)/增加面积(A)/减少面积(S)/退出(X)］ <对象(O)>：O
选择对象：
区域 = 3.6100，周长 = 7.6000
输入选项 ［距离(D)/半径(R)/角度(A)/面积(AR)/体积(V)/退出(X)］ <面积>：*取消*

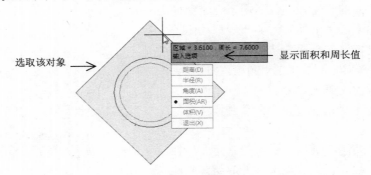

图 7-39　测量面积和周长

7.3.3　体积和列表查询

使用"体积"查询工具，可以查询出三维图形对象的体积，而"列表"查询工具，可将查询出的数据信息以列表的形式显示出来。

1.　测量体积

在 AutoCAD 2013 中，使用"体积"查询命令，选取好所需对象的面积和高度即可显示选定的三维实体对象的体积，该命令仅适用于三维空间。

下面介绍使用"体积"查询命令测量体积的具体操作方法。

（1）在菜单栏中单击"工具"|"查询"|"体积"命令，根据命令提示，在要进行测量的图形对象上依次选取多个边界点指定底面面积，按回车键并指定所需高度端点，即可显示选取对象的体积测量信息，如图 7-40 所示。

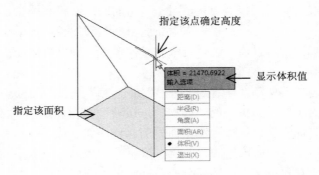

图 7-40　测量体积

（2）按 Esc 键结束操作，此时系统将在命令行或 AutoCAD 文本窗口中显示该对象的体积值，命令行显示信息如下。

命令：MEASUREGEOM
输入选项 ［距离(D)/半径(R)/角度(A)/面积(AR)/体积(V)］ <距离>：V

指定第一个角点或 [对象(O)/增加体积(A)/减去体积(S)/退出(X)] <对象(O)>:
指定下一个点或 [圆弧(A)/长度(L)/放弃(U)]:
指定下一个点或 [圆弧(A)/长度(L)/放弃(U)]:
指定下一个点或 [圆弧(A)/长度(L)/放弃(U)/总计(T)] <总计>:
指定下一个点或 [圆弧(A)/长度(L)/放弃(U)/总计(T)] <总计>:
指定下一个点或 [圆弧(A)/长度(L)/放弃(U)/总计(T)] <总计>:
指定高度:
体积 = 21470.6922
输入选项 [距离(D)/半径(R)/角度(A)/面积(AR)/体积(V)/退出(X)] <体积>: *取消*

2. 查询列表

在 AutoCAD 2013 中，使用"列表"查询命令，可以将指定对象的数据信息以列表的形式显示出来。对每个对象始终都显示的一般信息包括：对象类型、对象所在的当前图层和对象相对于当前用户坐标系的 X、Y、Z 值。

在命令行中输入 LIST 命令并按回车键，或者在菜单栏中单击"工具"|"查询"|"列表"命令，都可以调用"列表"查询命令。

下面介绍使用"列表"查询命令查询图形文件中图形的数据信息的具体操作方法。

（1）单击"工具"|"查询"|"状态"命令，根据命令提示，选择要查询的图形对象，如图 7-41 所示。

（2）完成对象的选择后，按回车键即可弹出 AutoCAD 文本窗口，显示所选图形的特性数据，继续按回车键，显示未完的其他特性，如图 7-42 所示。

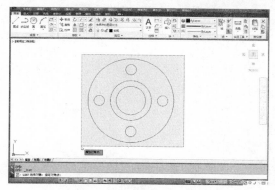

图 7-41　选择要查询的图形对象

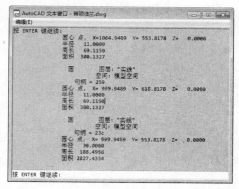

图 7-42　"文本窗口"显示信息

> **小提示**：使用"列表"查询命令，还可显示厚度未设置为 0 的对象厚度、对象在空间的高度（Z 坐标）和对象在 UCS 坐标中的延伸方向。

7.3.4　质量特性查询

在 AutoCAD 2013 中，使用"面域/质量特性"查询命令，可以计算并显示面域或实体的质量特性。

在命令行中输入 MASSPROP 命令并按回车键，或者在菜单栏中单击"工具"|"查询"|"面域/质量特性"命令，都可以调用"面域/质量特性"查询命令。

下面介绍使用"面域/质量特性"查询命令，查询图形对象的面域或质量特性的具体操作方法。

（1）单击"工具"|"查询"|"面域/质量特性"命令，根据命令提示，选取要查询的图形对象，如图 7-43 所示。

（2）完成对象的选择后，按回车键即可弹出 AutoCAD 文本窗口，该文本窗口中显示实例的质量特性，如图 7-44 所示。

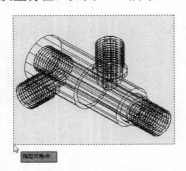

图 7-43　选择要查询的图形对象

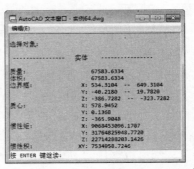

图 7-44　"文本窗口"显示信息

（3）继续按回车键显示未完成的其他特性，然后根据命令提示在命令行中输入 Y 并按回车键，在打开的"创建质量与面积特性文件"对话框中设置存储位置和名称，单击"保存"按钮，将查询出的数据信息以文件形式进行保存，如图 7-45 所示。

图 7-45　"创建质量与面积特性文件"对话框

7.3.5　状态和时间查询

在 AutoCAD 中，当建立一个图形对象后，系统不但可以绘制图形，而且还建立一组与图形相关的对象数据，并把这些数据存储在图形数据库中。查询相关的数据对设计工作具有实际意义。

1. 查询状态

在 AutoCAD 2013 中，使用"状态"查询命令，可以查询出关于绘图环境及系统状态等各种信息。

在命令行中输入 STATUS 命令并按回车键，或者在菜单栏中单击"工具"|"查询"|

"状态"命令，都可以调用"查询状态"命令，并打开 AutoCAD 文本窗口，如图 7-46 所示。

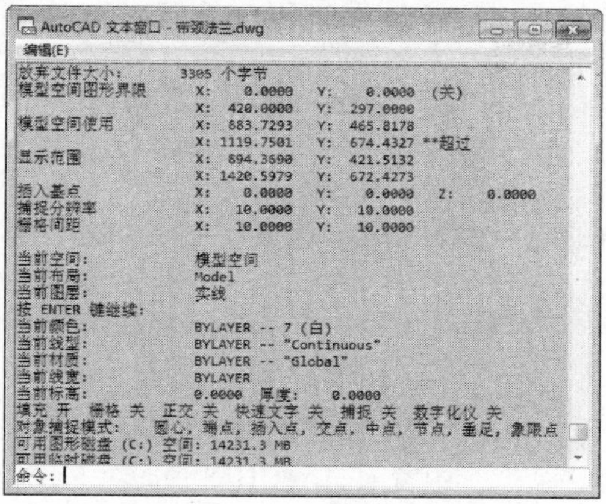

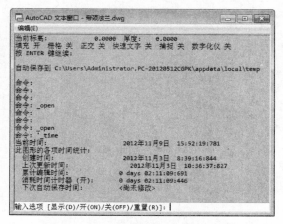

图 7-46　"文本窗口"显示状态信息

在打开的 AutoCAD 文本窗口中将显示图形的以下信息。

➤ 图形文件的路径、名称和包含的对象数。

➤ 模型空间或图纸空间绘图界限、已利用的图形范围和显示范围。

➤ 插入基点。

➤ 捕捉分辨率（即捕捉间距）和栅格点的分布间距。

➤ 当前空间（模型或图纸）、当前图层、颜色、线型、线宽、基面标高和延伸厚度。

➤ 填充、栅格、正交、快速文本、间隔捕捉和数字化板开关的当前设置。

➤ 对象捕捉的当前设置。

➤ 磁盘空间的使用情况。

了解以上这些状态数据，对于控制图形的绘制、显示、打印输出等都有重大意义。

2．查询时间

在 AutoCAD 2013 中，使用"时间"查询命令可显示日期和时间的统计信息。

在命令行中输入 TIME 命令并按回车键，或者在菜单栏中单击"工具"|"查询"|"时间"命令，都可以调用"时间"命令，并打开 AutoCAD 文本窗口，如图 7-47 所示。

图 7-47　"文本窗口"显示时间信息

在该窗口中生成一个报告，显示当前日期和时间、图形对象创建的日期和时间、最后一次更新的日期和时间以及图形对象在编辑器中的累计时间。

7.4 技 巧 集 锦

1. 创建面域：在命令行中输入 REGION/REG 命令并按回车键，可以调用"面域"命令来创建面域。

2. 并集运算：在命令行中输入 UNION/UNI 命令并按回车键，可以进行并集运算。

3. 差集运算：在命令行中输入 SUBTRACT/SU 命令并按回车键，可以进行差集运算。

4. 交集运算：在命令行中输入 INTERSECT/IN 命令并按回车键，可以进行交集运算。

5. 创建图案填充：在命令行中输入 HATCH/H 命令并按回车键，可以调用"图案填充"命令，并打开"图案填充创建"选项卡。

6. 渐变色填充：在命令行中输入 GRADIENT 命令并按回车键，可以调用"渐变色"命令，并打开"图案填充创建"选项卡。

7. 编辑填充图案：在命令行中输入 HATCHEDIT 命令并按回车键，可以打开"图案填充编辑"对话框。

8. 信息查询：在命令行中输入 MEASUREGEOM/MEA 命令并按回车键，可对图形对象进行距离、半径、角度等测量操作，获得相关的数据信息。

7.5 课 堂 练 习

练习一　绘制齿轮油泵零件图

本练习将介绍一款齿轮油泵图的绘制，具体操作步骤如下。

（1）单击"图层特性"命令，创建新图层"中心线"，并设置其颜色为"红色"，线型为 CENTER，线宽为 0.15 mm。用同样的方法创建其他图层，如图 7-48 所示。

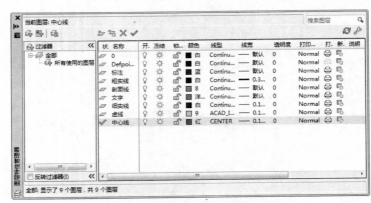

图 7-48　设置图层

（2）双击"中心线"图层，将其设置为当前层。单击"直线"命令，绘制两条相互垂直的中心线。再设置"粗实线"为当前图层。单击"圆心，半径"命令，依次绘制出半径为 38 mm、30 mm、24 mm 和 8 mm 的四个辅助圆，如图 7-49 所示。

（3）单击"偏移"命令，将 L1 线段依次向下偏移 42 mm、50 mm，得到 L3 和 L4 线段。将 L4 线段的图层改为"粗实线"，将半径为 30 mm 圆的图层改为"中心线"，结果如图 7-50 所示。

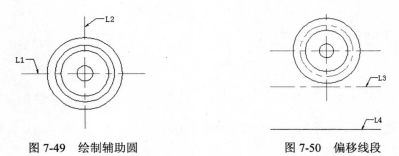

图 7-49　绘制辅助圆　　　　　　　　　图 7-50　偏移线段

（4）单击"复制"命令，将所绘制的四个辅助圆复制移动到 a 点（即线段 L3 与线段 L2 的交点），结果如图 7-51 所示。

（5）单击"直线"命令，将图 7-51 中 b、c 点和 d、e 点两两相连，并将 de 线段的图层改为"中心线"。单击"镜像"命令，将两条相连的线段以 L2 为中心进行镜像，结果如图 7-52 所示。

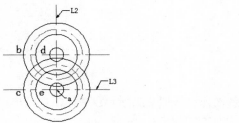
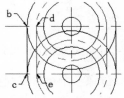

图 7-51　复制辅助圆　　　　　　　　　图 7-52　镜像线段

（6）单击"修剪"命令，将辅助圆进行修剪。单击"偏移"命令，将线段 L3 向上偏移 21 mm，与 L2 相交于 f 点，如图 7-53 所示。

（7）单击"圆心，半径"命令，以 f 点为圆心，绘制半径为 26 mm 的圆，单击"修剪"命令，将其进行修剪，结果如图 7-54 所示。

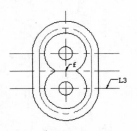
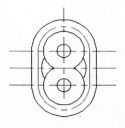

图 7-53　绘制圆并进行修剪　　　　　　图 7-54　绘制圆并进行修剪

（8）单击"偏移"命令，将刚偏移的线段向上和向下各偏移 10 mm，再将 bc 线段向左偏移 4 mm，然后将偏移后的线段图层都改为"粗实线"，如图 7-55 所示。

（9）单击"修剪"命令，将修剪掉多余的线段，绘制出油泵轴孔，如图 7-56 所示。

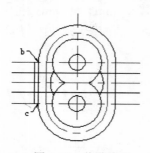

图 7-55　偏移线段

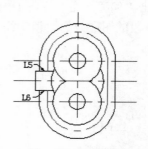

图 7-56　修剪图形

（10）单击"偏移"命令，设置偏移距离为 3 mm，将 L5 线段向下偏移，将 L6 线段向上偏移，如图 7-57 所示。

（11）单击"修剪"命令修剪图形。单击"圆角"命令，设置圆角半径为 3 mm，将线段 L5、L6 所在的夹角进行倒圆角，如图 7-58 所示。

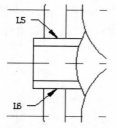

图 7-57　偏移线段 L4、L5

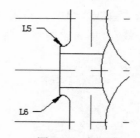

图 7-58　倒圆角

（12）单击"镜像"命令，将油泵轴孔以线段 L2 为中心进行镜像。单击"修剪"命令，将镜像好的图形进行修剪，结果如图 7-59、图 7-60 所示。

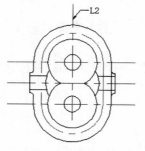

图 7-59　镜像油泵轴孔

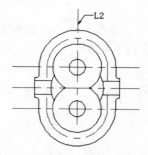

图 7-60　修剪图形

（13）单击"三点"圆弧命令，在图形合适位置绘制两条圆弧。单击"修剪"命令，修剪圆弧图形，结果如图 7-61、图 7-62 所示。

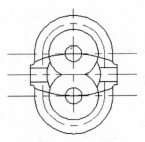

图 7-61　绘制圆弧

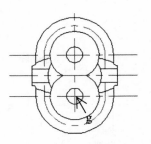

图 7-62　修剪圆弧

（14）单击"圆心，半径"命令，以图 7-62 中 g 点为圆心，绘制半径分别为 3 mm、3.5 mm 的两个圆，结果如图 7-63 所示。

（15）单击 "复制" 命令，将刚绘制的两个圆，分别复制移动到图形适合位置，结果如图 7-64 所示。

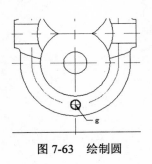

图 7-63　绘制圆

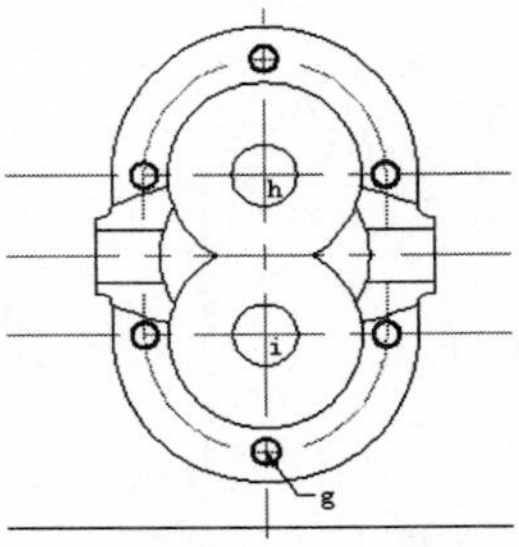

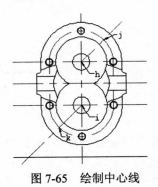

图 7-64　复制圆

（16）将"中心线"图层设为当前层。开启"极轴追踪"功能，并设置增量角为 45°。单击"直线"命令，选取图 7-64 中 h、i 点，并沿着系统自动显示出的延长线绘制两条直线，直线与圆边分别相交于 j、k 两点，如图 7-65 所示。

（17）将"粗实线"图层设为当前层。单击"圆心，半径"命令，以 j 点为圆心，绘制半径为 2.5 mm 的圆，并执行"复制"命令，将半径 2.5 mm 的圆复制移动到 k 点位置，其结果如图 7-66 所示。

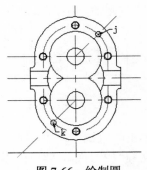

图 7-65　绘制中心线

图 7-66　绘制圆

（18）单击"直线"命令，绘制 L7 和 L8 两条辅助线。单击"偏移"命令，设置偏移距离为 21 mm，将中线 L2 向左和向右偏移，并将其图层改为"粗实线"，如图 7-67、图 7-68所示。

所示。

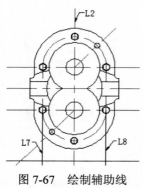

图 7-67　绘制辅助线

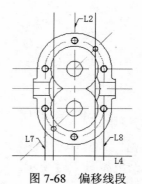

图 7-68　偏移线段

（19）单击"偏移"命令，将图 7-68 中的线段 L4 向上偏移 4 mm。单击"修剪"命令，将图形进行修剪。单击"圆角"命令，设置圆角半径为 3 mm，将图形进行倒圆角，完成油泵底座的绘制，如图 7-69、图 7-70 所示。

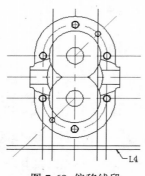

图 7-69　偏移线段

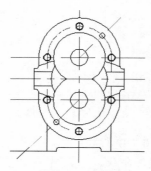

图 7-70　倒圆角

（20）单击"偏移"命令，将线段 L4 向上偏移 10 mm。单击"偏移"命令，设置偏移距离为 24 mm，将线段 L7 向左偏移，线段 L8 向右偏移，如图 7-71 所示。

（21）单击"修剪"命令，修剪油泵底座图形。单击"圆角"命令，设置圆角半径为 3 mm，将底座图形进行圆角，结果如图 7-72 所示。

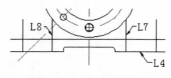

图 7-71　绘制油泵底座

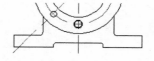

图 7-72　倒圆角

（22）单击"直线"命令，捕捉油泵轴孔的延长线来绘制螺钉孔中心线 L9。将中心线 L9 的图层改为"中心线"，然后单击"偏移"命令，将其向左和向右各偏移 11 mm、5.5 mm，将线段 L4 向上偏移 8 mm，结果如图 7-73、图 7-74 所示。

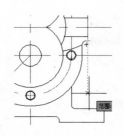
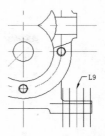

图 7-73　捕捉延长线　　　　　　　　　　图 7-74　偏移线段

（23）单击"修剪"命令，将偏移后的线段进行修剪，绘制出座进螺钉孔。单击"圆角"命令，设置圆角半径为 3 mm，将底座进行倒圆角，如图 7-75 所示。

（24）单击"镜像"命令，将螺钉孔以 L2 为中心进行镜像。单击"修剪"命令，将图形进行修剪，结果如图 7-76 所示。

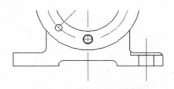
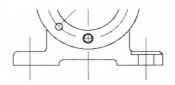

图 7-75　绘制螺钉孔　　　　　　　　　　图 7-76　修剪图形

（25）单击"样条曲线"命令，在底座合适位置绘制一条封闭线段。将"剖面线"设置为当前层。单击"图案填充"命令，选择填充图案为"ANSI31"，将齿轮油泵部分图形进行图案填充，如图 7-77 所示。

（26）齿轮油泵主视图绘制完成后，接下来将绘制齿轮油泵侧视图，用户可根据主视图零件尺寸来进行绘制，绘制结果如图 7-78 所示。

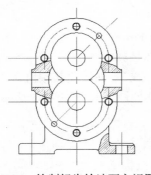
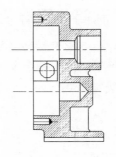

图 7-77　绘制好齿轮油泵主视图　　　　　图 7-78　齿轮油泵侧立面图

（27）将"标注"图层设为当前层。打开"标注样式"对话框，单击"修改"按钮，在打开的"修改标注样式"对话框中设置合适参数，如设置箭头大小为 3，文字高度为 5，如图 7-79 所示。

（28）设置完成后，执行"线性"和"角度"标注命令，对整个零件图进行尺寸标注。单击"插入"|"块"命令，在图形合适位置插入表面粗糙度符号并修改粗糙度值，结果如图 7-80 所示。至此，本案例已全部绘制完毕，最后保存文件。

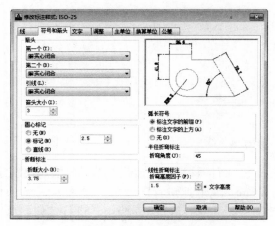

图 7-79　设置标注样式

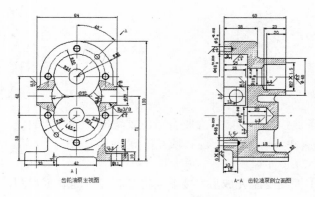

图 7-80　添加尺寸标注

练习二　绘制简单平键装配图

本练习将介绍一款简单平键装配图的绘制，具体步骤如下。

（1）单击"图层特性"命令，创建新图层"中心线"，并设置其颜色为"红色"，线型为 CENTER，线宽为 0.15 mm。用同样的方法创建其他图层，如图 7-81 所示。

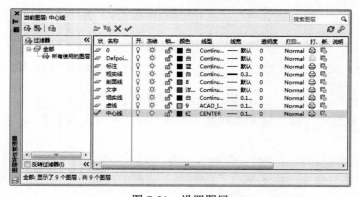

图 7-81　设置图层

（2）将"中心线"图层设为当前层。单击"直线"命令，绘制一条水平的中心线。单击"偏移"命令，设置偏移距离为 8 mm，将中心线向上和向下进行偏移，得到 a、b 两条线段，并将其图层设置为"粗实线"，如图 7-82 所示。

（3）将"粗实线"图层设置为当前层。单击"直线"命令，将 a 线段与 b 线段相连接。单击"偏移"命令，将刚绘制好的垂直线段向左偏移 28 mm，结果如图 7-83 所示。

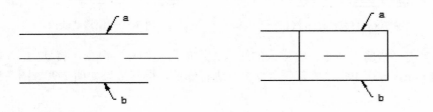

图 7-82　绘制中心线　　　　　　　　　　图 7-83　绘制辅助线

（4）单击"矩形"命令，绘制一个长为 16 mm、宽为 3 mm 的长方形，并将其移到图形合适的位置，如图 7-84 所示。

（5）单击"偏移"命令，将 a、b 两条线段各向外偏移 4 mm。单击"延伸"命令，将图 7-84 中 c 线段延长至 a、b 两线段，单击"修剪"命令，将多余的线段进行修剪，结果如图 7-85 所示。

图 7-84　绘制键槽　　　　　　　　　　图 7-85　绘制键槽，修剪线段

（6）将"剖面线"图层设置为当前层。执行"三点圆弧"和"样条曲线"命令，绘制轴承剖面线（一般绘制剖面线时没有数值规定，只要绘制得体就可以），结果如图 7-86 所示。

（7）单击"图案填充"命令，选择填充图案为"ANSI31"，设置填充比例为 0.2，将剖断面进行填充，结果如图 7-87 所示。

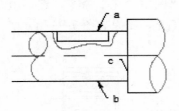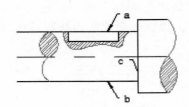

图 7-86　绘制剖断线　　　　　　　　　　图 7-87　填充剖断面

（8）将"粗实线"图层设置为当前层。单击"偏移"命令，将 a、b 两线段依次向外偏移 1 mm、2 mm、7 mm、2 mm、2 mm，如图 7-88 所示。

（9）单击"直线"命令，绘制一条垂直其偏移的线段（取名为 d 线段）。单击"偏移"

命令，将 d 线段向左偏移 24 mm，得到线段为 e，如图 7-89 所示。

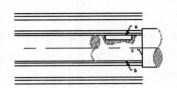

图 7-88　偏移 a、b 线段

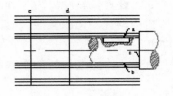

图 7-89　偏移 d 线段

（10）单击"修剪"命令，将多余的线剪去。单击"偏移"命令，将 d、e 两线段分别向内偏移 1 mm。再次单击"修剪"命令将其进行修剪，得到结果如图 7-90、图 7-91 所示。

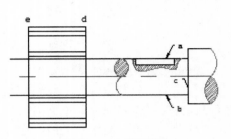

图 7-90　修剪线段

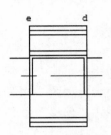

图 7-91　偏移并修剪线段

（11）单击"倒角"命令，根据命令提示进行操作，即可对图形外轮廓进行倒角，完成轮毂剖面图的绘制，如图 7-92 所示。命令行提示如下。

```
命令: _chamfer
（"修剪"模式）当前倒角距离 1 = 1.0000，距离 2 = 1.0000
选择第一条直线或 [放弃(U)/多段线(P)/距离(D)/角度(A)/修剪(T)/方式(E)/多个(M)]: a
                                                        （选择"角度"）
指定第一条直线的倒角长度 <1.0000>: 2                     （输入长度值）
指定第一条直线的倒角角度 <45>: 45                        （输入角度值）
选择第一条直线或 [放弃(U)/多段线(P)/距离(D)/角度(A)/修剪(T)/方式(E)/多个(M)]:
                                                        （选取 e 线段）
选择第二条直线，或按住 Shift 键选择直线以应用角点或 [距离(D)/角度(A)/方法(M)]:
                                                        （选取垂直 e 线段的线）
```

（12）将"剖面线"图层设置为当前层。单击"图案填充"命令，选择填充图案为"ANSI31"，设置填充比例为 0.2，将轮毂剖面进行填充，结果如图 7-93 所示。

图 7-92　将图形进行倒角

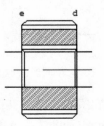

图 7-93　填充图形

（13）将"粗实线"图层设置为当前层。单击"矩形"命令，绘制一个长为 16 mm、宽为 3 mm 的长方形作为平键。单击"圆角"命令，设置圆角半径为 1.5 mm，将平键进行倒圆角，结果如图 7-94 所示。

（14）单击"复制"命令，将绘制好的轮毂和轴承各复制一个，并将两图形组合在一起，绘制出平键装配图，如图 7-95 所示。

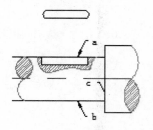

图 7-94　绘制平键

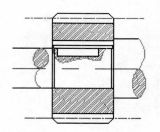

图 7-95　合并图形

（15）单击"矩形"命令，绘制一个长为 16 mm、宽为 2.5 mm 的矩形，并将其移动到平键槽上部。单击"修剪"命令将图形进行修剪。将"虚线"图层设置为当前层，并绘制一条虚线，结果如图 7-96 所示。

（16）单击"圆心，半径"命令，以中线上任意一点为圆心，绘制半径为 8 mm 的圆。单击"直线"命令，绘制一条圆的半径，并垂直于中线，如图 7-97 所示。

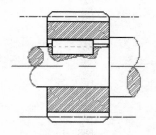

图 7-96　修剪后的图形

图 7-97　绘制圆

（17）单击"偏移"命令，将圆的半径向左和向右各偏移 1.5 mm，将中心线向上偏移 5 mm，并将偏移的中心线图层改为"粗实线"。单击"修剪"命令，将图形进行修剪，如图 7-98、图 7-99 所示。

图 7-98　偏移线段

图 7-99　修剪图形

（18）单击"矩形"命令，绘制一个长为 3 mm、宽为 5 mm 的矩形，并将其移至键槽上，如图 7-100 所示。

（19）单击"图案填充"命令，选择填充图案为"ANSI31"，设置填充比例为 0.2，对圆进行填充，完成平键剖视图的绘制，如图 7-101 所示。

图 7-100 绘制矩形　　　　　　　图 7-101 绘制平键轴剖视图

（20）将"标注"图层设置为当前图层。单击"标注样式"命令修改标注样式，如设置字体高度和箭头大小均为 2.5。执行"线性标注"和"直径标注"命令对图形进行标注，结果如图 7-102 所示。

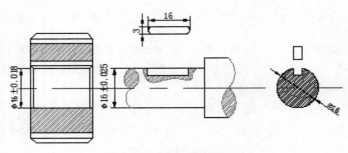

图 7-102 标注装配图尺寸

（21）单击"多重引线样式"命令，修改多重引线样式，如设置字体高度和箭头大小均为 2.5。单击"多重引线标注"命令，为图形添加引线标注，如图 7-103 所示。至此，本案例已全部绘制完毕，最后保存文件。

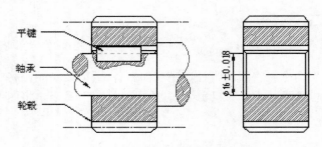

图 7-103 添加引线标注

7.6　课后习题

一、填空题

1. 布尔运算是数学上一种逻辑运算，它包括并集运算、_____和交集运算。

2. 在 AutoCAD 中，_____是一种使用指定线条图案、颜色来充满指定区域的操作，常常用于表达剖切面和不同类型物体对象的外观纹理等。

3．在 AutoCAD 中，使用_____查询命令，可以求若干个点为顶点的多边形区域，或由指定对象所围成区域的面积与周长，还可以进行面积的加、减运算。

二、选择题

1．在 AutoCAD 中，使用_____查询命令，可以计算出指定两点之间的距离和有关角度。

  A．半径   B．距离   C．角度   D．体积

2．在创建或编辑图案填充时，可以利用孤岛调整填充图案，孤岛显示样式不包括_____。

  A．普通   B．外部   C．内部   D．忽略

3．在 AutoCAD 中，使用_____查询命令，可以计算并显示面域或实体的质量特性。

  A．面域/质量特性 B．状态   C．质量特   D．时间

三、简答题

1．简述创建面域的操作方法。

2．简述创建图案填充的操作方法。

3．在 AutoCAD 2013 中常见的查看图形信息的方法有哪些。

四、上机题

手轮全称手动脉冲发生器，又称光电编码器。主要用于机床设备、石油石化设备、锅炉锅盖配件等。本练习将绘制手轮二维构造图，效果如图 7-104 所示。

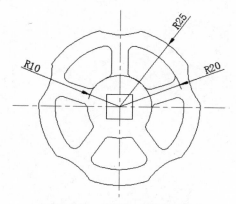

图 7-104　手轮二维构造图

提示：

（1）新建"实线"和"虚线"两个图层，并将"虚线"图层设置为当前图层。使用"构造线"命令绘制两条互相垂直的虚线，将当前图层设置为"实线"，使用"圆"命令，捕捉两条虚线的交点作为圆心，绘制半径分别为 10、20 和 25 的三个同心圆。

（2）使用"偏移"命令，将垂直虚线向两侧偏移 2.5，再将偏移的两条垂直虚线更改为"实线"图层。使用"修剪"命令修剪掉多余的线段。使用"环形阵列"命令指定圆心为中

心点，将修剪后的两条垂直线段进行阵列。

（3）使用"偏移"命令，将水平虚线向上偏移 40，然后使用"圆"命令，捕捉偏移后的水平虚线上的交点为圆心，绘制出半径为 17 的圆，再使用"环形阵列"命令将刚绘制的圆进行阵列。

（4）使用"面域"命令将阵列后的圆与大圆设置为面域，然后使用"差集"命令将其进行差集运算。使用"矩形"命令在圆心处绘制一个矩形，最后使用"圆角"命令，设置半径为 2，对图形中的五个扇形进行圆角操作，完成手轮图形的绘制。

第8章 图块、外部参照与设计中心

在绘制图形时，如果图形中有大量相同或相似的内容，或者所绘制的图形与已有的图形文件相同，那么可以把需要重复绘制的图形创建成块（也称为图块），并根据需要为块创建属性，指定块的名称、用途及设计等信息，在需要时直接插入它们。也可以把已有的图形文件以参照的形式插入到当前图形中（即外部参照），或是通过 AutoCAD 设计中心浏览、查找、预览、使用和管理 AutoCAD 图形、块、外部参照等不同的资源文件，从而提高绘图效率。

本章学习要点

➢ 创建和插入图块；
➢ 编辑图块；
➢ 创建和编辑属性图块；

➢ 编辑图块属性；
➢ 了解外部参照的应用；
➢ 了解 AutoCAD 设计中心的应用。

8.1 创建与插入图块

在 AutoCAD 中，图块分为内部图块和外部图块两种。创建图块就是将已有的图形对象定义为图块的过程。通过创建图块，用户可以将一个或多个图形对象定义为一个图块，还可以随时将图块作为单个对象插入到当前图形中的指定位置上，而且在插入时可以指定不同的缩放系数和旋转角度。

8.1.1 了解与认识图块

图块是一个或多个对象组成的对象集合，常用于绘制复杂、重复的图形。一旦对象组合成块，就可以根据绘制需要将这组对象插入到图中任意指定位置，而且还可以按不同的比例和旋转角度插入。在 AutoCAD 中，通过创建图块可以提高绘图速度、节省存储空间、便于修改图形并能够为其添加属性。总的来说，图块具体有如下特点。

（1）提高绘图速度

使用 AutoCAD 绘制图形时，常常要绘制一些重复出现的图形。将这些图形创建成图块，当绘制他们时就可以用插入块方法实现，即把绘图变成了拼图，从而把大量重复的工作简化，提高绘图速度。

（2）节省存储空间

用 AutoCAD 保存图中每一个对象的相关信息，如对象的类型、位置、图层、线型及颜色等，这些信息要占用存储空间。如果一幅图中包含有大量相同的图形，就会占据较大的磁盘空间。但如果把相同的图形事先定义成一个块，绘制它们时就可以直接把块插入到图中的各相应位置。

（3）便于修改图形

一张工程纸往往需要多次修改。如在机械设计中，旧的国家标准用虚线表示螺栓的内径，新的国家标准把内径用细实线表示。如果对旧图纸上的每一个螺栓按新国家标准修改，既费时又不方便。但如果原来各螺栓是通过插入块的方法绘制的，那么只要简单的进行再定义块等操作，图中插入的所有该块均会自动进行修改。

（4）可以添加属性

很多块还要求有文字信息以进一步解释其用途。AutoCAD 允许用户为块创建这些文字属性，并可在插入的块中指定是否显示这些属性。此外，还可以从图中提取这些信息并将它们传送到数据库中。

8.1.2　创建内部图块

使用"创建块"命令创建的图块常被称为内部图块，跟随定义它的图形文件一起保存，即图块保存在图形文件内部。内部图块一般用于在该图形文件中调用。

在菜单栏中单击"绘图"|"块"|"创建"命令，或者在功能区选项板中选择"插入"选项卡，单击"块"面板中的"创建块"按钮，都可以调用"创建块"命令，并打开"块定义"对话框，通过设置该对话框各参数可进行内部图块的创建，如图 8-1 所示。

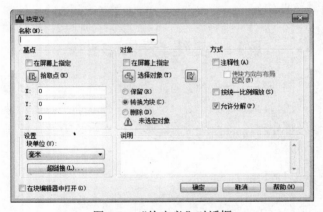

图 8-1　"块定义"对话框

"块定义"对话框中各主要选项区含义如下。

➢ "名称"下拉列表框：用于指定块的名称，在下拉列表框中输入图块的名称，最多可以包含 255 个字符，其中包括字母、数字、空格等。当图形中包含多个图块时，可以在下拉列表框中选择已有的图块。

➢ "基点"选项组：用于指定图块的插入基点。系统默认图块的插入基点值为（0,0,0），用户可直接在 X、Y 和 Z 数值框中输入与坐标相对应的数值，也可以单击"拾取点"按钮，切换到绘图区中指定基点。

➢ "对象"选项组：用于指定新图块中要包含的对象，以及创建块之后如何处理这些对象，是否保留选定的对象，或者是将它们转换成图块实例。

➢ "设置"选项组：用于指定图块的设置。"块单位"下拉列表框用于指定块参照插入单位，通常为毫米，也可以用其他单位。单击"超链接"按钮将打开"插入超链接"对话框，用于为定义的图块设定一个超链接。

➢ "方式"选项组：该选项区中可以设置插入后的图块是否允许被分解、是否统一比例缩放等。

➢ "在块编辑器中打开"复选框：勾选该复选框，单击"确定"按钮后，可以在块编辑器中打开当前的块定义。

➢ "说明"文本框：用于指定图块的文字说明，在该文本框中，可以输入说明当前图块部分的内容。

下面以创建"螺钉"图块为例，介绍创建内部图块的具体操作方法。

（1）单击"绘图"|"块"|"创建"命令，打开"块定义"对话框，在"名称"下拉列表框中输入"螺钉"，如图 8-2 所示。

（2）单击"选择对象"按钮🔲，返回至绘图区，选择要定义为块的图形，这里选择"螺钉"图形，如图 8-3 所示。

图 8-2 "块定义"对话框

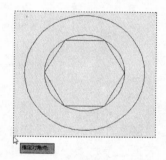

图 8-3 选择图形对象

（3）按回车键确认并返回至"块定义"对话框，单击"拾取点"按钮🔲，切换到绘图区，拾取螺钉的中心点圆心作为块的插入基点，如图 8-4 所示。

（4）返回至"块定义"对话框，然后单击"确定"按钮，完成"螺钉"图块的创建。再次选中"螺钉"图形，该图形将作为一个整体对象被选中，如图 8-5 所示。

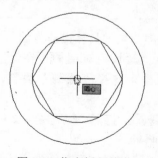

图 8-4 指定插入基点

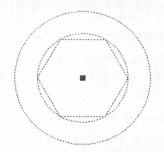

图 8-5 完成图块的创建

8.1.3 创建外部图块

外部图块是以文件的形式保存在本地磁盘中，用户可根据绘图的需要，随时将外部图块调用到其他图形文件中。

　　在命令行中输入 WBLOCK/W 命令并按回车键，或者在功能区选项板中选择"插入"选项卡，单击"块定义"面板中的"写块"按钮，都可以调用"写块"命令，并打开"写块"对话框，通过设置该对话框各参数可进行外部图块的创建，如图 8-6 所示。

图 8-6　"写块"对话框

"写块"对话框中各选项含义如下。

> ➢　"源"选项组：用于选择创建块文件的对象。选择"块"选项，通过后面的下拉列表框选择将要保存的块名。选择"整个图形"选项，将绘图区中所有图形保存为图块。选择"对象"选项，将用户选定的图形对象作为图块保存。

> ➢　"目标"选项组：指定写块文件名及保存路径。在"文件名和路径"下拉列表框中可指定文件的新名称和新位置。在"插入单位"下拉列表框中可指定插入块时所用的测量单位。

　　小提示：只有在"源"选项组中选择"对象"选项后才可以激活下面的"基点"和"对象"选项组，这两个选项组中的参数设置与前面"定义块"中的设置相同。

　　下面以创建"螺钉"内部图块为例，介绍创建外部图块的具体操作方法。

　　（1）在命令行中输入 W 命令并按回车键，打开"写块"对话框，在"源"选项组中单击"块"单选按钮，然后在其后面的下拉列表框中选择"螺钉"块名，如图 8-7 所示。

　　（2）单击"文件名和路径"下拉列表框右侧的按钮，打开"浏览图形文件"对话框，在该对话框中指定图块的保存位置与名称，如图 8-8 所示。

　　（3）单击"保存"按钮，返回"写块"对话框，单击"确定"按钮即可完成外部图块的创建。

图 8-7　框选图形对象

图 8-8　"浏览图形文件"对话框

8.1.4　插入图块

当图形被定义为块后，可使用"插入块"命令直接将图块插入到图形中。插入块时可以一次插入一个，也可一次插入呈矩形阵列排列的多个块参照。

在菜单栏中单击"插入"|"块"命令，或者在功能区选项板中选择"插入"选项卡，单击"块"面板中的"插入"按钮，都可以调用"插入块"命令并打开"插入"对话框，通过对话框的设置即可将图块插入到绘图区中，如图 8-9 所示。

图 8-9　"插入"对话框

"插入"块对话框中各选项含义如下

➤ "名称"下拉列表框：从列表中可选择当前图形中已定义的块名，或若要选择"外部图块"，单击"浏览"按钮，在弹出的"选择文件"对话框中选择所需图形文件即可。

➤ "路径"选项组：列出插入块文件的路径。

➤ "插入点"选项组：系统默认为"在屏幕上指定"，用户也可以直接输入坐标的绝对位置。

➤ "比例"选项组：系统默认为"在屏幕上指定"，即在插入图块时通过命令行输入缩放比例。用户也可通过输入 X、Y、Z 的值来指定不同方向上的缩放比例。若选定"统一比例"复选框则可对图块进行整体比例缩放。

➤ "旋转"选项组：设置块插入的旋转角度。逆时针为正值，顺时针为负值。

➤ "分解"复选框：勾选该复选框，插入的图块将被分解。

> **小提示**：在设置插入参数时，如果在"旋转"选项组中启用"在屏幕上指定"复选框，或直接设置旋转角度，即可将块在绘图区旋转放置。

下面以插入"餐桌组合"图块为例，介绍创插入图块的具体操作方法。

（1）单击"块"面板中的"插入"按钮，打开"插入"对话框，单击"浏览"按钮，在"名称"下拉列表中选择"螺钉"，并设置其比例值为 1，旋转角度为 0°，如图 8-10 所示。

图 8-10　"插入"对话框

（2）单击"确定"按钮，然后根据命令行提示，在绘图区中指定插入点并单击鼠标左键，即可完成图块的插入操作，如图 8-11、图 8-12 所示。

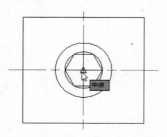

图 8-11　指定插入基点

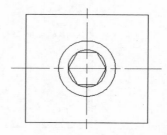

图 8-12　插入图块效果

8.2　编辑图块

在 AutoCAD 2013 中，用户要编辑图块，可以先将图块分解，然后再对其进行编辑，编辑好后再将其重新定义为块。此外，还可以将图形中不用的图块删除。

8.2.1　分解块

块是作为一个整体被插入到图形中的，但是有时要对构成块的单个图形实体进行编辑，这就需要对块进行分解。

在菜单栏中单击"修改"|"分解"命令，或者在功能区选项板中选择"常用"选项卡，单击"修改"面板中的"分解"按钮，根据命令提示，选择要分解的图块，按回车键即可完成块的分解操作，如图 8-13、图 8-14 所示。

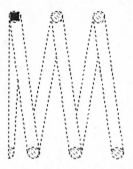

图 8-13　图块分解前

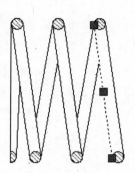

图 8-14　图块分解后

8.2.2　删除块

在菜单栏中单击"修改"|"删除"命令，或者在功能区选项板中选择"常用"选项卡，单击"修改"面板中的"删除"按钮，根据命令行提示，选择要删除的图块，按回车键即可将已选的图块删除，如图 8-15、图 8-16 所示。

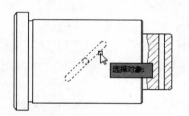

图 8-15　选取要删除的图块

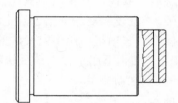

图 8-16　删除效果

8.3　设置图块属性

在 AutoCAD 2013 中，用户除了可以创建普通的图块外，还可以创建带有附加信息的图块，这些信息被称为属性。属性值既可以是可变的，也可以是不可变的。在插入一个带有属性的块时，AutoCAD 把固定的属性值随块添加到图形中，并提示输入哪些可变的属性值。

8.3.1　定义图块属性

属性块是由图形对象和属性对象组成。对块增加属性，就是使块中的指定内容可以变化。要创建一个块属性，用户可以使用"定义属性"命令，先建立一个属性定义来描述属性特征，包括标记、提示符、属性值、文本格式、位置以及可选模式等。

在菜单栏中单击"绘图"|"块"|"定义属性"命令，或者在功能区选项板中选择"插入"选项卡，单击"块定义"面板中的"定义属性"按钮，都可以调用"定义属性"命

令，并打开"属性定义"对话框。在该对话框中，用户可以设置块的一些插入点及属性标记等，如图 8-17 所示。

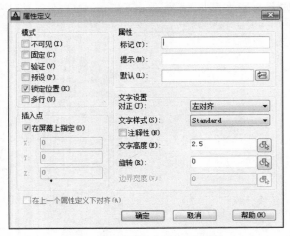

图 8-17 "属性定义"对话框

"属性定义"对话框中的各主要选项的含义如下。

➢ "模式"选项组：用于设置属性的模式。其中"不可见"复选框用于确定插入块后是否显示其属性值；"固定"复选框用于设置属性是否为固定值，为固定值时，插入块后该属性值不再发生变化；"验证"复选框用于验证所输入阻抗的属性值是否正确；"预设"复选框用于确定是否将属性值直接预置成默认值。

➢ "属性"选项组：用于定义块的属性。其中"标记"文本框用于输入属性的标记；"提示"文本框用于输入插入块时系统显示的提示信息；"默认"文本框用于输入属性的默认值。

➢ "插入点"选项组：用于设置属性值的插入点，即属性文字排列的参照点。可以直接在 X、Y、Z 数值框中输入点的坐标，也可以单击"拾取点"按钮，在绘图窗口上拾取一点作为插入点。

➢ "文字设置"选项组：主要用来定义属性文字的对正方式、文字样式和高度，以及是否旋转文字等参数。

➢ "在上一个属性定义下对齐"复选框：启用该复选框表示该属性将继承前一次定义的属性的部分参数，如插入点、对齐方式、字体、字高及旋转角度。该复选框仅在当前图形文件中已有属性设置时有效。

小提示：在动态块中，由于属性的位置包括在动作的选择集中，因此必须将其锁定。

下面以创建"表面粗糙度符号"属性图块为例，介绍创属性块的具体操作方法。

（1）启用"极轴追踪"功能，并设置增量角为 60°，然后单击"直线"命令，在绘图区中绘制一个表面粗糙度符号。当尺寸数字高度为"3.5"时，表面粗糙度符号各部分尺寸如图 8-18 所示。

（2）单击"块定义"面板中的"定义属性"按钮 ✎，在打开的"属性定义"对话框中设置好相关的属性参数，如图 8-19 所示。

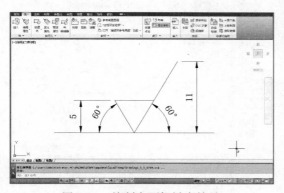

图 8-18　绘制表面粗糙度符号

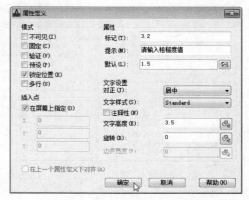

图 8-19　"属性定义"对话框

（3）单击"确定"按钮，返回至绘图区，根据命令行提示，将光标放置在表面粗糙度符号水平线的上方位置，如图 8-20 所示。

（4）单击鼠标左键确定属性的位置，即可完成属性的创建，如图 8-21 所示。

图 8-20　指定插入点

图 8-21　完成属性的创建

（5）单击"写块"命令，打开"写块"对话框，在"源"选项组中选择"对象"选项，然后单击"选择对象"按钮返回至绘图区，选择已定义属性的表面粗糙度符号，如图 8-22 所示。

（6）按回车键返回至"写块"对话框，然后单击"拾取点"按钮返回至绘图区，拾取表面粗糙度符号最下方的点作为块插入时的基点，如图 8-23 所示。

图 8-22　选择表面粗糙度符号

图 8-23　指定块插入基点

（7）单击鼠标左键返回至"写块"对话框，单击"文件名和路径"下拉列表右侧的按钮，在打开的"浏览图形文件"对话框中指定保存位置与名称，如图 8-24 所示。

（8）单击"保存"按钮，返回"写块"对话框，指定好的文件名和路径显示在"文件名和路径"下拉列表框中，单击"确定"按钮完成属性图块的创建，如图 8-25 所示。

图 8-24　"浏览图形文件"对话框

图 8-25　完成属性图块的创建

8.3.2　插入已定义属性的图块

完成属性图块的创建后，用户便可以使用"插入"命令，即可将属性图块插入到图形中。在 AutoCAD 2013 中，插入属性块和插入图块的操作方法是一样的，插入的属性块是一个单个实体。

下面介绍插入属性图块的具体操作方法。

（1）单击"块"面板中的"插入"按钮，打开"插入"对话框，单击"名称"下拉列表框右侧的"浏览"按钮，如图 8-26 所示。

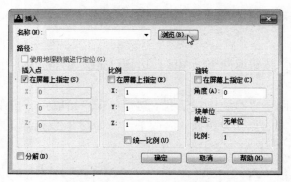

图 8-26　"插入"对话框

（2）打开"选择图形文件"对话框，在该对话框中，选择刚才创建的"表面粗糙度"属性块，如图 8-27 所示。

（3）单击"打开"按钮，返回至"插入"对话框，设置旋转角度为 90°，然后单击"确定"按钮，返回至绘图区，根据命令行提示，指定属性图块的插入基点，如图 8-28 所示。

（4）单击鼠标左键，在命令提示"请输入粗糙度值"提示下输入 6.3，按回车键即可完成属性图块的插入，如图 8-29 所示。

图 8-27 "选择图形文件"对话框

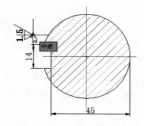

图 8-28 指定插入基点

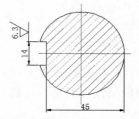

图 8-29 插入属性图块效果

8.3.3 编辑图块属性

当插入带属性的图块时，属性（如名称和数据）将作为一种特殊的文本对象也一同被插入。对块属性的编辑主要包括块属性定义的编辑和属性值的编辑。

1. 编辑属性值

在 AutoCAD 2013 中，利用"增强属性编辑器"对话框，可以方便地修改属性值和属性文字的格式。

在菜单栏中单击"修改"|"对象"|"属性"|"单个"命令，或者在功能区选项板中选择"插入"选项卡，单击"块"面板中的"编辑属性"下拉按钮，在弹出的下拉列表中选择"单个"按钮 ，然后选取要编辑的属性块，都将打开"增强属性编辑器"对话框，如图 8-30 所示。

下面将对"增强属性编辑器"对话框中的属性、文字和特性 3 个选项卡进行介绍。

（1）"属性"选项卡

该选项卡显示了块中每个属性的标识、提示和值。在列表框中选择某一属性后，在"值"文本框中将显示出该属性的属性值，用户可以在该文本框中输入修改后的新值，如图 8-30 所示。

（2）"文字"选项卡

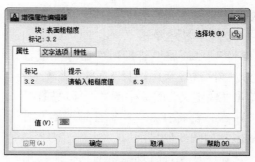

图 8-30 "增强属性编辑器"对话框

在该选项卡中，用户可以修改属性文字的文字样式、对齐方式、高度、旋转角度以及宽度比例等，如图 8-31 所示。

（3）"特性"选项卡

在该选项卡中，用户可以修改属性文字所在的颜色、图层、线宽、线型以及打印样式等，如图 8-32 所示。

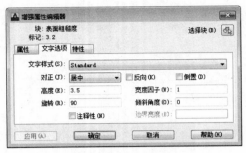

图 8-31　文字选项

图 8-32　特性设置

编辑块属性值还有一种方法，执行 ATTEDIT 命令，并选择需要编辑的对象后，系统将打开"编辑属性"对话框，也可以从中编辑块的属性值，如图 8-33 所示。

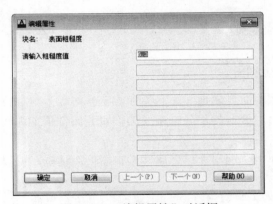

图 8-33　"编辑属性"对话框

2．编辑属性定义

在编辑图块的属性定义时，可以利用"块属性管理器"对话框重新设置属性定义结构、文字特性和图形特性等属性。

在菜单栏中单击"修改"|"对象"|"属性"|"块属性管理器"命令，或者在功能区选项板中选择"插入"选项卡，单击"块定义"面板中的"管理块属性"按钮，都将打开"块属性管理器"对话框，如图 8-34 所示。

在"块属性管理器"对话框中，用户可以进行以下操作。

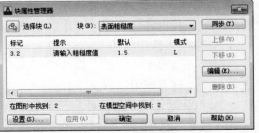

图 8-34　"块属性管理器"对话框

（1）编辑块属性

在"块属性管理器"对话框中单击"编辑"按钮，在打开的"编辑属性"对话框中编辑块的各个显示标记的属性、文字选项和对象特性，如图 8-35 所示。

（2）设置块属性

在"块属性管理器"对话框中单击"设置"按钮，在打开的"块属性设置"对话框中，用户可以通过"在列表中显示"选项组中的复选框来设置"块属性管理器"对话框中的属性显示内容，如图 8-36 所示。

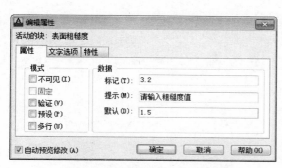

图 8-35　"编辑属性"对话框

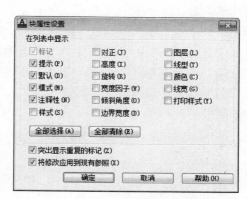

图 8-36　设置块属性显示内容

8.4　外 部 参 照

在绘制图形时，如果一个图形文件需要参照其他图形或图像来绘制，而又不希望占用太多存储空间，这时就可以使用 AutoCAD 的外部参照功能。虽然外部参照与图块有相似之处，但并不完全相同。

8.4.1　了解外部参照

外部参照是指一幅图形对另一幅图形的引用。使用外部参照可以将多个图形链接到当前图形中，并且作为外部参照的图形会随着原图形的修改而更新。此外，外部参照不会明显地增加当前图形的文件大小，从而可以节省磁盘空间，也利于保持系统的性能。

当一个图形文件被作为外部参照插入到当前图形中时，外部参照中每个图形的数据仍然分别保存在各自的源图形文件中，当前图形中所保存的只是外部参照的名称和路径。无论一个外部参照文件多么复杂，AutoCAD 都会把它作为一个单一对象来处理，而不允许进行分解。用户可对外部参照进行比例缩放、移动、复制、镜像或旋转等操作，还可以控制外部参照的显示状态，但这些操作都不会影响到原图文件。

AutoCAD 允许在绘制当前图形的同时显示多达 32000 个图形参照，并且可以对外部参照进行嵌套，嵌套的层次可以为任意多层。当打开或打印附着有外部参照的图形文件时，AutoCAD 自动对每一个外部参照图形文件进行重载，从而确保每个外部参照图形文件反映的都是它们的最新状态。

8.4.2 附着外部参照

要使用外部参照图形，先要将外部的图形附着至当前操作环境。在 AutoCAD 2013 中，使用"附着"命令，可以将 DWG、DWF、DGN、PDF 和图像文件插入到图形文件中。

在菜单栏中单击"文件"|"附着"命令，或者在功能区选项板中选择"插入"选项卡，单击"参照"面板中的"附着"按钮，都可以调用"附着"命令。

下面以使用"附着"命令附着 DWG 文件为例，介绍附着外部参照的具体操作方法。

（1）单击"参照"面板中的"附着"按钮，打开"选择参照文件"对话框，在该对话框中选择要附着的参照文件，这里选择"法兰盘.dwg"图形文件，如图 8-37 所示。

（2）单击"打开"按钮，打开"外部参照"对话框，在"参照类型"选项组中选定附着的类型，在"插入点"、"比例"及"旋转"选项组中分别确定插入点的位置、插入的比例和旋转角，如图 8-38 所示。

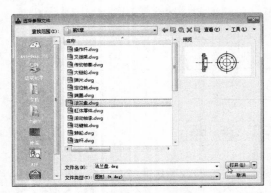

图 8-37　"选择参照文件"对话框　　　　　图 8-38　"附着外部参照"对话框

（3）单击"确定"按钮，关闭"附着外部参照"对话框，然后根据命令提示，在绘图区任意位置单击鼠标左键，确定插入基点的位置，即可将图形文件以外部参照的形式插入到当前的图形中，如图 8-39 所示。

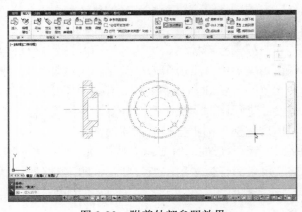

图 8-39　附着外部参照效果

8.4.3　拆离外部参照

将图形中附着的外部参照拆离，将从列表中删除选定的外部参照，同时，当前图形文件中相应的外部参照也被删除。

在命令行中输入 XREF/XR 命令并按回车键，或者在菜单栏中单击"插入"|"外部参照"命令，都可以打开"外部参照"选项板，在该选项板的"文件参照"列表框中选择要拆离的外部参照文件，同时单击鼠标右键，在弹出的快捷菜单中选择"拆离"选项即可将所选的外部参照文件拆离，如图 8-40 所示。

图 8-40　选择"拆离"选项

> **小提示：** 只有直接附着到当前图形的外部参照才能被拆离，嵌套的外部参照不能拆离，而且对于由另一外部参照或块所参照的外部参照也不可拆离。

8.4.4　更新外部参照

在"外部参照"选项板中，选中已插入的外部参照图形，"文件参照"列表框中选择要更新的外部参照，同时单击鼠标右键，在弹出的快捷菜单中选择"重载"选项即可将所选的外部参照文件的最新版本读入，如图 8-41 所示。

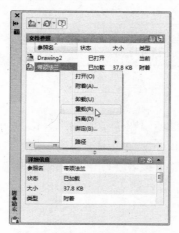

图 8-41　选择"重载"选项

8.4.5 绑定外部参照

将参照图形绑定到当前图形中，可以方便地进行图形发布和传递操作，并且不会出现无法显示参照的错误提示信息。

在"外部参照"选项板中，选择要绑定的外部参照，同时单击鼠标右键，在弹出的快捷菜单中选择"绑定"选项，将弹出"绑定外部参照"对话框，在该对话框中选中"绑定"单选按钮，然后单击"确定"按钮即可绑定外部参照，如图 8-42 所示。

图 8-42　"绑定外部参照"对话框

8.4.6 剪裁外部参照

在 AutoCAD 2013 中，使用"剪裁"命令可以定义外部参照或图块的剪裁边界。

在菜单栏中单击"修改"|"剪裁"|"外部参照"命令，或者在功能区选项板中选择"插入"选项卡，单击"参照"面板中的"剪裁"按钮，都可以调用"剪裁"命令。

下面介绍剪裁外部参照的具体操作方法。

（1）单击"参照"面板中的"剪裁"按钮，选择要进行修剪的外部参照图形。

（2）根据命令行提示，按回车键选择默认的"新建边界"选项，再次按回车键选择默认的"矩形"选项对外部参照进行裁剪，裁剪前后对比如图 8-43、图 8-44 所示。

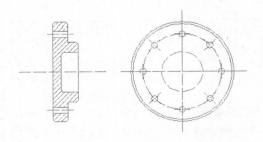

图 8-43　外部参照剪裁前

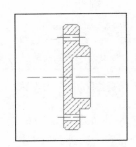

图 8-44　外部参照剪裁后

> **小提示**：设置剪裁边界后，使用系统变量 XCLIPFRAME 可控制是否显示剪裁边界，当 XCLIPFRAM 值为 1 时，表示显示；当 XCLIPFRAM 值为 0 时，表示不显示。

8.4.7 编辑外部参照

在 AutoCAD 2013 中，可以使用在位参照编辑来修改当前图形中的外部参照，或者重定义当前图形中的块定义，块和外部参照都被视为参照。

直接双击要编辑的外部参照，或者在功能区选项板中选择"插入"选项卡，单击"参照"面板中的"编辑参照"按钮，然后选择要编辑的外部参照，都可以打开"参照编辑"对话框，如图 8-45 所示。

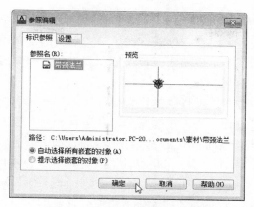

图 8-45 "参照编辑"对话框

在该对话框中的"参照名"列表框中选中要编辑的参照图形，然后单击"确定"按钮，进入编辑窗口即可对外部参照进行修改，完成修改后在"插入"选项卡中临时出现的"编辑参照"面板中单击"保存修改"按钮，即可保存对外部参照图形的编辑操作。

8.5 AutoCAD 设计中心

利用"设计中心"功能，不仅可以浏览、查找、预览和管理 AutoCAD 图形、图块、外部参照及光栅图形等不同的资源文件，还可以通过简单的拖放操作，将位于本计算机、局域网或 Internet 上的图块、图层、外部参照等内容插入到当前图形文件中。

8.5.1 AutoCAD 设计中心简介

AutoCAD 设计中心（AutoCAD DesignCenter，ADC）是一个直观且高效的设计工具。在菜单栏中单击"工具"|"选项板"|"设计中心"命令，或者在功能区选项板中选择"视图"选项卡，单击"选项板"面板中的"设计中心"按钮，都可打开"设计中心"选项板，如图 8-46 所示。

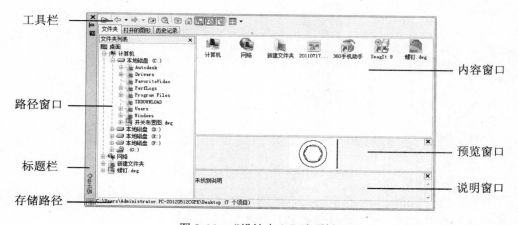

图 8-46 "设计中心"选项板

AutoCAD 设计中心的外观与 Windows 资源管理器类似，位于选项板最上方一行是工具栏，排列了多个按钮图标，可执行刷新、切换、搜索、浏览和说明等操作。左侧的路径窗口以树状图的形式显示了图形资源的保存路径，右侧的内容窗口显示了各图形资源的缩略图和说明信息。

此外，利用"设计中心"选项板中的"文件夹"、"打开图形"和"历史记录"3 个选项卡，可以选择和观察"设计中心"中的图形，各选项卡含义如下。

➤ "文件夹"选项卡：该选项卡显示设计中心的资源，包括显示计算机或网络驱动器中文件和文件夹的层次结构。可将设计中心内容设置为本计算机、本地计算机或网络信息。

➤ "打开的图形"选项卡：该选项卡显示当前已打开的所有图形，并在右方的列表框中显示图形中的块、图层、线型、文字样式、标注样式和打印样式。

➤ "历史记录"选项卡：在该选项卡中显示最近在设计中心打开的文件列表，双击列表中的某个图形文件，可以在"文件夹"选项卡的树状图中定位此图形文件，并将其内容加载到内容区域中。

8.5.2　利用设计中心插入外部文件

在 AutoCAD 2013 中，利用"设计中心"选项板，用户可以很方便地在当前图形中插入图块、引用图像和外部参照，以及在图形之间复制图层、图块、线型、文字样式、标注样式和用户定义等内容。

下面介绍利用设计中心插入外部文件的具体操作方法。

（1）单击"选项板"面板中的"设计中心"按钮■，打开"设计中心"选项板，选择"文件夹"选项卡，在左侧的文件夹列表框中选择要插入内容的文件夹位置，如图 8-47 所示。

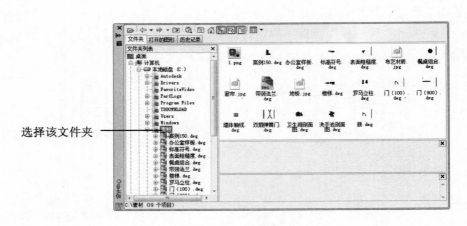

选择该文件夹

图 8-47　指定插入文件的所在位置

（2）在右侧的内容窗口中选择要插入的图形文件，同时在该文件上单击鼠标右键，在弹出的快捷菜单中选择"插入为块"选项，如图 8-48 所示。

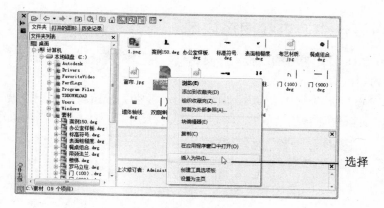

图 8-48 选择"插入为块"选项

（3）打开"插入"对话框，在该选项卡的"插入点"选项组中，勾选"在屏幕上指定"复选框，如图 8-49 所示。

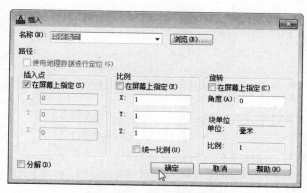

图 8-49 "插入"对话框

（4）单击"确定"按钮，根据命令提示，指定好插入基点，即可将所选的图形文件以块的形式插入到绘图区中，如图 8-50 所示。

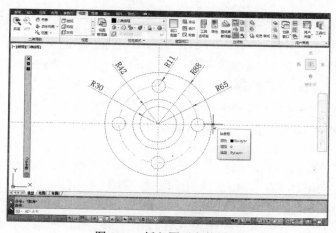

图 8-50 插入图形文件效果

8.5.3 利用设计中心查找图形内容

利用 AutoCAD 设计中心的"搜索"对话框，可以快速查找诸如图形、块、图层及尺寸标注等图形内容或设置。

在"设计中心"选项板中，单击工具栏中的"搜索"按钮，将弹出"搜索"对话框，在该对话框中，可以快速查找诸如图形、块、图层及尺寸样式等图形内容，如图 8-51 所示。

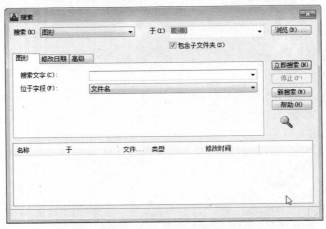

图 8-51 "搜索"对话框

"搜索"对话框包括以下 3 个选项卡，用户可以在每个选项卡中设置不同的搜索条件。

➢ "图形"选项卡：利用该选项卡，用户可提供按"文件名"、"标题"、"主题"、"作者"或"关键字"查找图形文件的条件。

➢ "修改日期"选项卡：指定所有图形文件或所有已创建或已修改的文件日期或指定日期范围。默认情况下不指定日期。

➢ "高级"选项卡：可以指定其他搜索参数。

8.6 技 巧 集 锦

1．创建内部图块：在命令行中输入 BLOCK/B 命令并按回车键，或者在"常用"选项卡的"块"面板中单击"创建块"按钮，都可以创建出内部图块。

2．创建外部图块：可以创建外部图块。

3．插入图块：在命令行中输入 INSERT/I 命令并按回车键，可以打开"插入"对话框。

4．定义块属性：在命令行中输入 ATTDEF/ATT 命令并按回车键，可以打开"属性定义"对话框。

5．编辑属性值：直接在绘图区中双击要编辑的属性块，或者在命令行中输入 EATTEDIT 命令并按回车键，然后选择要编辑的属性图块，都可以打开"增强属性编辑器"对话框。

6．编辑属性定义：在命令行中输入 BATTMAN 命令并按回车键，可以打开"块属性管理器"对话框。

7．附着外部参照：在命令行中输入 ATTACH 命令并按回车键，可以调用"附着"命令。

8．剪裁外部参照：在命令行中输入 CLIP 命令并按回车键，可以调用"剪裁"命令。

9．编辑外部参照：直接在外部参照图形上单击右键，在弹出的快捷菜单中选择"在位编辑外部参照"命令，或者在命令行中输入 REFEDIT 命令并按回车键，然后选择要编辑的外部参照，都可以打开"参照编辑"对话框。

10．设计中心：在命令行中输入 ADCENTER 命令并按回车键，或按 Ctrl+2 快捷键，都可以打开"设计中心"选项板。

8.7　课堂练习——绘制 A3 图框

本练习将介绍 A3 图框的绘制，具体操作步骤如下。

（1）单击"图层特性"命令，依次创建"轮廓线"和"文字"图层，并将"轮廓线"图层设置为当前图层，如图 8-52 所示。

图 8-52　创建图层

（2）单击"矩形"命令，绘制长为 420 mm、宽为 297 mm 的矩形作为图框外轮廓。单击"分解"命令分解矩形。单击"偏移"命令，将矩形左边线段向右偏移 25 mm，分别将其他三个边向内偏移 5 mm。单击"修剪"命令，修剪多余的线条，结果如图 8-53 所示。

（3）单击"矩形"命令，绘制长为 180 mm、宽为 56 mm 的矩形作为标题栏，并将其放在合适的位置。单击"分解"命令分解矩形。然后将矩形的右边和下边线段删除，如图 8-54 所示。

图 8-53　绘制图框外轮廓

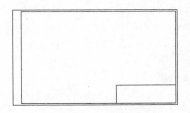

图 8-54　绘制标题栏

（4）单击"偏移"命令，将矩形的右边和上边线段分别向左和向下进行偏移，单击"修剪"命令，修剪偏移线段，结果如图 8-55 所示。

（5）单击"打断于点"命令，将矩形左边线段打断于点 a，得到线段 L1 和线段 L2。单击"偏移"命令，将这两条线段向右进行偏移，结果如图 8-56 所示。

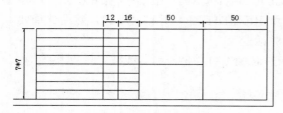

图 8-55　偏移和修剪线段

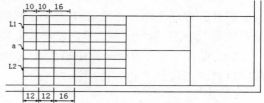

图 8-56　偏移和修剪线段

（6）单击"打断于点"命令，将线段 L3 和 L4 都打断于点 b，得到线段 L5 和 L6。单击"偏移"命令，将线段 L5 和 L6 分别向下和向右进行偏移。单击"修剪"命令修剪偏移线段，结果如图 8-57 所示。

（7）单击"打断于点"命令，将矩形上边线段打断于点 c，得到线段 L7。单击"偏移"命令，将线段 L7 依次向下偏移 18 mm、20 mm，如图 8-58 所示。

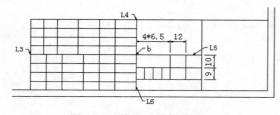

图 8-57　偏移和修剪线段

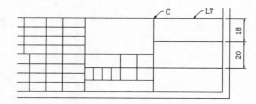

图 8-58　偏移线段 L7

（8）单击"文字样式"命令，创建名称为"机械工程字"的文字样式，并设置其字体为"仿宋-GB2312"，文字高度为 3，然后依次单击"置为当前"和"关闭"按钮，如图 8-59 所示。

（9）单击"多行文字"命令，输入文字。单击"复制"命令，复制字体并双击文字进行修改，结果如图 8-60 所示。

图 8-59　设置文字样式

图 8-60　输入文字

（10）单击"属性定义"命令，在打开的"属性定义"对话框中设置相关参数，如图 8-61 所示。

（11）设置完成后单击"确定"命令，在标题栏中合适位置单击，确定插入基点，即可完成属性文字的创建，结果如图 8-62 所示。

图 8-61　"属性定义"对话框

图 8-62　创建属性文字效果

（12）继续单击"属性定义"命令，按照相同的操作方法创建其他属性文字，结果如图 8-63 所示。

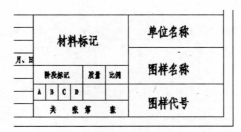

图 8-63　创建其他属性文字

（13）单击"写块"命令打开"写块"对话框，单击"选择对象"按钮，返回至绘图区选择 A3 图框图形并按回车键，单击"拾取点"按钮，拾取插入基点，如图 8-64 所示。

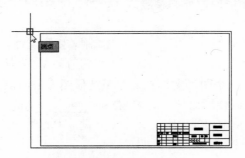

图 8-64　拾取插入基点

（14）在"写块"对话框中单击按钮，在打开的"浏览图形文件"对话框中指定保存位置与名称，如图 8-65 所示。

（15）单击"保存"按钮返回"写块"对话框，指定好的文件名和路径显示在"文件名和路径"下拉列表框中，单击"确定"按钮，即可完成属性图块的创建，如图 8-66 所示。

　图 8-65　指定图块的保存路径和名称　　　　　　图 8-66　完成属性图块的创建

8.8　课后习题

一、填空题

1．在 AutoCAD 中，图块分为＿＿＿＿＿＿和外部图块两种。

2．在 AutoCAD 中，当图形被定义为块后，用户可使用＿＿＿＿＿＿命令直接将图块插入到图形中。

3．在 AutoCAD 2013 中，用户除了可以创建普通的图块外，还可以创建带有附加信息的图块，这些信息被称为＿＿＿＿＿＿。

二、选择题

1．在 AutoCAD 中，下面＿＿＿＿选项不是图块的特点。

　　A．提高绘图速度　　B．便于修改图形　　C．节省存储空间　　D．创建图形库

2．下面＿＿＿＿项不能通过外部参照方式，即"块参照"选项卡下的"参照"选项板中工具附着插入到图形中。

　　A．附着 DWG 文件　　　　　　　　B．附着图像文件

　　C．附着 IGS 文件　　　　　　　　D．附着 DWF 文件

3．绘制图形时，如果一个图形文件需要参照其他图形或图像来绘制，而又不希望占用太多存储空间，这时就可以使用以下 AutoCAD 的＿＿＿＿功能。

　　A．外部参照　　　B．创建块　　　C．设计中心　　　D．写块

三、简答题

1．简述创建内部图块和外部图块的方法。

2．简述创建和编辑带属性图块的方法。

3．简述利用设计中心插入外部文件的方法。

四、上机题

本练习将创建"鼠标"图块，效果如图 8-67 所示。由于图形简单，因此在图层上直接绘制。

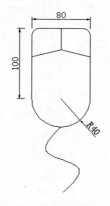

图 8-67　二维鼠标图形

提示：

（1）使用"矩形"命令，绘制一个尺寸为 80×100 的矩形。使用"圆"命令，捕捉下矩形下边线段的中点为圆心，绘制半径为 40 的圆。使用"分解"命令分解矩形。

（2）使用"偏移"命令，将矩形边上边线段向下偏移 40，再将其左边线段向右偏移 40。用"极轴追踪"功能，设置增量角为 15°。使用"直线"命令，绘制两条直线。

（3）使用"圆角"命令，设置圆角半径为 10，将矩形上面的两个角进行圆角。使用"修剪"命令，修剪掉多余的线段。使用"样条曲线"命令，为鼠标添加尾巴。至此，鼠标二维图形绘制完毕。

（4）使用"创建块"或"写块"命令，将鼠标图形创建为图块。

在绘制图形时，尺寸标注是绘图设计工作中的一个重要内容，因为绘制图形的根本目的是反映对象的形状，并不能清楚表达图形的设计意义，而图形中各个对象的真实大小和相互位置只有经过尺寸标注后才能确定。在 AutoCAD 2013 中，包含了一套完整的尺寸标注命令和实用程序，可以轻松完成图纸中要求的尺寸标注。

本章学习要点

- ➤ 创建尺寸标注样式；
- ➤ 设置尺寸标注样式；
- ➤ 修改尺寸标注样式；

- ➤ 各种类型的尺寸标注；
- ➤ 编辑尺寸标注；
- ➤ 更新尺寸标注。

9.1　尺寸标注样式

标注样式（Dimension Style）是标注设置的命名集合，可用来控制标注的外观，如箭头样式、文字位置和尺寸公差等。AutoCAD 中的标注均与一定的标注样式相关联，通过标注样式，用户可进行如下定义：

- ➤ 尺寸线、尺寸界线、箭头和圆心标记的格式和位置；
- ➤ 标注文字的外观、位置和行为；
- ➤ AutoCAD 放置文字和尺寸线的管理规则；
- ➤ 全局标注比例；
- ➤ 主单位、换算单位和角度标注单位的格式和精度；
- ➤ 公差值的格式和精度。

在 AutoCAD 中新建图形文件时，系统将根据样板文件来创建一个缺省的标注样式。如使用"acad.dwt"样板时缺省样式为"STANDARD"，使用"acadiso.dwg"样板时缺省样式为"ISO-25"。

9.2　创建和设置尺寸标注样式

在 AutoCAD 2013 中，利用"标注样式管理器"对话框可方便直观地制定和浏览尺寸标注样式，包括创建新的标注样式、修改已存在的标注样式、设置当前尺寸标注样式、样式重命名以及删除一个已有样式等。

在菜单栏中单击"格式"|"标注样式"命令，或者在功能区选项板中选择"注释"选项卡，单击"标注"面板中的"标注，标注样式"按钮 ⬎，都可以调用"标注样式"命令，

并打开"标注样式管理器"对话框。

9.2.1 创建尺寸标注样式

在 AutoCAD 2013 中，用户可以创建标注样式，以快速指定标注的格式，并确保标注符合行业或项目标准。

下面将介绍创建新标注样式的具体操作方法。

（1）单击"格式"|"标注样式"命令，打开"标注样式管理器"对话框，在该对话框中单击"新建"按钮，如图 9-1 所示。

（2）打开"创建新标注样式"对话框，在"新样式名"文本框中输入要新建的标注样式的名称，如输入"机械标注"，如图 9-2 所示。

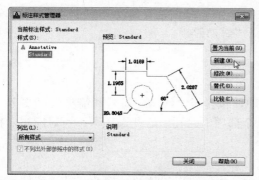

图 9-1　"标注样式管理器"对话框　　　　图 9-2　"创建新标注样式"对话框

（3）单击"继续"按钮，打开"新建标注样式：机械标注"对话框，在该对话框中设置标注样式的线、箭头和符号、文字等相关参数，如图 9-3 所示。

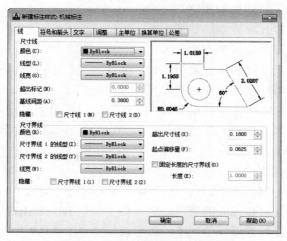

图 9-3　"新建标注样式"对话框

（4）完成设置后，单击"确定"按钮，返回至"标注样式管理器"对话框，在"样式"列表框中将显示新建的标注样式，单击"关闭"按钮，即可完成新标注样式的创建，如图 9-4 所示。

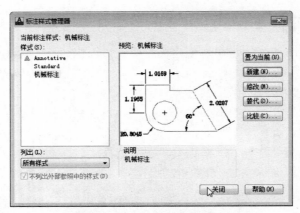

图 9-4　完成新标注样式的创建

9.2.2　设置尺寸标注样式

在图 9-3 所示的"新建标注样式"对话框中，包含了"线"、"符号和箭头"、"文字"、"调整"、"主单位"、"换算单位"和"公差"7 个选项卡。利用这些选项卡，可对新建的标注样式进行合理的设置。

1. "线"选项卡

在"新建标注样式"对话框中的"线"选项卡中，可以设置尺寸线和尺寸界线的格式和位置，如图 9-3 所示。

（1）"尺寸线"选项组

该选项组用于设置尺寸线的特性，选项组中各选项的含义如下。

➢ 颜色：用于设置尺寸线的颜色。

➢ 线型：用于设置尺寸界面的线型。

➢ 线宽：用于设置尺寸线的宽度，

➢ 超出标记：当尺寸线的箭头采用倾斜、建筑标记、小点、积分或无标记等样式时，使用该文本框可以设置尺寸线超出尺寸界线的长度。

➢ 基线间距：该文本框在进行基线尺寸标注时，可以设置各尺寸线之间的距离。

➢ 隐藏：选择"尺寸线 1"或"尺寸线 2"复选框，可以隐藏第 1 段或第 2 段尺寸线及其相应的箭头。

（2）"延伸线"选项组

该选项组用于控制延伸线的外观，选项组中各选项的含义如下。

➢ 颜色：用于设置尺寸界面的颜色，也可使用变量 DIMCLRE 进行设置。

➢ 线宽：用于设置尺寸界面的宽度，也可以用变量 DIMLWE 设置。

➢ 尺寸界线 1、尺寸界线 2：用于设置尺寸界线的线型。

➢ 超出尺寸界线：该文本框用于设置尺寸界线超出尺寸线的距离，也可以使用 DIMEXE 进行设置。

➢ 起点偏移量：设置尺寸界线的起点与标注定义点的距离。

> 隐藏：通过选中"尺寸界线 1"或"尺寸界线 2"复选框，可以隐藏尺寸界线。
> 固定长度的尺寸界线：选中该复选框，可以使用具有特定长度的尺寸界线标注图形，其中在"长度"文本框中可以输入尺寸界线的数值。

2.　"符号和箭头"选项卡

在"新建标注样式"对话框中的"符号和箭头"选项卡中可以设置箭头、圆心标记、弧长符号和半径标注折弯的格式与位置，如图 9-5 所示。

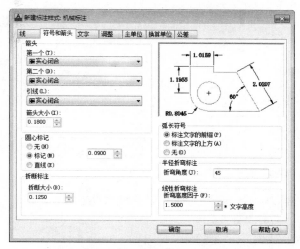

图 9-5　"符号和箭头"选项卡

"符号和箭头"选项卡中的各主要选项组的含义如下。

> 箭头：该选项组用于控制尺寸线和引线箭头的类型及尺寸大小等。当改变第一个箭头的类型时，第二个箭头将自动改变为与第一个箭头相匹配。
> 圆心标记：该选项组用于控制直径标注和半径的圆心及中心线的外观。用户可以通过选中或取消选择"无"、"标记"和"直线"单选按钮，设置圆或圆弧和圆心标记类型，在"大小"数值框中设置圆心标记的大小。
> 弧长符号：该选项组用于控制弧长标注中圆弧符号和显示。
> 折断标注：该选项组用于控制折断标注的大小。
> 半径折弯标注：该选项组用于控制折弯（Z 字型）半径标注的显示。
> 线性折弯标注：在选项组中的"折弯高度因子"数值框中可以设置折弯文字的高度大小。

3.　"文字"选项卡

在"新建标注样式"对话框的"文字"选项卡中可以设置标注文字的外观、位置及对齐方式，如图 9-6 所示。

该对话框中的各主要选项区的含义如下。

> 文字外观：该选项区可以设置文字的样式、颜色、高度和分数高度比例，以及控制是否绘制文字边框等。
> 文字位置：该选项区可以设置文字的垂直、水平位置以及从尺寸线的偏移量。
> 文字对齐：该选项区可以设置标注文字水平还是与尺寸线平行。

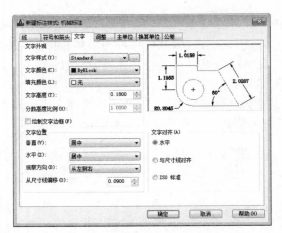

图 9-6　"文字"选项卡

4．"调整"选项卡

在"新建标注样式"对话框的"调整"选项卡中，可以设置标注文字、尺寸线、尺寸箭头的位置，如图 9-7 所示。

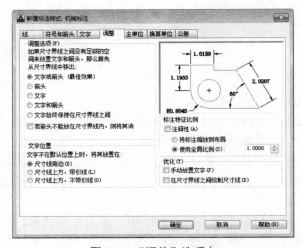

图 9-7　"调整"选项卡

该对话框中的各主要选项区的含义如下。

➢ 调整选项：该选项区用于确定当尺寸界线之间没有足够空间同时放置标注文字和箭头时，应从尺寸界线之间移出对象。

➢ 文字位置：该选项区用于设置当文字不在默认位置时的位置。

➢ 标注特征比例：该选项区用于设置标注尺寸的特征比例，以便通过设置全局比例来增加或减少各标注的大小。

➢ 优化：该选项区中，可以对标注文字和尺寸线进行细微调整。

5．"主单位"选项卡

在"新建标注样式"对话框的"主单位"选项卡中，可以设置主标注单位的格式和精度，并设置标注文字的前缀和后缀，如图 9-8 所示。

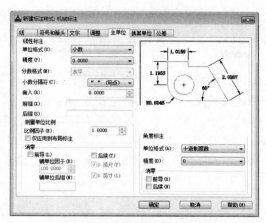

图 9-8　"主单位"选项卡

该对话框中的各主要选项区的含义如下。

➢ 单位格式：该下拉列表框用于设置除角度之外的所有标注类型的当前单位格式，包括科学、小数、工程、建筑、分数和 Windows 桌面 6 个选项。

➢ 精度：该数值框用于显示和设置标注文字中的小数位数。

➢ 分数格式：该下拉列表框用于设置分数格式。只有当单位格式是分数或建筑时，该下拉列表框才可用。

➢ 小数分隔符：该下拉列表框用于设置十进制格式的小数分隔符。

➢ 前缀和后缀：用于设置在标注文字中包含前缀和后缀。

➢ 比例因子：该数值框用于设置线性标注测量值的比例因子，对该数值框进行设置后标注线性，标注的数值是实际长度乘以标注的比例因子。

➢ 消除：该选项用于设置是否输出前导零和后续零。

➢ 角度标注：该选区用于设置显示和设置角度标注的当前角度格式。在该选项区的"单位格式"下拉列表框中包括十进制度数、时/分/秒、百分数和弧度 4 种单位格式。

6.　"换算单位"选项卡

在"新建标注样式"对话框的"换算单位"选项卡中，可以指定标注测量值中换算单位和显示，并设置其格式和精度，如图 9-9 所示。

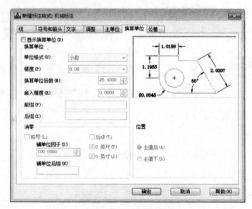

图 9-9　"换算单位"选项卡

该对话框中的各主要选项含义如下。

➢ 单位格式：该下拉列表框用于设置换算单位格式，在标注中换算单位显示在主单位旁边的方括号中。

➢ 精度：该数值框用于设置换算单位中的小数位数。

➢ 换算单位倍数：该数值框用于设置主单位和换算单位之间的换算系数。

➢ 舍入精度：该数值框用于设置角度之外的所有标注类型换算单位和舍入规则。

7. "公差"选项卡

在"新建标注样式"对话框的"公差"选项卡中，可以设置是否标注公差、公差格式以及输入上、下偏差值，如图9-10所示。

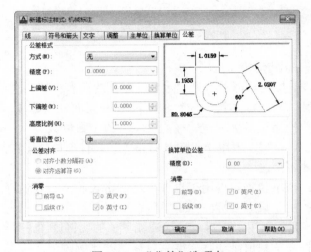

图9-10 "公差"选项卡

该对话框中的各主要选项含义如下。

➢ 方式：该下拉列表框用于确定以何种方式标注公差。

➢ 上偏差、下偏差：用于设置尺寸的上偏差和下偏差。

➢ 高度比例：该数值框用于确定公差文字的高度比例因子。

➢ 垂直位置：该下拉列表框用于控制公差文字相对于尺寸文字的位置，包括"上"、"中"和"下"3种方式。

➢ 换算单位公差：当标注换算单位时，可以设置换单位精度和是否消零。

9.2.3 修改尺寸标注样式

在AutoCAD 2013中，如果用户对新建的或已有的标注样式不满意，可通过"修改标注样式"对话框对尺寸标注样式进行修改，此对话框和"新建标注样式"对话框中的内容相同。

下面将介绍修改尺寸标注样式的具体操作方法。

（1）单击"格式"|"标注样式"命令，打开"标注样式管理器"对话框，在"样式"列表框中选择要修改的标注样式，这里选择"机械标注"，然后单击"修改"按钮，如图9-11所示。

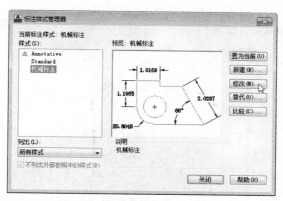

图 9-11　选择要修改的标注样式

（2）打开"修改标注样式"对话框，在该对话框的各选项卡中，用户可根据自己的需要修改相应的参数，如图 9-12 所示。

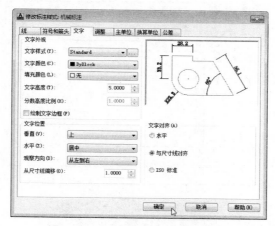

图 9-12　"修改标注样式"对话框

（3）单击"确定"按钮，返回至"标注样式"管理器对话框，单击"置为当前按钮"，将修改后的标注样式设置为当前标注样式，然后"关闭"按钮，即可完成标注样式的修改，如图 9-13 所示。

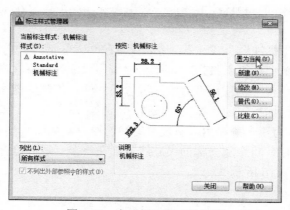

图 9-13　完成标注样式的修改

小提示：当使用某种标注样式进行标注后，如果对该标注样式进行修改，则所有使用该样式进行的尺寸标注都要自动进行修改。

9.3 基本尺寸标注类型

在 AutoCAD 2013 中，基本的尺寸标注类型包括线性标注、对齐标注、半径标注、直径标注、弧长标注、折弯标注、角度标注、坐标标注。一个完整的尺寸标注通常是由尺寸线、尺寸界线、尺寸数字和尺寸箭头 4 部分组成，如图 9-14 所示。

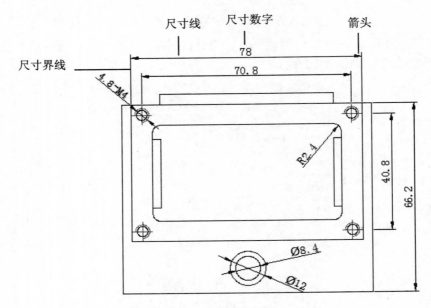

图 9-14 尺寸标注的组成

9.3.1 线性标注

线性标注是最常用的一种标注方式，一般用来标注图形对象在水平方向、垂直方向或旋转方向上的尺寸。

在菜单栏中单击"标注"|"线性"命令，或者在功能区选项板中选择"注释"选项卡，单击"标注"面板中的"线性"按钮⊢，都可以调用"线性"标注命令。

下面介绍使用"线性"标注命令对图形进行尺寸标注的具体操作方法。

（1）单击"标注"面板中的"线性"按钮⊢，根据命令提示，依次在图形上捕捉并单击端点 A 和端点 B 作为第一条和第二条尺寸界线的原点，如图 9-15 所示。

（2）向右移动光标，将跟随光标的尺寸线放置在一个合适的位置，单击鼠标左键即可完成线性标注，如图 9-16 所示。

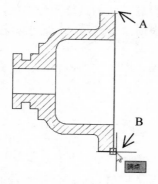

图 9-15 指定尺寸界线原点

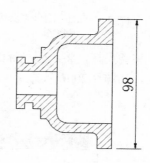

图 9-16 线性标注效果

9.3.2 对齐标注

对齐标注是指尺寸线平行于尺寸界线原点连成的直线，它是线性标注尺寸的一种特殊形式。在对直线段进行标注时，如果该直线的倾斜角度未知，那么使用线性标注方法将无法得到准确的测量结果，这时可以使用对齐标注。

在菜单栏中单击"标注"|"对齐"命令，或者在功能区选项板中选择"注释"选项卡，单击"标注"面板中的"对齐"按钮，都可以调用"对齐"标注命令。

下面介绍使用"对齐"标注命令，对图形进行尺寸标注的具体操作方法。

（1）单击"标注"面板中的"对齐"按钮，根据命令提示，依次在图形上捕捉并单击端点 A 和端点 B 作为第一条和第二条尺寸界线的原点，如图 9-17 所示。

（2）向右上方移动光标，将跟随光标的尺寸线放置在一个合适的位置，单击鼠标左键即可完成对齐标注，如图 9-18 所示。

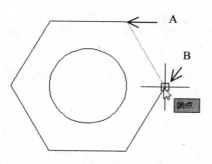

图 9-17 指定尺寸界线原点

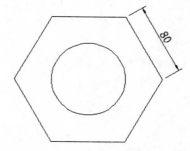

图 9-18 对齐标注效果

9.3.3 弧长标注

弧长标注是指用于测量圆弧或多段线弧上的距离。弧长标注的典型用法包括测量围绕凸轮的距离或表示电缆的长度，目的是区别它们是线性标注还是角度标注。

在菜单栏中单击"标注"|"弧长"命令，或者在功能区选项板中选择"注释"选项卡，单击"标注"面板中的"弧长"按钮，都可以调用"弧长"标注命令。

下面介绍使用"弧长"标注命令，对图形进行尺寸标注的具体操作方法。

（1）单击"标注"面板中的"弧长"按钮，根据命令提示，选择要标注的圆弧，如图 9-19 所示。

（2）向上移动光标，将跟随光标的尺寸线放置在一个合适的位置，单击鼠标左键即可完成弧长标注，如图 9-20 所示。

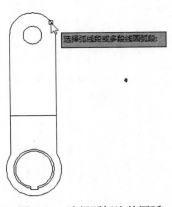

图 9-19　选择要标注的圆弧

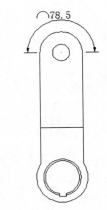

图 9-20　弧长标注效果

9.3.4　半径标注

半径标注是指标注选定圆或圆弧的半径尺寸，并且系统自动在标注文字前面添加半径符号"R"。

在菜单栏中单击"标注"|"半径"命令，或者在功能区选项板中选择"注释"选项卡，单击"标注"面板中的"半径"按钮，都可以调用"半径"标注命令。

下面介绍使用"半径"标注命令，对图形进行尺寸标注的具体操作方法。

（1）单击"标注"面板中的"半径"按钮，根据命令提示，选择要标注的圆，如图 9-21 所示。

（2）移动光标，将跟随光标的尺寸线放置在一个合适的位置，单击鼠标左键即可完成半径标注，如图 9-22 所示。

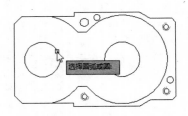

图 9-21　选择要标注的圆

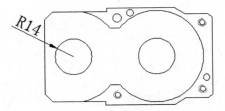

图 9-22　半径标注效果

9.3.5　直径标注

直径标注是指标注选定圆或圆弧的直径尺寸，并且系统自动在标注文字前面添加直径符号“Φ”。

在菜单栏中单击“标注”|“直径”命令，或者在功能区选项板中选择“注释”选项卡，单击“标注”面板中的“直径”按钮，都可以调用“直径”标注命令。

下面介绍使用“直径”标注命令对图形进行尺寸标注的具体操作方法。

（1）单击“标注”面板中的“直径”按钮，根据命令提示，选择要标注的圆，如图 9-23 所示。

（2）移动光标，将跟随光标的尺寸线放置在一个合适的位置，单击鼠标左键即可完成直径标注，如图 9-24 所示。

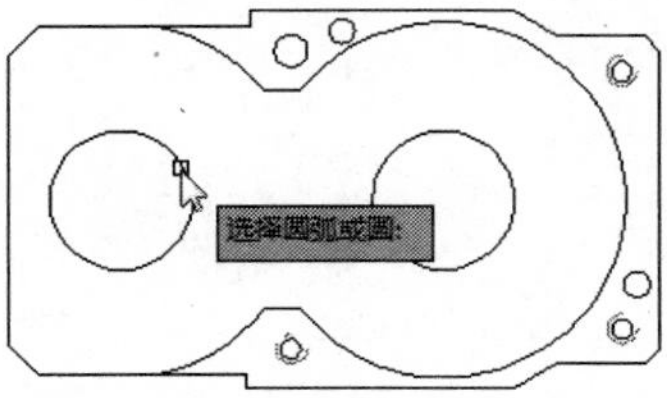

图 9-23　选择要标注的圆

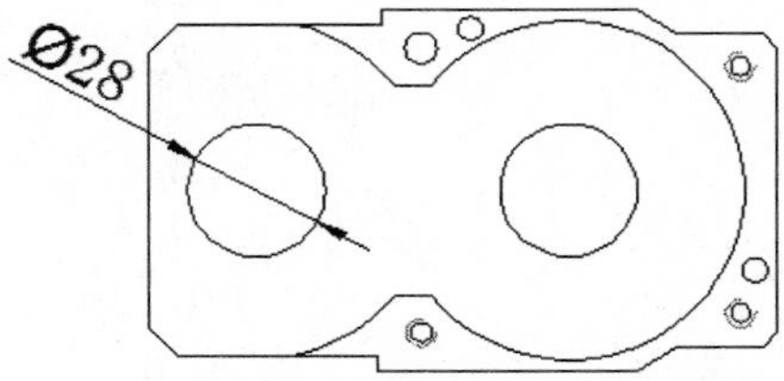

图 9-24　直径标注效果

9.3.6　折弯标注

折弯标注是指折弯标注圆和圆弧的半径，该标注方式与半径标注方法基本相同，但需要指定一个位置代替圆或圆弧的圆心。当圆弧和圆的圆心位于图纸之外而无法显示其实际位置时，这时用“折弯”标注命令测量并显示其半径尺寸。

在菜单栏中单击“标注”|“折弯”命令，或者在功能区选项板中选择“注释”选项卡，单击“标注”面板中的“折弯”按钮，都可以调用“折弯”标注命令。

下面介绍使用“折弯”标注命令对图形进行尺寸标注的具体操作方法。

（1）单击“标注”面板中的“折弯”按钮，根据命令提示，选择要标注的圆或圆弧，然后在图形合适位置单击指定中心位置并移动光标，如图 9-25 所示。

（2）将跟随光标的尺寸线放置在一个合适的位置处单击，再移动光标至合适位置处单击，指定折弯位置，完成折弯标注，如图 9-26 所示。

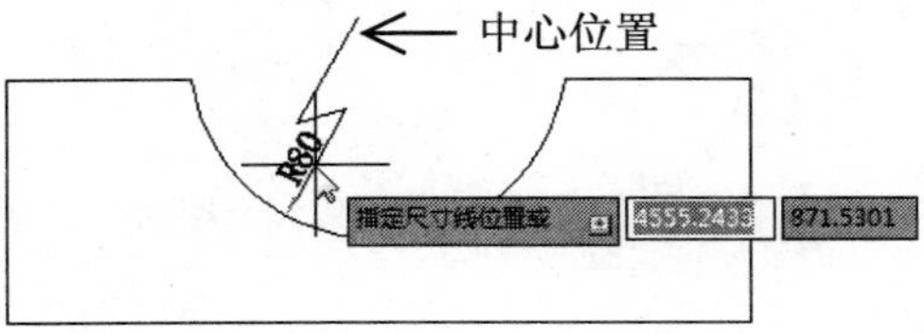

图 9-25　指定尺寸线位置

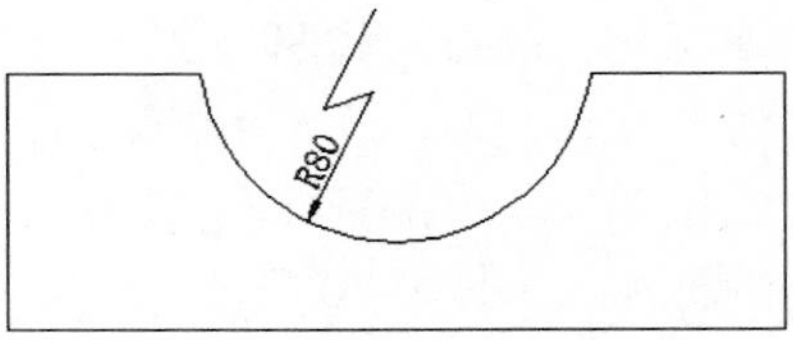

图 9-26　折弯标注效果

9.3.7　角度标注

角度标注是指标注两条不平行线的夹角或圆弧的夹角。在 AutoCAD 2013 中，使用“角度”标注可以测量圆的角度，也可以测量圆弧的角度，还可以测量两条直线间的角度。

在菜单栏中单击"标注"|"角度"命令，或者在功能区选项板中选择"注释"选项卡，单击"标注"面板中的"角度"按钮△，都可以调用"角度"标注命令。

下面介绍使用"角度"标注命令对图形进行尺寸标注的具体操作方法。

（1）单击"标注"面板中的"角度"按钮△，根据命令提示，依次选择两条要标注的直线，如图 9-27 所示。

（2）移动光标，将跟随光标的标注弧线放置在一个合适的位置，单击鼠标左键即可完成角度标注，如图 9-28 所示。

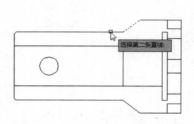

图 9-27　选择要标注的两条直线

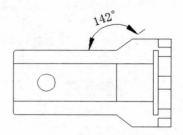

图 9-28　角度标注效果

9.3.8　坐标标注

坐标标注指的是标注指定点的坐标，用于测量原点（称为基准）到特征（例如部件上的一个孔）的垂直距离。坐标标注由 X 或 Y 值和引线组成。X 基准坐标标注沿 X 轴测量特征点与基准点的距离。Y 基准坐标标注沿 Y 轴测量距离。

在菜单栏中单击"标注"|"坐标"命令，或者在功能区选项板中选择"注释"选项卡，单击"标注"面板中的"坐标"按钮⊥，都可以调用"坐标"标注命令。

下面介绍使用"坐标"标注命令对图形进行尺寸标注的具体操作方法。

（1）单击"标注"面板中的"坐标"按钮⊥，根据命令提示，捕捉并单击要标注的端点，如图 9-29 所示。

（2）移动光标，确定引线端点至合适的位置后，单击鼠标左键即可完成坐标标注，如图 9-30 所示。

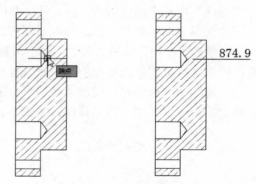

图 9-29　捕捉要标注的端点　　　图 9-30　坐标标注效果

9.4　其他尺寸标注类型

在 AutoCAD 2013 中，除了上述几种类型标注，用户还可以使用其他类型的标注，如基线标注、连续标注、快速标注、引线标注和公差标注等。

9.4.1 基线标注

基线标注是指从一个标注或选定标注的基线创建线性、角度或坐标标注。在创建基线标注之前，必须创建线性、对齐或角度标注。

在菜单栏中单击"标注"|"基线"命令，或者在功能区选项板中选择"注释"选项卡，单击"标注"面板中的"基线"按钮，都可以调用"基线"标注命令。

下面介绍使用"基线"标注命令对图形进行尺寸标注的具体操作方法。

（1）单击"标注"面板中的"线性"按钮，根据命令提示，在图形上捕捉两点创建出一个线性标注，如图 9-31 所示。

（2）单击"标注"面板中的"基线"按钮，系统自动将上一个创建的线性标注的原点用作新基线标注的第一条尺寸界线的原点，然后根据命令提示，捕捉端点 A 为第二条尺寸界线的原点，如图 9-32 所示。

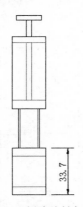

图 9-31　创建线性标注

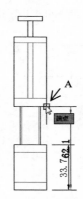

图 9-32　指定第二条尺寸界线的原点

（3）单击鼠标左键确定第二条尺寸线原点后，继续拾取第二条尺寸界线原点，如捕捉并单击端点 B，如图 9-33 所示。

（4）按两次回车键结束基线标注操作，然后选中创建好的基线标注，利用夹点调整基线标注的位置，如图 9-34 所示。

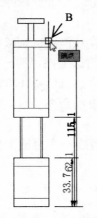

图 9-33　指定第二条尺寸界线的原点

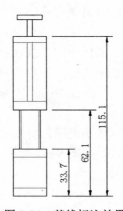

图 9-34　基线标注效果

9.4.2　连续标注

连续标注是指可以创建一系列连续的线性、对齐、角度或坐标标注。在创建连续标注之前，也必须创建线性标注、对齐标注或角度标注，其创建方法和创建"基线标注"的方法类似，不同之处是执行"线性"命令后，系统自动将上一个创建的尺寸标注的第二条尺寸界线的原点用作新连续标注的第一条尺寸界线的原点。

在菜单栏中单击"标注"|"连续"命令，或者在功能区选项板中选择"注释"选项卡，单击"标注"面板中的"连续"按钮卌，都可以调用"连续"标注命令。

下面介绍使用"连续"标注命令对图形进行尺寸标注的具体操作方法。

（1）单击"标注"面板中的"线性"按钮卜，根据命令提示，在图形上捕捉两点创建出一个线性标注，如图 9-35 所示。

（2）单击"标注"面板中的"连续"按钮卌，根据命令提示，依次捕捉并单击圆心 A 和圆心 B，按两次回车键即可完成连续标注，如图 9-36 所示。

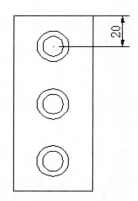

图 9-35　创建线性标注

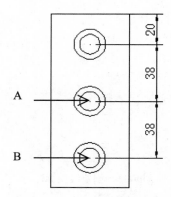

图 9-36　连续标注效果

9.4.3　快速标注

使用快速标注可以快速创建成组的基线标注、连续标注、阶梯标注和坐标标注，快速标注多个圆、圆弧及编辑现有标注的布局。

在菜单栏中单击"标注"|"快速标注"命令，或者在功能区选项板中选择"注释"选项卡，单击"标注"面板中的"快速标注"按钮卜，都可以调用"快速"标注命令。

下面介绍使用"快速标注"命令对图形进行尺寸标注的具体操作方法。

（1）单击"标注"面板中的"快速标注"按钮卜，根据命令提示，选择要标注的几何图形，如图 9-37 所示。

（2）按回车键后移动光标，将跟随光标的尺寸线放置在一个合适的位置，单击鼠标左键即可完成快速标注，如图 9-38 所示。

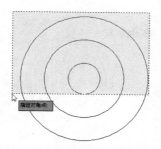

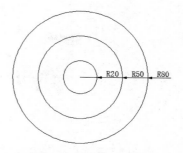

图 9-37 选择要标注的几何图形 　　　　图 9-38 快速标注效果

9.4.4 圆心标记

在 AutoCAD 2013 中，使用"圆心标记"命令可以绘制圆或者圆弧的圆心十字型标记。此外，用户还可在"修改标注样式"对话框中选择"符号和箭头"选项卡，在"圆心标记"选项组中设置圆心标记的大小。

在菜单栏中单击"标注"｜"圆心标记"命令，或者在功能区选项板中选择"注释"选项卡，单击"标注"面板中的"圆心标记"按钮⊙，都可以调用"圆心标记"命令。

下面介绍使用"圆心标记"命令对图形中的圆心做出记号的具体操作方法。

（1）单击"标注样式"命令，打开"标注样式管理器"对话框，单击"修改"按钮，在打开的"修改标注样式"对话框中选择"符号和箭头"选项卡，并在"圆心标记"选项组中设置"标记"大小为 8，如图 9-39 所示。

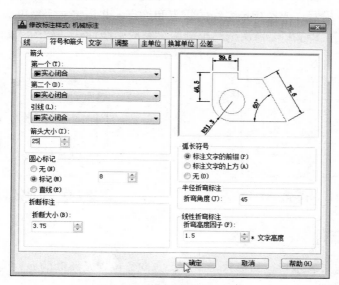

图 9-39 设置圆心标记大小

（2）单击"标注"面板中的"圆心标记"按钮⊙，根据命令提示，将鼠标移动至要标注的圆上，然后单击鼠标左键，即可对所选圆心做出记号，完成圆心标记，如图 9-40、图 9-41 所示。

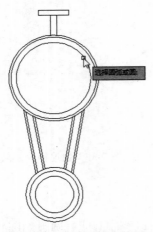

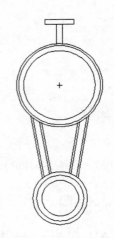

图 9-40　选择要标注的圆　　　　　　　　　　图 9-41　圆心标记效果

9.4.5　引线标注

引线标注是从图形上的指定点引出连续的引线，用户可以在引线上输入标注文字。在 AutoCAD 2013 中，引线标注的命令为 QLEADER。

下面介绍使用"引线标注"命令对图形进行尺寸标注的具体操作方法。

（1）在命令行中输入 QLEADER/LE 命令并按回车键，在图形中捕捉并单击中点 A 作为第一个引线点，如图 9-42 所示。

（2）根据命令提示，依次指定引线的折点和终点，并指定文字宽度为 45，按回车键在命令行中输入文字"R=20"，再次按回车键即可完成引线标注，如图 9-43 所示。

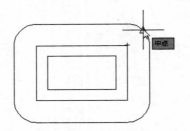

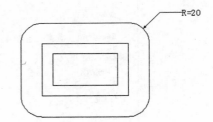

图 9-42　指定第一个引线点　　　　　　　　　图 9-43　引线标注效果

9.4.6　公差标注

形位公差是用来表示特征的形状、轮廓、方向、位置及跳动的允许偏差，可以通过特征控制框来进行添加。

在菜单栏中单击"标注"|"公差"命令，或者在功能区选项板中选择"注释"选项卡，单击"标注"面板中的"公差"按钮 ⊞，都可以调用"公差"标注命令，并打开"形位公差"对话框，在该对话框中可以设置公差的符号、值及基准等参数，如图 9-44 所示。

下面介绍使用"公差"标注命令对图形进行尺寸标注的具体操作方法。

（1）在命令行中输入 LE 命令并按回车键，在图形中依次指定引线的起点、折点和终点，然后按 Esc 键即可绘制出一条引线，如图 9-45 所示。

（2）单击"标注"面板中的"公差"按钮■，在打开的"形位公差"对话框中单击"符号"选项组中的图标框■，打开"特征符号"对话框，单击同轴度符号，如图 9-46 所示。

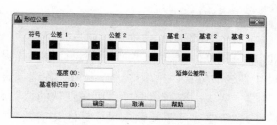

图 9-44　"形位公差"对话框

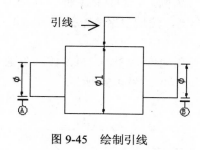

图 9-45　绘制引线

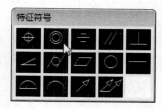

图 9-46　"特征符号"对话框

（3）返回至"形位公差"对话框，单击"公差 1"选项组前面的■，出现直径符号"φ"，在其文本框内输入数值 0.01，在"基准 1"文本框内输入"A-B"，如图 9-47 所示。

（4）单击"确定"按钮，关闭"形位公差"对话框并返回绘图区，移动光标至引线合适位置，单击确定公差位置，完成同轴度公差标注，如图 9-48 所示。

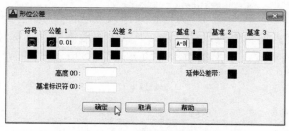

图 9-47　"形位公差"对话框

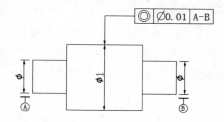

图 9-48　公差标注效果

9.5　编辑和更新标注

当标注的尺寸界线、文字和箭头与当前图形文件中的几何对象重叠，或者标注位置不符合设计要求时，可以根据需要对所标注的尺寸进行编辑。AutoCAD 提供了多种方法用于标注尺寸的编辑。

9.5.1　编辑标注

在 AutoCAD 2013 中，用户可以通过常用的编辑命令及夹点来调整尺寸界线、位置和间距等，从而使图纸更加清晰、美观，增强可读性。

1. 编辑标注

执行 DIMEDIT 命令后，命令行将显示"输入标注编辑类型 ［默认(H)／新建(N)／旋转(R)／倾斜(O)］ ＜默认＞："提示信息。根据此提示信息选择相应的选项，即可对尺寸标注的尺寸界线的位置、角度等进行编辑。各选项含义如下。

➤ 默认：选择该选项，可按默认的位置和方向放置尺寸文字。

➤ 新建：可重新输入尺寸标注文字。

➤ 旋转：可将尺寸标注文字进行指定角度的旋转。

➤ 倾斜：可使非角度标注的尺寸界线旋转一定的角度。

下面以使用"倾斜"命令编辑标注的尺寸界线为例，介绍具体的操作方法。

（1）在命令行中输入 DIMEDIT 命令并按回车键，然后根据命令提示，输入 O 并按回车键，选择"倾斜"选项。

（2）选择要编辑的尺寸标注，按回车键输入倾斜角度为 30°，再次按回车键，系统将按指定的角度调整标注尺寸界线的倾斜角度，如图 9-49、图 9-50 所示。

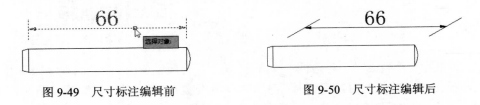

图 9-49　尺寸标注编辑前　　　　　　　　　　图 9-50　尺寸标注编辑后

> **小提示**：在菜单栏中单击"标注"|"倾斜"命令中的子命令，或者在功能区选项板中选择"注释"选项卡，单击"标注"面板中的"倾斜"按钮 ，都可以调用"倾斜"命令。

除了上述方法以外，用户还可使用夹点编辑修改尺寸标注，可以快速地修改尺寸标注，选中尺寸标注对象，即可显示尺寸标注的夹点。单击选中相应的夹点并移动，标注尺寸也随之改变，如图 9-51、图 9-52 所示。

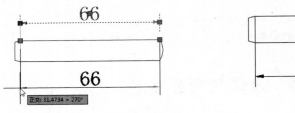

图 9-51　单击并移动夹点

图 9-52　夹点编辑尺寸效果

2. 编辑标注间距

在 AutoCAD 2013 中，使用"标注间距"命令，可根据指定的间距数值调整尺寸线互相平行的线性尺寸或角度尺寸之间的距离，使其处于平行等距或对齐状态。该命令仅适用于平行的线性标注或共用一个顶点的角度标注。

在菜单栏中单击"标注"|"标注间距"命令，或者在功能区选项板中选择"注释"选项卡，单击"标注"面板中的"调整间距"按钮 ，都可以调用"标注间距"命令。

下面以使用"标注间距"命令对齐线性标注为例，介绍调整标注间距的具体操作方法。

（1）单击"标注"面板中的"调整间距"按钮，根据命令提示，选取尺寸数字为 24 的线性标注作为基准标注，然后选取其他要对齐的线性标注，如图 9-53 所示。

（2）按回车键，在命令行中输入值为 0，然后按回车键即对齐尺寸标注，如图 9-54 所示。

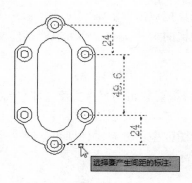

图 9-53　选择要编辑的线性标注

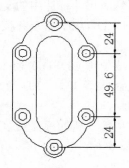

图 9-54　对齐线性标注效果

> **小提示**：在命令行中输入 DIMSPACE 命令并按回车键，也可以调用"标注间距"命令来调整标注间距。

9.5.2　编辑标注文字

在 AutoCAD 2013 中，除了上述讲解的编辑标注方法外，用户还可对尺寸标注文字的位置和内容进行编辑。

1. 编辑标注文字位置

执行 DIMTEDIT 命令并选择要编辑的标注后，命令行将显示"指定标注文字的新位置或［左(L)/右(R)/中心(C)/默认(H)/角度(A)］："的提示信息。根据此提示信息选择相应的选项，即可对标注文字的位置或角度进行调整。各选项含义如下。

➢ 左：对非角度标注来说，选择该选项，可将尺寸文字沿着尺寸线左对齐。

➢ 右：对非角度标注来说，选择该选项，可将尺寸文字沿着尺寸线右对齐。

➢ 中心：选择该选项，可将尺寸文字放在尺寸线的中间。

➢ 默认：选择该选项，可按默认位置和方向放置尺寸文字。

➢ 角度：选择该选项，可旋转尺寸文字，此时需要指定一个角度值。

下面介绍以使用"左对齐"方式编辑标注文字位置的具体操作方法。

（1）在命令行中输入 DIMTEDIT 命令并按回车键，选择要编辑的尺寸标注。

（2）根据命令提示，输入 L 命令并按回车键，选择"左对齐"选项，即可将尺寸文字沿着尺寸线左对齐，如图 9-55、图 9-56 所示。

> **小提示**：在菜单栏中单击"标注"|"对齐文字"命令中的子命令，或者在功能区选项板中选择"注释"选项卡，单击"标注"面板中相应的按钮，也都可以对标注文字的位置或角度进行调整。

图 9-55　编辑前　　　　　　　　　　　　图 9-56　编辑后

2. 编辑标注文字内容

如果要修改尺寸标注中的文字内容，用户可直接双击要编辑的尺寸文字，或者在命令行中输入 DDEDIT/ED 命令并按回车键选择要编辑的尺寸文字，都可以对标注文字的内容进行编辑。

下面介绍使用 DDEDIT 命令编辑标注文字内容的具体操作方法。

（1）在命令行中输入 ED 命令并按回车键，选择要编辑的尺寸文字，即可将文字激活，如图 9-57 所示。

（2）直接输入新的标注文字内容，然后在绘图区空白处单击，即可修改文字内容，按 Esc 键退出编辑标注文字内容操作，如图 9-58 所示。

图 9-57　激活文字　　　　　　　　　　图 9-58　编辑标注文字效果

9.5.3　更新标注

更新标注是指用当前标注样式更新标注对象。在标注图形中，用户可以使用"更新"标注命令，将标注系统变量保存或恢复到选定的标注样式。

在菜单栏中单击"标注"|"更新"命令，或者在功能区选项板中选择"注释"选项卡，单击"标注"面板中的"更新"按钮，都可以调用"更新"标注命令。

下面介绍更新标注的具体操作方法。

（1）单击"标注"面板中的"更新"按钮，根据命令提示，依次选取要更新的尺寸对象，如图 9-59 所示。

（2）按回车键，即可用当前的标注样式更新所选的尺寸标注对象，如图 9-60 所示。

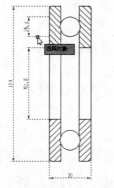
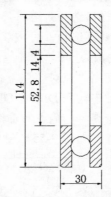

图 9-59　选择要更新的尺寸对象　　　　图 9-60　更新标注效果

9.6　技　巧　集　锦

1．创建尺寸标注样式：在命令行中输入 DIMSTYLE 命令并按回车键，或者在"常用"选项卡的"注释"面板中单击"标注样式"按钮，都可以打开"标注样式管理器"对话框。

2．线性标注：在命令行中输入 DLIMLIN/DLI 并按回车键，或者在"常用"选项卡的"注释"面板中单击"线性"标注按钮，都可以调用"线性"标注命令。

3．对齐标注：在命令行中输入 DIMALIGNED/DAL 并按回车键，或者在"常用"选项卡的"注释"面板中单击"对齐"按钮，都可以调用"对齐"标注命令。

4．弧长标注：在命令行中输入 DIMARC 并按回车键，或者在"常用"选项卡的"注释"面板中单击"弧长"按钮，都可以调用"弧长"标注命令。

5．半径标注：在命令行中输入 DIMDIAMETER/DRA 并按回车键，或者在"常用"选项卡的"注释"面板中单击"半径"按钮，都可以调用"半径"标注命令。

6．直径标注：在命令行中输入 DIMRADIUS/DDI 并按回车键，或者在"常用"选项卡的"注释"面板中单击"直径"按钮，都可以调用"直径"标注命令。

7．折弯标注：在命令行中输入 DIMJOGANG/JOG 并按回车键，或者在"常用"选项卡的"注释"面板中单击"折弯"按钮，都可以调用"折弯"标注命令。

8．角度标注：在命令行中输入 DIMANGULAR/DAN 并按回车键，或者在"常用"选项卡的"注释"面板中单击"角度"按钮，都可以调用"角度"标注命令。

9．坐标标注：在命令行中输入 DIMORDINATE/DOR 并按回车键，或者在"常用"选项卡的"注释"面板中单击"坐标"按钮，都可以调用"坐标"标注命令。

10．基线和连续标注：在命令行中输入 DIMBASELINE/DBA 并按回车键，可以调用"基线"标注命令。在命令行中输入 DIMCONTINUE/DCO 并按回车键，可以调用"连续"标注命令。

11．快速标注和圆心标记：在命令行中输入 QDIM 并按回车键，可以调用"快速标注"命令。在命令行中输入 DIMCENTER 并按回车键，可以调用"圆心标记"命令。

12．公差标注和更新标注：在命令行中输入 TOLERANCE/TOL 并按回车键，可以调用"公差"标注命令。在命令行中输入 DIMSTYLE 并按回车键，可以调用"更新"标注命令。

9.7　课堂练习——标注齿轮

本练习通过对齿轮剖面图的标注来复习本章所学的内容。具体步骤如下。

（1）打开素材文件"齿轮标注.dwg"，如图 9-61 所示。

（2）单击"格式"工具栏中的"图层"命令建立新图层，将图层内的线型颜色改为蓝色。

（3）单击"线性标注"命令，使用"线性"、"基线"、"连续"命令标注水平尺寸和垂直尺寸，结果如图 9-62 所示。

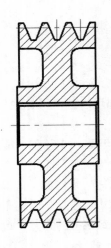

图 9-61　打开素材文件

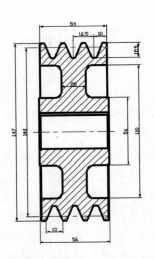

图 9-62　线性标注效果

（4）选中要修改的尺寸标注，然后单击右键，在弹出的快捷菜单中选择"快捷特性"命令，如图 9-63、图 9-64 所示。

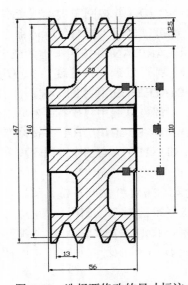

图 9-63　选择要修改的尺寸标注

图 9-64　快捷菜单

（5）打开"快捷特性"面板，在"文字替代"文本框中输入%%C56，然后关闭该面板，按 Esc 键即可见替换效果，如图 9-65、图 9-66 所示。

（6）单击"直线"命令，利用"极轴追踪"功能极轴追踪角度设置为 30°，绘制高为 7.5 的"表面粗糙度"符号图形，如图 9-67 所示。

（7）单击"创建"按钮，在打开的"块定义"对话框中的"名称"下拉列表框中输入"粗糙度"，然后单击"对象"命令，选择绘制的表面粗糙度符号，按回车键返回至"块定义"对话框，单击"拾取点"按钮，拾取表面粗糙度符号最下方的点，作为块插入时的基点，最后单击"确定"按钮，完成图块的创建。

（8）单击"块"面板中的"定义属性"按钮，打开"属性定义"对话框，在"属性"选项组的"标记"文本框中输入 RA，单击"确定"按钮，返回至绘图区在图形合适位置单击，即可完成属性的创建，如图 9-68 所示。

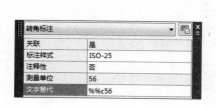

图 9-65　输入新值

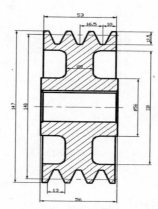

图 9-66　替换后的效果

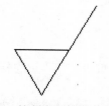

图 9-67　绘制表面粗糙度符号

图 9-68　创建属性

（9）单击"块"面板中的"插入"按钮，打开"插入"对话框，在名称下拉列表中选择所创建的图块，并设置其相关的参数，如图 9-69 所示。

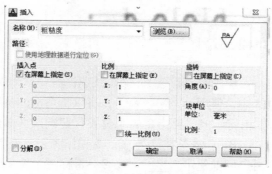

图 9-69　"插入"对话框

（10）单击"确定"按钮，指定好插入基点并输入表面粗糙度值，即可完成属性图块插入操作。继续单击"插入"命令，依次在图形中需要标注表面粗糙度的地方插入刚创建的属性图块，并输入不同的表面粗糙度值，完成图形标注，效果如图 9-70 所示。

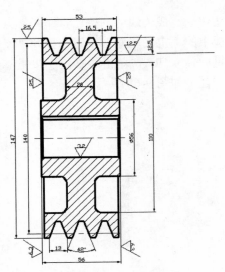

图 9-70　最后标注完成后的图形

9.8　课后习题

一、填空题

1．在 AutoCAD 2013 中，使用_____命令，可以打开"标注样式管理器"对话框，并利用该对话框创建、设置和修改标注样式。

2．一个完整的尺寸标注通常是由尺寸线、_____、尺寸数字和尺寸箭头 4 部分组成。

3．_____是指尺寸线平行于尺寸界线原点连成的直线，它是线性标注尺寸的一种特殊形式。

二、选择题

1．在 AutoCAD 2013 中，使用_____命令，可以立刻标注多个圆、圆弧及编辑现有标注的布局。

　　　A．引线标注　　　B．坐标标注　　　C．快速标注　　　D．折弯标注

2．在 AutoCAD 2013 中，使用_____命令，可以折弯标注圆和圆弧的半径，该标注方式与半径标注方法基本相同，但需要指定一个位置代替圆或圆弧的圆心。

　　　A．半径标注　　　B．折弯标注　　　C．直径标注　　　D．角度标注

3．在标注图形中，用户可以使用_____命令，将标注系统变量保存或恢复到选定的标注样式。

　　　A．引线标注　　　B．更新标注　　　C．折弯标注　　　D．快速标注

三、简答题

1．简述创建和设置尺寸标注样式的方法。

2．简述编辑尺寸标注的方法。

3．简述更新尺寸标注的方法。

四、上机题

综合运用多种标注命令，对机械零件"机床头"进行尺寸标注，以巩固本章所介绍的知识点，如图 9-71 所示，

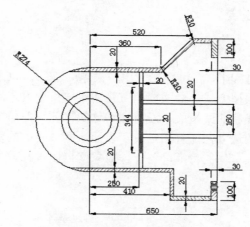

图 9-71 "机床头"尺寸标注效果

提示：

（1）使用"标注样式"命令，创建并设置标注样式。

（2）运用本章所学知识，参照各种类型尺寸标注的操作步骤，对机械零件"机床头"进行标注。

在工程设计和绘图过程中，三维图形应用越来越广泛。AutoCAD 可以利用 3 种方式来创建三维图形，即线架模型方式、曲面模型方式和实体模型方式。线架模型方式是一种轮廓模型，它由三维的直线和曲线组成，没有面和体的特征。曲面模型用面描述三维对象，它不仅定义了三维对象的边界，而且还定义了表面，即具有面的特征。实体模型不仅具有线和面的特征，而且还具有体的特征，各实体对象间可以进行各种布尔运算操作，从而创建复杂的三维实体图形。

本章学习要点

- ➢ 绘制三维曲线；
- ➢ 创建旋转网格；
- ➢ 创建平移网格；

- ➢ 创建基本实体；
- ➢ 拉伸、旋转实体；
- ➢ 放样、扫掠实体。

10.1 绘制三维曲线

在 AutoCAD 中，点、线是三维建筑模型的基础，两点可以定义空间的任一直线，两条线则可定义空间的曲面。使用 AutoCAD 2013 进行三维图形的绘制时，首先应掌握三维绘图的基础知识，如三维模型的类型、三维坐标系等。

10.1.1 三维绘图基础

1. 三维模型的类型

在创建建筑三维模型时，首先应将工作空间切换为"三维建模"工作空间，然后根据造型的创建方法及存储方式可创建 3 种类型的三维模型，分别为线框、曲面和实体模型。这 3 种造型生成的模型从不同角度来描述一个物体，它们各有侧重，各具特色。

- ➢ 线框模型：三维线框图形是使用直线和曲线的真实三维对象的边缘或骨架表示，用户可以通过设置标高，还可以确定绘制图形时的默认 Z 坐标，以绘制三维线框模型，如图 10-1 所示为线框模型。
- ➢ 曲面模型：三维曲面图形主要有长方体曲面、球体曲面、圆柱曲面、楔体曲面、圆环曲面等基本三维曲面，以及旋转、平移、直纹、边界等较为复杂的曲面，如图 10-2 所示为曲面模型。
- ➢ 实体模型：三维实体图形具有线框和曲面图形所没有的特性，其内部是实心的，所以用户可以对它进行各种编辑。在 AutoCAD 2013 中，除了可以绘制基本的三维实体图形外，还可以将二维图形对象转换为三维实体图形，如图 10-3 所示为实体模型。

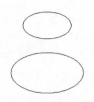
图 10-1 线框模型

图 10-2 曲面模型

图 10-3 实体模型

2. 创建三维坐标系

在 AutoCAD 中，坐标系包括世界坐标系（WCS）和用户坐标系（UCS）两种类型。世界坐标系是系统默认的二维图形坐标系，其坐标原点和各个坐标轴方向都是固定不变的。而用户坐标系主要应用于三维模型的创建，它是通过变换坐标系的原点及方向形成的，可根据特征生成方位而随意更改坐标系原点及方向。

使用"UCS"命令可以创建用户坐标系，还可对坐标系进行旋转、移动以及恢复到世界坐标系等操作。在命令行中输入 UCS 命令并按回车键，然后选择"X"选项，将东南等轴测图的坐标系沿 X 轴旋转 90°，如图 10-4、图 10-5 所示。

图 10-4 坐标系旋转前　图 10-5 坐标系旋转后

使用 UCS 命令定义用户坐标系时，命令提示行中各选项的含义如下。

➤ 指定 UCS 的原点：使用一点、两点或三点定义一个新的 UCS。指定单个点后，命令提示行将提示"指定 X 轴上的点或<接受>："，此时，按回车键选择"接受"选项，当前 UCS 的原点将会移动而不会更改 X、Y 和 Z 轴的方向；如果在此提示下指定第二个点，UCS 将绕先前指定的原点旋转，以使 UCS 的 X 正半轴通过该点；如果指定第三点，UCS 将绕 X 轴旋转，以使 UCS 的 Y 轴正半轴包含该点。

➤ 面：用于将 UCS 与三维对象的选定面对齐，UCS 的 X 轴将与找到的第一个面上最近的边对齐。

➤ 命名：按名称保存并恢复通常使用的 UCS 坐标系。

➤ 对象：根据选定的三维对象定义新的坐标系。新 UCS 的拉伸方向为选定对象的方向。此选项不能用于三维多段线、三维网格和构造线。

➤ 上一个：恢复上一个 UCS 坐标系。程序会保留在图纸空间中创建的最后 10 个坐标系和在模型空间中创建的最后 10 个坐标系。

➤ 视图：以平行于屏幕的平面为 XY 平面建立新的坐标系，UCS 原点保持不变。

➤ 世界：将当前用户坐标系设置为世界坐标系。UCS 是所有用户坐标系的基准，不能被重新定义。

➤ X/Y/Z：绕指定的轴旋转当前 UCS 坐标系。通过指定原点和正半轴绕 X、Y 或 Z 轴旋转。

➤ Z 轴：用指定的 Z 轴正半轴定义新的坐标系。选择该选项后，可以指定新原点和位于新建 Z 轴正半轴上的点；或选择一个对象，将 Z 轴与离选定对象最近的端点的切线方向对齐。

10.1.2　绘制空间直线

在二维平面绘图中，两点决定一条直线。同样，在三维空间中，也是通过指定两个点来绘制三维直线。使用"直线"命令，可以创建一系列连续的直线段，每条线段都是可以单独进行编辑的直线对象。

在菜单栏中单击"绘图"|"直线"命令，或者在功能区选项板中选择"常用"选项卡，单击"绘图"面板中的"直线"按钮，都可以调用"直线"命令。

使用以上任意一种方法调出"直线"命令后，根据命令行提示进行操作，即可绘制一系列连续的直线段，如图 10-6 所示。

命令行提示如下。

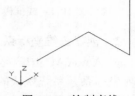

图 10-6　绘制直线

```
命令：LINE↙                              （输入命令并按回车键）
指定第一个点：                           （指定点 A）
指定下一点或 [放弃(U)]：1000↙            （沿 X 轴方向输入距离值，按回车键确定点 B）
指定下一点或 [放弃(U)]：800↙             （沿 Y 轴方向输入距离值，按回车键确定点 C）
指定下一点或 [闭合(C)/放弃(U)]：1500↙    （沿 Z 轴方向输入距离值，按回车键确定点 D）
指定下一点或 [闭合(C)/放弃(U)]：↙        （按回车键结束操作）
```

10.1.3　绘制空间曲线

在三维空间中，用户可以绘制圆弧、椭圆弧、样条曲线、螺旋线等空间曲线。下面主要介绍样条曲线和螺旋线的创建方法。

1.　绘制样条曲线

在三维坐标系下，使用"样条曲线"命令可以绘制复杂三维样条曲线，这时定义样条曲线的点不是共面点。

在菜单栏中单击"绘图"|"样条曲线"命令，或者在功能区选项板中选择"常用"选项卡，单击"绘图"面板中的"样条曲线"按钮，都可以调用"样条曲线"命令。

使用以上任意一种方法调出"样条曲线"命令后，根据命令行提示，在绘图区中通过指定一系列的点即可绘制出样条曲线，如图 10-7 所示。

命令行提示如下。

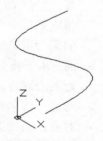

图 10-7　绘制样条曲线

```
命令：SPLINE↙                                           （输入命令并按回车键）
当前设置：方式=拟合　节点=弦
指定第一个点或 [方式(M)/节点(K)/对象(O)]：              （指定点 A）
输入下一个点或 [起点切向(T)/公差(L)]：                  （指定点 B）
输入下一个点或 [端点相切(T)/公差(L)/放弃(U)]：          （指定点 C）
输入下一个点或 [端点相切(T)/公差(L)/放弃(U)/闭合(C)]：  （指定点 D）
输入下一个点或 [端点相切(T)/公差(L)/放弃(U)/闭合(C)]：↙ （按回车键结束操作）
```

2.　绘制螺旋线

使用"螺旋"命令，可以绘制三维螺旋线。可以将螺旋线用作路径，沿此路径扫掠对象以创建图像。例如，可以沿着螺旋路径来扫掠圆，以创建弹簧实体模型。

在菜单栏中单击"绘图"|"螺旋"命令，或者在功能区选项板中选择"常用"选项卡，单击"绘图"面板中的"螺旋"按钮，都可以调用"螺旋"命令。

使用以上任意一种方法调出"螺旋"命令后，分别指定了螺旋线底面的中心点、底面半径或直径和顶面半径或直径，此时命令行将显示"指定螺旋高度或 [轴端点(A)/圈数(T)/圈高(H)/扭曲(W)] <1.0000>: "的提示信息，根据提示信息可以指定螺旋高度、螺旋的圈数、扭曲方向等，获得螺旋线效果，如图 10-8 所示。

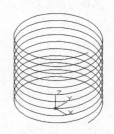

图 10-8　绘制螺旋线

命令行提示如下。

```
命令: HELIX↙                                                    （输入命令并按回车键）
圈数 = 3.0000      扭曲=CCW
指定底面的中心点:                                                （捕捉一点作为中心点）
指定底面半径或 [直径(D)] <1.0000>: 100↙                          （输入底面半径值并按回车键）
指定顶面半径或 [直径(D)] <100.0000>: 100↙                        （输入顶面半径值并按回车键）
指定螺旋高度或 [轴端点(A)/圈数(T)/圈高(H)/扭曲(W)] <1.0000>: T↙    （选择圈数选项）
输入圈数 <3.0000>: 10↙                                          （设置圈数）
指定螺旋高度或 [轴端点(A)/圈数(T)/圈高(H)/扭曲(W)] <1.0000>: 200↙
                                                               （输入高度值并按回车键）
```

10.2　创建网格曲面

在绘图过程中经常需要使用消隐、着色和渲染功能，而线框模型无法提供这些功能，但若刚好又不需要实体模型所提供的物理特性（质量、体积、重心、惯性等）时，可以通过使用网格来表达所需要的模型。

10.2.1　创建平移网格

使用"平移网格"命令，可以将路径曲线沿方向矢量进行平移后构成基本的平移曲面。路径曲线可以是直线、圆弧、圆、椭圆、椭圆弧、二维多段线、三维多段线或样条曲线；方向矢量可以是直线，也可以是开放的二维或三维多段线。

在菜单栏中单击"绘图"|"建模"|"网格"|"平移网格"命令，或者在功能区选项板中选择"网格"选项卡，单击"图元"面板中的"建模，网格，平移曲面"按钮，都可以调用"平移网格"命令。

下面介绍创建平移网格的具体操作方法。

（1）将视图设置为"东南等轴测"视图，执行"样条曲线"和"直线"命令，根据命令行提示，分别沿 X 轴和 Y 轴绘制出样条曲线和直线，如图 10-9 所示。

（2）单击"图元"面板中的"建模，网格，平移曲面"按钮，根据命令行提示分别选取样条曲线和直线，即可获得如图 10-10 所示的平移网格效果，命令行提示如下。

```
命令: TABSURFF↙                                （输入命令并按回车键）
当前线框密度: SURFTAB1=6
选择用作轮廓曲线的对象:                          （选择样条曲线）
```

选择用作方向矢量的对象：   （选择直线）

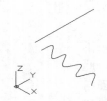

图 10-9　绘制直线和样条曲线

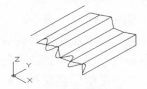

图 10-10　创建平移网格

（3）选中刚创建好的"平移网格"对象，两次单击"网格"面板中的"提高平滑度"按钮 ，即可对网格对象进行平滑处理，效果如图 10-11 所示。

（4）单击"优化网格"按钮 ，增加网格对象中的面数，如图 10-12 所示。

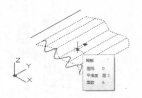

图 10-11　平滑度为 2

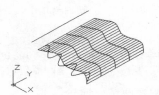

图 10-12　优化后的网格

> **小提示**：每单击一次"提高平滑度"按钮，网格对象的平滑度将会提高一级，而单击"优化网格"按钮可增加网格对象中的面数，最终生成的面数取决于当前的平滑度。平滑度越高，优化后的面数越大。

10.2.2　创建直纹网格

使用"直纹网格"命令，可以在两条直线或曲线之间创建表示曲面的网格。这两条线选择即是用于定义网格的边，边可以是直线、点、圆弧、圆、椭圆、椭圆弧、二维多段线、三维多段线或样条曲线。如果有一条边是闭合的，那么另外一条边必须也是闭合的。

在菜单栏中单击"绘图"|"建模"|"网格"|"直纹网格"命令，或者在功能区选项板中，选择"网格"选项卡，单击"图元"面板中的"建模，网格，直纹曲面"按钮 ，都可以调用"直纹网格"命令。

下面介绍创建"直纹网格"的具体操作方法。

（1）将视图设置为"东南等轴测"视图，开启"极轴追踪"功能，并设置增量角为 10°，执行"直线"命令，绘制出两条直线，如图 10-13 所示。

（2）在命令行中输入 RULESURF 命令并按回车键，根据命令行提示依次单击选取这两条直线，即可获得如图 10-14 所示的直纹网格效果，命令行提示如下。

```
命令：RULESURF↙                     （输入命令并按回车键）
当前线框密度：SURFTAB1=6
选择第一条定义曲线：                 （选取左边直线的下方端点）
选择第二条定义曲线：                 （选取右边直线的上方端点）
```

图 10-13　绘制直线

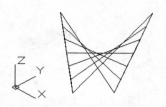

图 10-14　创建直纹网格

　　用户可根据自己的需求，执行"提高平滑度"和"优化网格"命令，将创建好的"直纹网格"对象进行优化，具体操作方法与优化"平移网格"对象的操作方法相同。

10.2.3　创建旋转网格

　　使用"旋转曲面"命令，可通过绕指定的轴旋转对象来创建曲面，旋转的对象可以是直线、圆弧、圆、多段线、样条曲线、多边形等，也可以是它们中的任意组合。

　　在菜单栏中单击"绘图"|"建模"|"网格"|"旋转网格"命令，或者在功能区选项板中选择"网格"选项卡，单击"图元"面板中的"建模，网格，旋转曲面"按钮🐵，都可以调用"旋转网格"命令。

　　下面介绍创建"旋转网格"的具体操作方法。

　　（1）将视图设置为"东南等轴测"视图，执行"常用"|"绘图"|"样条曲线"命令，沿 X 轴方向通过指定一系列的点绘制一条样条曲线作为旋转对象，如图 10-15 所示。

　　（2）按 F8 键开启正交模式，然后执行"常用"|"绘图"|"直线"命令，沿 X 轴方向通过指定两点绘制一条直线作为定义旋转轴，如图 10-16 所示。

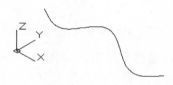

图 10-15　绘制样条曲线

图 10-16　绘制直线

　　（3）单击"图元"面板中的"建模，网格，旋转曲面"按钮🐵，根据命令行提示，依次选取样条曲线、直线，然后再根据提示指定好起点角度和包含角，即可获得旋转网格效果，如图 10-17、图 10-18 所示，命令行提示如下。

```
命令：REVSURF↙                                    （输入命令并按回车键）
当前线框密度：SURFTAB1=6  SURFTAB2=6
选择要旋转的对象：                                 （选择样条曲线）
选择定义旋转轴的对象：                             （选择直线）
指定起点角度 <0>：↙                               （按回车键，选择系统默认值）
指定包含角（+=逆时针，-=顺时针）<360>：+360↙       （按回车键，选择系统默认值）
```

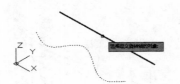

图 10-17　选取旋转轴

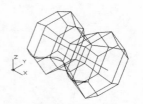

图 10-18　创建旋转网格

10.2.4　创建边界网格

使用"边界网格"命令，可以通过称为边界的四个对象创建三维多边形网格。边界可以是直线、圆弧、样条曲线或开放的多段线。这些边界必须在端点处相交以形成一个闭合路径。

在菜单栏中单击"绘图"|"建模"|"网格"|"边界网格"命令，或者在功能区选项板中选择"网格"选项卡，单击"图元"面板中的"建模，网格，边界曲面"按钮ꇤ，都可以调用"边界网格"命令。

下面介绍创建"边界网格"的具体操作方法。

（1）将视图设置为"东南等轴测"视图，按 F8 键开启正交模式，执行"常用"|"绘图"|"直线"命令，根据命令行提示，沿 Y 轴方向绘制两条水平直线，如图 10-19 所示。

（2）执行"常用"|"绘图"|"圆弧"|"三点"命令，沿 X 轴方向将通过指定两条直线进行连接，如图 10-20 所示。

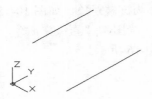

图 10-19　绘制直线

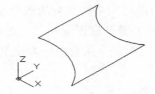

图 10-20　绘制弧线

（3）单击"图元"面板中的"建模，网格，边界曲面"按钮ꇤ，根据命令行提示按逆时针方向依次选取直线、弧线、直线和弧线，即可完成"边界网格"的创建，如图 10-21、图 10-22 所示，命令行提示如下。

```
命令：EDGESURF↙                          （输入命令并按回车键）
当前线框密度：SURFTAB1=6  SURFTAB2=6
选择用作曲面边界的对象 1：                （选择直线）
选择用作曲面边界的对象 2：                （选择弧线）
选择用作曲面边界的对象 3：                （选择直线）
选择用作曲面边界的对象 4：                （选择弧线）
```

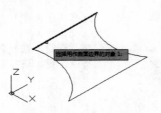

图 10-21　选取边界对象 1

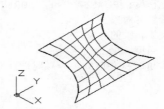

图 10-22　创建边界网格

10.2.5 创建三维网格

使用"三维网格"命令（3DMESH），可以根据指定的 M 行 N 列个顶点和每一顶点的位置生成三维空间多边形网格。M 和 N 的最小值为 2，表明定义多边形网格至少要 4 个点，其最大值为 256，顶点数等于 M 乘以 N 的值。

下面介绍创建"三维网格"的具体操作方法。

在命令行中输入 3DMESH 命令并按回车键，输入 M 方向上的网格数量为 2，N 方向上的网格数目为 3，然后依次指定顶点 1、2、3、4、5、6，即可完成网格的创建，如图 10-23 所示，命令行提示如下。

```
命令：3DMESH↙                    （输入命令并按回车键）
输入 M 方向上的网格数量：2↙        （指定 M 方向上的顶点数量）
输入 N 方向上的网格数量：3↙        （指定 N 方向上的顶点数量）
为顶点 (0, 0) 指定位置：           （在点 1 位置单击鼠标左键）
为顶点 (0, 1) 指定位置：           （在点 2 位置单击鼠标左键）
为顶点 (0, 2) 指定位置：           （在点 3 位置单击鼠标左键）
为顶点 (1, 0) 指定位置：           （在点 4 位置单击鼠标左键）
为顶点 (1, 1) 指定位置：           （在点 5 位置单击鼠标左键）
为顶点 (1, 2) 指定位置：           （在点 6 位置单击鼠标左键）
```

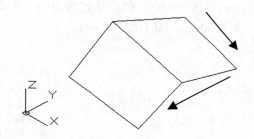

图 10-23 创建三维网格

10.3 创建基本实体

在 AutoCAD 中，最基本的三维实体对象包括多段体、长方体、楔体、圆锥体、球体、圆柱体、圆环体及棱锥面。

10.3.1 长方体

长方体是最基本的实体对象，有 6 个矩形面，它们相互垂直或平行。在 AutoCAD 中，使用"长方体"命令可以创建出长方体。

在菜单栏中单击"绘图"|"建模"|"长方体"命令，或者在功能区选项板中选择"常用"选项卡，单击"建模"面板中的"长方体"按钮 ⬜，都可以调用"长方体"命令。

使用以上任意一种方法调出"长方体"命令后，命令行将显示"指定第一个角点或 [中心 (C)]："的提示信息，可见创建长方体有以下两种方法。

（1）指定角点

该方法是创建长方体时的默认方法，依次指定长方体底面的两个角点，然后指定高度即可创建长方体，如图 10-24、图 10-25 所示。

命令行提示如下：

命令：BOX✓ （输入命令并按回车键）
指定第一个角点或 [中心(C)]： （指定点 A）
指定其他角点或 [立方体(C)/长度(L)]： （指定点 B）
指定高度或 [两点(2P)]： （向上移动光标指定点 C，确定长方体的高度）

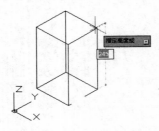

图 10-24　指定高度

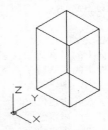

图 10-25　创建长方体

（2）指定中心

利用该方法可以先指定长方体中心点，然后指定底面的一个角点或长度参数，最后指定高度即可创建长方体，如图 10-26、图 10-27 所示。

命令行提示如下。

命令：BOX✓ （输入命令并按回车键）
指定第一个角点或 [中心(C)]： C✓ （选择中心选项）
指定中心： （指定中心点）
指定角点或 [立方体(C)/长度(L)]： L✓ （选择长度选项）
指定长度：200✓ （输入长度值并按回车键）
指定宽度：150✓ （输入宽度值并按回车键）
指定高度或 [两点(2P)]：300✓ （输入高度值并按回车键）

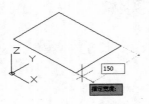

图 10-26　指定宽度

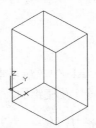

图 10-27　创建长方体

10.3.2　圆柱体

圆柱体是以圆或椭圆为截面形状，沿该截面法线方向拉伸所形成的实体特征。在 AutoCAD 2013 中，使用"圆柱体"命令可以创建出圆柱体。

在菜单栏中单击"绘图"|"建模"|"圆柱体"命令，或者在功能区选项板中选择"常

用"选项卡，单击"建模"面板中的"圆柱体"按钮 □，都可以调用"圆柱体"命令。

使用以上任意一种方法调出"圆柱体"命令后，命令行将显示"指定底面的中心点或 [三点(3P)/两点(2P)/切点、切点、半径(T)/椭圆(E)]："的提示信息，可使用多个方法创建圆柱体。最快捷的方法是：直接捕捉一点作为中心点，然后分别输入底面半径和高度值，即可获得圆柱体创建效果，如图 10-28、图 10-29 所示。

命令行提示如下：

命令：CYLINDER↙   （输入命令并按回车键）
指定底面的中心点或 [三点(3P)/两点(2P)/切点、切点、半径(T)/椭圆(E)]：
                                        （捕捉一点为中心点）
指定底面半径或 [直径(D)]：80↙   （输入半径值并按回车键）
指定高度或 [两点(2P)/轴端点(A)]：200↙   （输入高度值并按回车键）

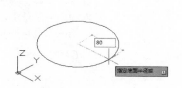   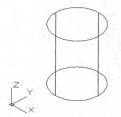

图 10-28   指定底面半径   图 10-29   创建圆柱体

10.3.3 圆锥体

利用"圆锥体"命令可以建立圆锥体或椭圆锥体。锥体的基面在默认情况下平行于当前的 UCS 坐标系，锥体是对称的，且在 Z 轴上聚成一点。

在菜单栏中单击"绘图"|"建模"|"圆锥体"命令，或者在功能区选项板中选择"常用"选项卡，单击"建模"面板中的"圆锥体"按钮 △，都可以调用"圆锥体"命令。

使用以上任意一种方法调出"圆锥体"命令后，指定一点为底面圆心，命令行将显示"指定底面的中心点或 [三点(3P)/两点(2P)/切点、切点、半径(T)/椭圆(E)]："的提示信息，可使用多个方法创建圆锥体。最快捷的方法是：直接捕捉一点为底面圆心，并分别指定底面半径值或直径值，最后指定圆锥高度值，即可获得圆锥体效果，如图 10-30、图 10-31 所示。

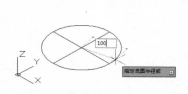   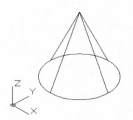

图 10-30   指定底面半径   图 10-31   创建圆锥体

命令行提示如下。

命令：CONE↙ （输入命令并按回车键）
指定底面的中心点或 [三点(3P)/两点(2P)/切点、切点、半径(T)/椭圆(E)]：
（捕捉一点为中心点）
指定底面半径或 [直径(D)]：100↙ （输入半径值并按回车键）
指定高度或 [两点(2P)/轴端点(A)/顶面半径(T)]：200↙ （输入高度值并按回车键）

如果创建平截面圆锥体，可单击"圆锥体"命令，根据命令行提示指定底面中心点与半径，然后在命令行中输入 T 命令指定顶面半径，最后指定高度，即可获得平截面圆锥体的效果，如图 10-32、图 10-33 所示。

命令行提示如下。

命令：CONE↙ （输入命令并按回车键）
指定底面的中心点或 [三点(3P)/两点(2P)/切点、切点、半径(T)/椭圆(E)]：
（捕捉一点为中心点）
指定底面半径或 [直径(D)]：80↙ （输入半径值并按回车键）
指定高度或 [两点(2P)/轴端点(A)/顶面半径(T)]：T↙ （选择顶面半径选项）
指定顶面半径 <0.0000>：50↙ （输入顶面半径值并按回车键）
指定高度或 [两点(2P)/轴端点(A)]：150↙ （输入高度值并按回车键）

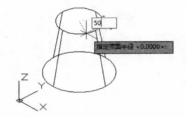

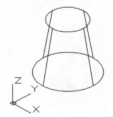

图 10-32 指定顶面半径　　　　　　　　图 10-33 创建平截面圆锥体

10.3.4 棱锥体

棱锥体可以看作是以一个多边形面为底面，其余各面有一个公共顶点的具有三角形特征的面所构成的实体。在 AutoCAD 2013 中，使用"棱锥体"命令可以通过指定底面边数和棱锥高度等参数的方法创建棱锥体，其中包括各种类型的棱锥体和平截面棱锥体。

在菜单栏中单击"绘图"|"建模"|"棱锥体"命令，或者在功能区选项板中选择"常用"选项卡，单击"建模"面板中的"棱锥体"按钮△，都可以调用"棱锥体"命令。

使用以上任意一种方法调出"棱锥体"命令后，根据命令的提示信息，指定底面中心点、底面半径以及棱锥体高度，即可创建棱锥体，如图 10-34、图 10-35 所示。棱锥体侧面数默认状态下为 4，如有必要可修改侧面数。

命令行提示如下。

命令：PYRAMID↙ （输入命令并按回车键）
　4 个侧面　外切
指定底面的中心点或 [边(E)/侧面(S)]：S↙ （选择侧面选项）
输入侧面数 <4>：7↙ （设置侧面数）
指定底面的中心点或 [边(E)/侧面(S)]： （捕捉一点为中心点）
指定底面半径或 [内接(I)] <1.1539>：50↙ （输入底面半径值并按回车键）

指定高度或 [两点(2P)/轴端点(A)/顶面半径(T)] <1.2585>：100↙ （输入高度值并按回车键）

图 10-34　指定高度

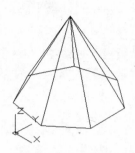

图 10-35　创建棱锥体

如果创建平截面棱锥体，可在输入棱锥面侧面数后，指定底面中心和半径并输入字母T，接着指定顶面半径以及棱锥体高度，即可创建出任意侧面数的平截面棱锥体。

10.3.5　球体

在所有基本实体中，生成球体是最简单的，球体是到球心距离相等的所有点的集合所形成的实体。利用"球体"命令可以生成球体，其中轴线与 Z 轴始终平行。

在菜单栏中单击"绘图"|"建模"|"球体"命令，或者在功能区选项板中选择"常用"选项卡，单击"建模"面板中的"球体"按钮⚪，都可以调用"球体"命令。

使用以上任意一种方法调出"球体"命令后，命令行将显示"指定中心点或 [三点(3P)/两点(2P)/切点、切点、半径(T)]："的提示信息，此时可直接捕捉一点为球心，然后指定球体的半径或直径值，即可获得球体效果，如图 10-36、图 10-37 所示。另外，还可按照命令提示使用其他 3 种方法创建球体。

命令行提示如下。

命令：SPHERE↙　　　　　　　　　　　　　　　（输入命令并按回车键）
指定中心点或 [三点(3P)/两点(2P)/切点、切点、半径(T)]：
　　　　　　　　　　　　　　　　　　　　　　　（按回车键选择默认的中心点选项）
指定半径或 [直径(D)]：50↙　　　　　　　　　　（输入半径值并按回车键）

图 10-36　指定半径

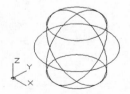

图 10-37　创建球体

10.3.6　楔体

楔体可以看做是以矩形为底面，其一边沿法线方向拉伸所形成的具有楔状特征的实体，也就是 1/2 长方体。其表面总是平行于当前的 UCS，其斜面沿 Z 轴倾斜。在 AutoCAD 2013

中，使用"球体"命令可以创建出球体。

在菜单栏中单击"绘图"｜"建模"｜"楔体"命令，或者在功能区选项板中选择"常用"选项卡，单击"建模"面板中的"楔体"按钮，都可以调用"楔体"命令。

使用以上任意一种方法调出"楔体"命令后，指定楔体底面的两个对角点和高度值，即可获得楔体效果，如图 10-38、图 10-39 所示。

命令行提示如下。

命令：WEDGE↙   （输入命令并按回车键）
指定第一个角点或 [中心(C)]：   （指定第一角点）
指定其他角点或 [立方体(C)/长度(L)]：   （指定第二角点）
指定高度或 [两点(2P)] <150.0000>：70↙ （输入高度值并按回车键）

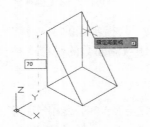

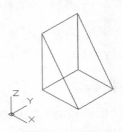

图 10-38　指定高度　　　　　　　　　　图 10-39　创建楔体

10.3.7　圆环体

在三维空间中，圆环体可以看作是绕圆轮廓线与其共面的直线旋转所形成的实体特征。在 AutoCAD 2013 中，使用"圆环体"命令可以创建出圆环体。

在菜单栏中单击"绘图"｜"建模"｜"圆环体"命令，或者在功能区选项板中选择"常用"选项卡，单击"建模"面板中的"圆环体"按钮，都可以调用"圆环体"命令。

使用以上任意一种方法调出"圆环体"命令后，命令行将显示"指定中心点或 [三点(3P)/两点(2P)/切点、切点、半径(T)]："的提示信息，使用这 4 种方式确定圆环的位置和半径，并确定圆管的半径，即可获得圆环效果，如图 10-40、图 10-41 所示。

命令行提示如下。

命令：TORUS↙   （输入命令并按回车键）
指定中心点或 [三点(3P)/两点(2P)/切点、切点、半径(T)]： （捕捉一点为中心点）
指定半径或 [直径(D)]：50↙   （输入半径值并按回车键）
指定圆管半径或 [两点(2P)/直径(D)]：5↙   （输入圆管半径值并按回车键）

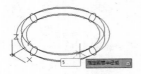

图 10-40　指定圆管半径　　　　　　　　图 10-41　创建圆环体

10.4　二维图形生成实体

在 AutoCAD 2013 中，用户还可以通过执行相应的命令，将二维对象通过拉伸、旋转等操作创建三维实体。

10.4.1　拉伸实体

使用"拉伸"命令，可以将一些二维对象拉伸成三维实体。可用于拉伸的二维对象包括圆、椭圆、封闭的多段线、封闭样条曲线、面域等。拉伸过程中，用户可以指定拉伸高度、拉伸路径，还可以使对象截面沿拉伸方向变化，拉伸路径可以封闭也可以不封闭。

在菜单栏中单击"绘图"|"建模"|"拉伸"命令，或者在功能区选项板中选择"常用"选项卡，单击"建模"面板中的"拉伸"按钮，都可以调用"拉伸"命令。

使用以上任意一种方法调出"拉伸"命令后，选择要拉伸的截面对象并按回车键，此时命令行将显示"指定拉伸的高度或 [方向(D)/路径(P)/倾斜角(T)]:"的提示信息，根据提示信息，可以使用以下 2 种方法创建拉伸实体。

（1）指定高度创建拉伸体

创建拉伸体最快捷的方法就是选取二维对象并指定高度，即可获得拉伸实体效果，如图 10-42、图 10-43 所示。

命令行提示如下。

```
命令：EXTRUDE↙                                （输入命令并按回车键）
当前线框密度：ISOLINES=4，闭合轮廓创建模式 = 实体
选择要拉伸的对象或 [模式(MO)]：_MO 闭合轮廓创建模式 [实体(SO)/曲面(SU)] <实体>：
_SO
选择要拉伸的对象或 [模式(MO)]：找到 1 个          （选择五角星图形作为拉伸对象）
选择要拉伸的对象或 [模式(MO)]：↙               （按回车键结束选择对象）
指定拉伸的高度或 [方向(D)/路径(P)/倾斜角(T)/表达式(E)] <140.0000>:80↙
                                              （输入高度值并按回车键）
```

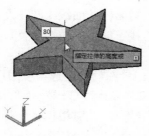

图 10-42　指定拉伸高度

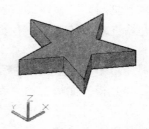

图 10-43　拉伸效果

通过输入拉伸值获得拉伸高度，如果输入正值，则沿对象坐标系 Z 轴的正方向拉伸对象；如果输入负值，则沿 Z 轴负向拉伸对象。此外也可在指定二维对象选择拉伸终止位置点获得拉伸高度。

（2）指定路径创建拉伸体

该选项用于已指定的对象作为拉伸路径来生成二维实体对象。拉伸路径可以是直线、

圆、圆弧、椭圆、椭圆弧、多段线或样条曲线，可以封闭或不封闭。

单击"绘图"|"建模"|"拉伸"命令，选择要拉伸的对象，按回车键输入字母 P，然后选择直线为拉伸路径，即可创建拉伸实体，如图 10-44、图 10-45 所示。

命令行提示如下。

命令：EXTRUDE↙　　　　　　　　　　　　　　　　　　（输入命令并按回车键）
当前线框密度：ISOLINES=4，闭合轮廓创建模式 = 实体
选择要拉伸的对象或 [模式(MO)]：_MO 闭合轮廓创建模式 [实体(SO)/曲面(SU)] <实体>：
_SO
选择要拉伸的对象或 [模式(MO)]：找到 1 个　　　　　（选择多段线作为拉伸对象）
选择要拉伸的对象或 [模式(MO)]：↙　　　　　　　　　（按回车键结束选择对象）
指定拉伸的高度或 [方向(D)/路径(P)/倾斜角(T)/表达式(E)] <-37.4496>：P↙
　　　　　　　　　　　　　　　　　　　　　　　　　　（选择路径选项）
选择拉伸路径或 [倾斜角(T)]：　　　　　　　　　　　　（选择直线为拉伸路径）

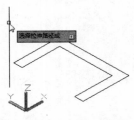

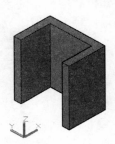

图 10-44　指定拉伸路径　　　　　　　　　图 10-45　拉伸效果

> **小提示**：路径既不能与轮廓线共面，也不能具有高曲率的区域。如果路径是开放的，路径的一个端点应该在轮廓平面上，否则，AutoCAD 将移动路径到轮廓的中心。

10.4.2　旋转实体

使用"旋转"命令，可以将二维对象绕指定的轴旋转从而创建三维回转体。可用于旋转的二维对象包括封闭的多段线、多边形、圆、椭圆、封闭样条曲线、圆环及封闭区域。三维对象、包含在块中的对象、有交叉或自干涉的多段线不能被旋转，而且每次只能旋转一个对象。

在菜单栏中单击"绘图"|"建模"|"旋转"命令，或者在功能区选项板中选择"常用"选项卡，单击"建模"面板中的"旋转"按钮，都可以调用"旋转"命令。

使用以上任意一种方法调出"旋转"命令后，选取旋转对象，此时根据命令行中显示"指定轴起点或根据以下选项之一定义轴 [对象(O)/X/Y/Z] <对象>："的提示信息，通过该提示信息可知创建旋转实体有以下两种方法。

（1）围绕直线轴旋转

创建旋转实体最快捷的方法就是选取二维对象和中间轴线获得，并且可在命令行输入旋转角度获得指定角度旋转实体，如图 10-46、图 10-47 所示。

命令：REVOLVE↙　　　　　　　　　　　　　　　　　　（输入命令并按回车键）
当前线框密度：ISOLINES=4，闭合轮廓创建模式 = 实体

选择要旋转的对象或 [模式(MO)]：_MO 闭合轮廓创建模式 [实体(SO)/曲面(SU)] <实体>：
_SO
选择要旋转的对象或 [模式(MO)]：找到 1 个 　　　　　（选择要旋转对象）
选择要旋转的对象或 [模式(MO)]：✓ 　　　　　　（按回车键结束选择对象）
指定轴起点或根据以下选项之一定义轴 [对象(O)/X/Y/Z] <对象>：O✓ （选择对象选项）
选择对象： 　　　　　　　　　　　　　　　　　　（选择直线）
指定旋转角度或 [起点角度(ST)/反转(R)/表达式(EX)]<360>：✓（按回车键选择默认角度值）

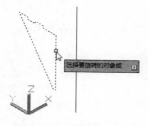
图 10-46　选择旋转对象

图 10-47　旋转效果

（2）围绕 UCS 矢量轴旋转

创建旋转实体时，可以选择 UCS 矢量轴为旋转轴进行旋转。例如，在执行旋转操作选取旋转对象后，接着在命令行中输入 UCS 矢量轴 Y，系统将以 Y 轴为旋转轴获得旋转实体效果，如图 10-48、图 10-49 所示。

命令：REVOLVE✓ 　　　　　　　　　　　　　　（输入命令并按回车键）
当前线框密度：ISOLINES=4，闭合轮廓创建模式 = 实体
选择要旋转的对象或 [模式(MO)]：_MO 闭合轮廓创建模式 [实体(SO)/曲面(SU)] <实体>：
_SO
选择要旋转的对象或 [模式(MO)]：找到 1 个 　　　　　（选择要旋转的对象）
选择要旋转的对象或 [模式(MO)]：✓ 　　　　　　（按回车键结束选择对象）
指定轴起点或根据以下选项之一定义轴 [对象(O)/X/Y/Z] <对象>：Y✓（选择矢量轴 Z）
指定旋转角度或 [起点角度(ST)/反转(R)/表达式(EX)]<360>：✓ （按回车键选择默认角度值）

图 10-48　选择旋转对象

图 10-49　旋转效果

10.4.3　放样实体

使用"放样"命令，可以通过对包含两条或两条以上横截面曲线的一组曲线进行放样来绘制三维实体或曲面。放样命令用于在横截面之间的空间内绘制实体或曲面。使用放样命令时，至少必须指定两个横截面。

在菜单栏中单击"绘图"|"建模"|"放样"命令，或者在功能区选项板中选择"常用"选项卡，单击"建模"面板中的"放样"按钮 ⬡，都可以调用"放样"命令。

使用以上任意一种方法调出"放样"命令后，可按放样次序选择横截面，按回车键命令行将显示"输入选项 [导向(G)/路径(P)/仅横截面(C)]<仅横截面>:"的提示信息，用户可根据此提示信息选择相应选项进行操作，即可获得放样实体效果，如图10-50、图10-51所示。

命令行提示如下。

```
命令: LOFT↙                                    （输入命令并按回车键）
当前线框密度: ISOLINES=4，闭合轮廓创建模式 = 实体
按放样次序选择横截面或 [点(PO)/合并多条边(J)/模式(MO)]: _MO 闭合轮廓创建模式 [实体
(SO)/曲面(SU)] <实体>: _SO
按放样次序选择横截面或 [点(PO)/合并多条边(J)/模式(MO)]: 找到 1 个     （选择圆对象）
按放样次序选择横截面或 [点(PO)/合并多条边(J)/模式(MO)]: 找到 1 个，总计 2 个
                                               （选择多边形对象）
按放样次序选择横截面或 [点(PO)/合并多条边(J)/模式(MO)]: ↙ （按回车键结束选择对象）
 选中了 2 个横截面
输入选项 [导向(G)/路径(P)/仅横截面(C)/设置(S)] <仅横截面>:↙（按回车键选择默认选项）
```

图 10-50　选择横截面图

图 10-51　放样效果

> **小提示：**使用"路径"选项，可以选择单一路径曲线以定义实体或曲面的形状。使用"导向"选项，可以选择多条曲线以定义实体或曲面的轮廓。使用"设置"选项，控制放样曲面在其横截面处的轮廓，还可以闭合曲面或实体。

10.4.4　扫掠实体

使用"扫掠"命令，可以将扫掠对象沿着开放或闭合的二维或三维路径运动扫描来创建实体或曲面，其中扫掠对象可以是直线、圆、圆弧、多段线、样条曲线、二维实体和面域等对象。

在菜单栏中单击"绘图"|"建模"|"扫掠"命令，或者在功能区选项板中选择"常用"选项卡，单击"建模"面板中的"扫掠"按钮，都可以调用"扫掠"命令。

使用以上任意一种方法调出"扫掠"命令后，选取要扫掠的二维对象后，按回车键选取扫掠路径线，即可获得扫掠实体效果，如图10-52、图10-53所示。

命令行提示如下。

```
命令: SWEEP↙                                    （输入命令并按回车键）
当前线框密度: ISOLINES=4，闭合轮廓创建模式 = 实体
选择要扫掠的对象或 [模式(MO)]: _MO 闭合轮廓创建模式 [实体(SO)/曲面(SU)] <实体>:
_SO
选择要扫掠的对象或 [模式(MO)]: 找到 1 个            （选择圆作为扫掠对象）
```

选择要扫掠的对象或［模式(MO)］：✓   （按回车键结束选择对象）
选择扫掠路径或［对齐(A)/基点(B)/比例(S)/扭曲(T)］：   （选择螺旋线作为扫掠路径）

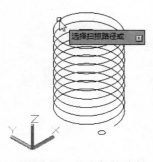

图 10-52 指定扫掠路径

图 10-53 扫掠效果

在沿路径扫掠轮廓时，如果轮廓未与路径对齐或轮廓所在的平面未与路径曲线垂直，则轮廓将被移动并与路径垂直对齐，并且在扫掠过程中可以对扫掠对象做扭曲或缩放操作。

10.5 技 巧 集 锦

1．绘制空间直线：在命令行中输入 LINE/L 命令并按回车键，可以调用"直线"命令。

2．绘制空间曲线：在命令行中输入 SPLINE/SPL 命令并按回车键，可以调用"样条曲线"命令；输入 HELIX 命令并按回车键，可以调用"螺旋"命令。

3．创建平移和直纹网格：在命令行中输入 TABSURF 命令并按回车键，可以调用"平移网格"命令；输入 RULESURF 命令并按回车键，可以调用"直纹网格"命令。

4．创建旋转和边界网格：在命令行中输入 REVSURF 命令并按回车键，可以调用"旋转网格"命令；输入 EDGESURF 命令并按回车键，可以调用"边界网格"命令。

5．长方体和圆柱体：在命令行中输入 BOX 命令并按回车键，可以调用"长方体"命令；输入 CYLINDER/CYL 命令并按回车键，可以调用"圆柱体"命令。

6．圆锥体和棱锥体：在命令行中输入 CONE 命令并按回车键，可以调用"圆锥体"命令；输入 PYRAMID/PYR 命令并按回车键，可以调用"棱锥体"命令。

7．球体和楔体：在命令行中输入 SPHERE 命令并按回车键，可以调用"球体"命令；输入 WEDGE/WE 命令并按回车键，可以调用"楔体"命令。

8．圆环体：在命令行中输入 TORUS/TOR 命令并按回车键，可以调用"圆环体"命令。

9．拉伸和旋转实体：在命令行中输入 EXTRUDE/EXT 命令并按回车键，可以调用"拉伸"命令；输入 REVOLVE/REV 命令并按回车键，可以调用"旋转"命令。

10．放样和扫掠实体：在命令行中输入 LOFT 命令并按回车键，可以调用"放样"命令；输入 SWEEP 命令并按回车键，可以调用"扫掠"命令。

10.6 课 堂 练 习

练习一 绘制传动轴

本练习将介绍一款传动轴三维模型图的绘制，其具体步骤如下。

（1）新建空白文件，然后进入"三维基础"工作界面，并将当前视图设置为"西南等轴测"。

（2）单击"创建"面板中的"圆柱体"命令，绘制底面直径为 24 mm，高度为 133 mm 和底面直径为 10 mm，高度为 148 mm 的两个同心圆柱，如图 10-54 所示。

（3）单击圆心，选择"仅移动原点"选项，将坐标向上移动 75 mm，如图 10-55 所示。

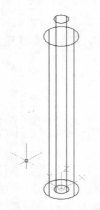

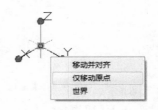

图 10-54 绘制两个同心圆柱体   图 10-55 选择"仅移动原点"选项

（4）单击"创建"面板中的"圆柱体"命令，绘制一个底面直径为 36 mm、高度为 10 mm 的圆柱，如图 10-56 所示。

（5）移动坐标到最底面圆柱体的下表面后，再将其向上移动 7 mm，然后单击"长方体"命令，在命令行中输入−12,0,0 并按回车键，确定第一个角点，再输入 12,12,56 并按回车键，即可绘制一个长方体，如图 10-57 所示。

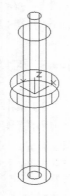

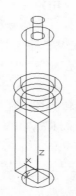

图 10-56 绘制圆柱体   图 10-57 绘制长方体

（6）单击"编辑"面板中的"并集"命令，将三个圆柱合并，然后单击"差集"命令，整体去除长方体，如图 10-58 所示。

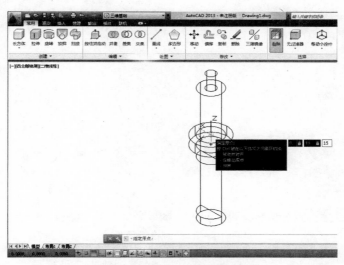

图 10-58　并集和差集效果

（7）进入"草图与注释"工作界面，将坐标系移动至距离底面圆心为 100 mm 处，旋转坐标轴使其 XY 平面与长方体的下平面平行，同时将坐标系向这一侧移动 10 mm。

（8）单击"圆"命令，绘制一个直径是 4 mm 的小圆，然后单击"复制"命令，复制小圆并将其向上移动 18 mm。再执行"直线"、"修剪"和"面域"命令绘制一个如图 10-59 所示的键平面。

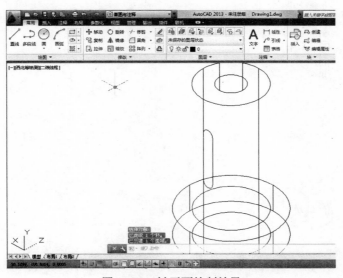

图 10-59　键平面绘制效果

（9）进入"三维基础"工作界面，单击"拉伸"命令，将键平面图形向外拉伸 2 mm，然后单击"编辑"面板中的"差集"命令，去除新拉伸的实体，形成键槽，如图 10-60 所示。

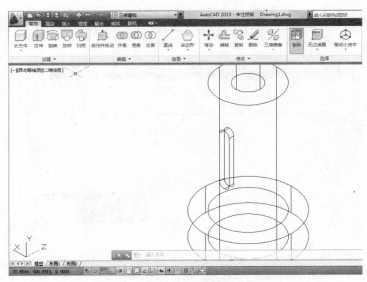

图 10-60　绘制键槽效果

　　（10）将坐标系移动至距离底面圆为 21 mm 的主轴线上，然后单击"圆柱体"命令，绘制一个直径为 5 mm、高度为 12 mm 的圆柱体，再单击"复制"命令，复制出一个圆柱体，并将其向上移动 28 mm，如图 10-61 所示。

　　（11）在绘图区左上角，单击"视觉样式"控件图标，在弹出的快捷菜单中选择"真实"，如图 10-62 所示。

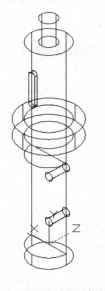

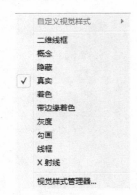

图 10-61　绘制两个圆柱效果　　　　　　　　　图 10-62　视觉样式菜单

　　（12）单击"编辑"面板中的"差集"命令，去除新建立的两个圆柱实体，完成"轴"三维模型的创建，如图 10-63 所示。

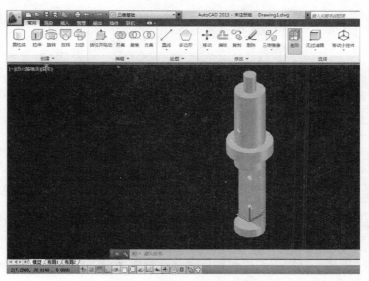

图 10-63　绘制"轴"模型效果

练习二　绘制某连接件的三维轴侧图

本练习将介绍一款连接件的绘制，具体操作步骤如下。

（1）新建空白文件。单击"直线"命令，利用"正交"功能绘制两条相互垂直的基准线。单击"圆"命令，以基准线的交点为圆心，绘制直径分别为 40、62、86 和 116 的同心圆，结果如图 10-64 所示。

（2）单击"修改"面板中的"偏移"按钮，设置偏移距离为 36 mm，将水平基准线分别向上和向下进行偏移，结果如图 10-65 所示。

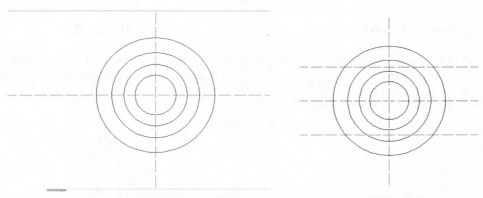

图 10-64　同心圆绘制效果　　　　　　图 10-65　基准线偏移效果

（3）单击"修改"面板中的"修剪"命令，将图形进行修剪，结果如图 10-66 所示。

（4）单击"面域"命令，将 a 所围成的封闭区域转换成面域。然后单击"直线"命令，将 B 两圆弧的上下缺口相连接，使其成为封闭的图形，再单击"面域"命令，将其转换成面域，结果如图 10-67 所示。

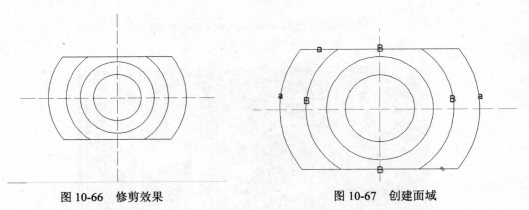

图 10-66　修剪效果　　　　　　　　　图 10-67　创建面域

（5）进入"三维基础"工作界面，然后将当前视图设置为"西南等轴侧"，如图 10-68 所示。

（6）单击"创建"面板中的"拉伸"命令，将面 a、b、c、d 分别向上拉伸 13、4、70 和 70，结果如图 10-69 所示。

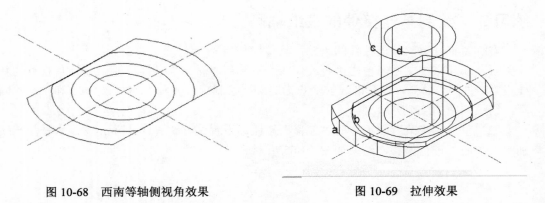

图 10-68　西南等轴侧视角效果　　　　　　图 10-69　拉伸效果

（7）通过移动和旋转坐标使其位于同心圆底面上 42 mm 处，XY 平面如图 10-70 所示。

（8）单击"圆柱体"命令，指定原点为圆心，绘制出直径为 36、高度为 40 和直径为 20、高度为 40 的两个圆柱体，如图 10-71 所示。

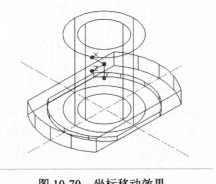

图 10-70　坐标移动效果

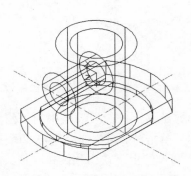

图 10-71　创建横向圆柱体

（9）单击"编辑"面板中的"并集"命令，将 a 实体、c 实体和新建的大圆柱体合并成一体，结果如图 10-72 所示。

（10）单击"编辑"面板中的"差集"命令，将 b 实体、d 实体和新建的小圆柱体从整体中减去，结果如图 10-73 所示。

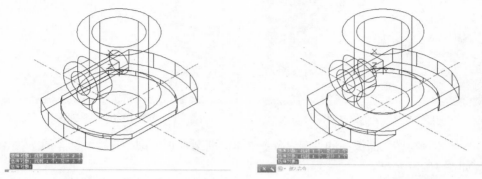

图 10-72　并集效果　　　　　　　　　图 10-73　差集效果

（11）将视觉样式由"二维线框"转换为"真实"，预览图形创建效果，如图 10-74 所示。

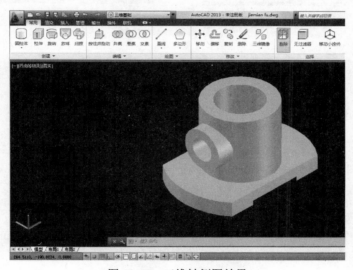

图 10-74　三维轴侧图效果

练习三　绘制盘座

本练习将介绍一款盘座三维模型图的绘制，具体步骤如下。

（1）单击"新建"命令，新建空白文件。进入"三维基础"工作界面，并将当前视图设置为"西北等轴测"。

（2）单击"创建"面板中的"圆柱体"按钮，绘制底面直径为 95 mm、高度为 18 mm的圆柱体和底面直径为 20 mm、高度为 75 mm 的两个同心圆柱，如图 10-75 所示。

（3）单击"绘图"面板中的"圆"命令，捕捉粗圆柱的顶面圆心，绘制一个直径为 60 mm

的圆，如图 10-76 所示。

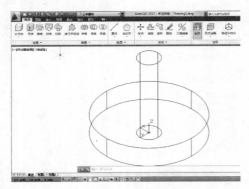

图 10-75 绘制圆柱体

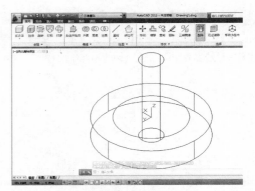

图 10-76 绘制圆

（4）单击"绘图"面板中的"圆"命令，捕捉细圆柱顶面圆心，绘制一个直径为 40 mm 的圆，如图 10-77 所示。

（5）单击"创建"面板中的"放样"命令，先选择上侧圆形，然后选择下侧圆形，按回车键后，选择默认的"仅横截面"选项，即可获得放样实体效果，如图 10-78 所示。

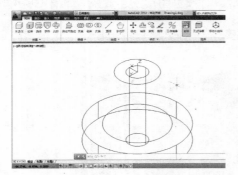

图 10-77 绘制圆

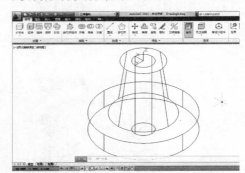

图 10-78 放样效果

（6）单击"编辑"面板中的"圆角边"命令，将放样实体的边缘进行倒圆角，然后单击"并集"，将放样实体和下面的粗圆柱合并成一体，如图 10-79 所示。

（7）单击"编辑"面板中的"圆角边"命令，设置圆角半径为 5 mm，将粗圆柱与新实体的接触边和粗圆柱上表面的外轮廓进行倒圆角，如图 10-80 所示。

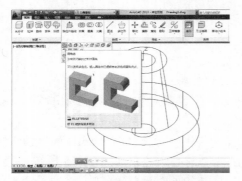

图 10-79 选择"圆角边"命令

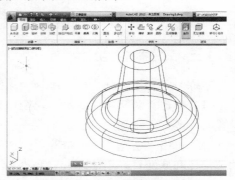

图 10-80 圆角边效果

（8）重复命令单击"圆角边"命令，设置半径为 3 mm，将新实体的上表面外轮廓进行倒圆角，如图 10-81 所示。

（9）将视觉样式由"二维线框"改为"真实"，观察"盘坐"实体创建效果，如图 10-82 所示。

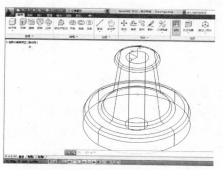

图 10-81　圆角边效果

图 10-82　"盘坐"实体效果

10.7　课 后 习 题

一、填空题

1. 在 AutoCAD 中，坐标系包括_____和用户坐标系两种类型。

2. 在绘图过程中经常需要使用消隐、着色和渲染功能，而线框模型无法提供这些功能，但又不需要实体模型所提供的物理特性，这时可以通过使用_____来表达所需要的模型。

3. 使用_____命令可指定路径创建举行截面实体，该命令是建筑三维模型使用最频繁的命令之一，主要用来创建建筑墙体等的三维模型。

二、选择题

1. 在命令行中输入_____命令，可对坐标系进行旋转、移动以及恢复到世界坐标系等操作。

  A. S   B. U   C. UCS   D. W

2. 在 AutoCAD 中，三维几何模型根据造型的创建方法及存储方式可以将三维模型分为 3 种类型，其中下面不属于此三类中的是_____。

  A. 线框模型   B. 曲面模型   C. 参照模型   D. 实体模型

3. 使用_____命令，可以通过绕轴旋转二维对象来创建三维实体或曲面。

  A. 旋转   B. 拉伸   C. 放样   D. 扫掠

三、简答题

1. 简述三维网格曲面的创建方法。

2. 简述三维基本实体的创建方法。

3. 简述通过拉伸、旋转等操作，将二维对象创建成三维实体的方法。

第 11 章　编辑三维图形

在绘制三维模型过程中，用户可以使用移动、复制、镜像、对齐、阵列等命令编辑三维实体对象，剖切实体以获取实体的截面，编辑实体的面和边。为了使实体更加接近真实物体，可以消除图形中的隐藏线等，这些对三维建筑模型的编辑操作，使得三维模型更加丰富多样而真实。

本章学习要点
- ➢ 编辑三维图形；
- ➢ 编辑三维实体的边；
- ➢ 编辑三维实体的面；
- ➢ 编辑三维实体的体；
- ➢ 倒角与圆角实体；
- ➢ 分解与剖切实体。

11.1　编辑三维图形

与二维图形的编辑一样，用户可以对三维曲面、实体进行编辑。二维图形中的许多编辑命令同样适用于三维图形，如复制、移动、删除等。此外，使用三维编辑命令，可对三维空间中的对象进行三维阵列、三维旋转、三维镜像等操作。

11.1.1　阵列三维图形

使用"三维阵列"命令，可以在三维空间中创建对象的矩形阵列或环形阵列。在三维空间中进行阵列操作，除了指定列数（X 方向）和行数（Y 方向）以外，还要指定层数（Z 方向）。

在菜单栏中单击"修改"|"三维操作"|"三维阵列"命令，在绘图区中选取执行阵列的对象后按回车键，命令行将显示"输入阵列类型 ［矩形(R) /环形(P)］ <矩形>: "的提示信息，下面分别介绍这两种阵列方式的使用方法。

1. 矩形阵列

三维矩形阵列是在行（X 轴）、列（Y 轴）和层（Z 轴）矩形阵列中复制对象。单击"修改"|"三维操作"|"三维阵列"命令，选择要阵列的对象，按回车键选择"矩形阵列"类型，然后根据命令行提示，依次指定阵列的行数、列数、阵列的层数、行间距、列间距及层间距，如图 11-1、图 11-2 所示。

命令选项如下。

```
命令：3DARRAY↙                              （输入命令并按回车键）
选择对象：指定对角点：找到 1 个              （选择要整列的实体对象）
选择对象：↙                                （按回车键结束选择对象）
输入阵列类型 ［矩形(R) /环形(P)］ <矩形>:↙   （按回车键，选择默认的矩形阵列方式）
```

输入行数（- - -）<1>：3✓　　　　　　　　（输入阵列的行数，按回车键）
输入列数（||||）<1>：2✓　　　　　　　　（输入阵列的列数，按回车键）
输入层数（...）<1>：3✓　　　　　　　　（输入阵列的层数，按回车键）
指定行间距（- - -）：500✓　　　　　　　（输入行间距值，按回车键）
指定列间距（||||）：500✓　　　　　　　（输入列间距值，按回车键）
指定层间距（...）：500✓　　　　　　　（输入层间距值，按回车键）

图 11-1　选择要阵列的实体对象

图 11-2　矩形阵列效果

> **小提示**：在指定间距值时，可以分别输入间距值或选取两个点，AutoCAD 将自动测量两点的距离值，并以此作为间距值。如果间距值为正，将沿 X 轴、Y 轴、Z 轴的正方向生成阵列，反之将沿对应轴方向生成负值阵列特征。

2. 环形阵列

三维环形阵列是围绕旋转轴按逆时针或顺时针方向来阵列复制选择对象。单击"三维阵列"命令，选择要阵列的对象，按回车键选择"环形阵列"类型，然后根据命令行提示，输入阵列的项目个数，并指定环形阵列的填充角度，确认是否要进行自身旋转，然后指定阵列的中心点及旋转轴上的另一点，即可完成环形阵列操作，效果如图 11-3、图 11-4 和图 11-5 所示。

命令选项如下。

命令：3DARRAY✓　　　　　　　　　　　　（输入命令并按回车键）
选择对象：找到 1 个　　　　　　　　　　（选择要阵列的实体对象）
选择对象：✓　　　　　　　　　　　　　　（按回车键结束选择对象）
输入阵列类型 [矩形(R)/环形(P)] <矩形>：P✓　（选择环形选项）
输入阵列中的项目数目：4✓　　　　　　　（输入阵列的行数目，按回车键）
指定要填充的角度（+=逆时针，-=顺时针）<360>：✓　（按回车键，选择默认角度值）
旋转阵列对象？[是(Y)/否(N)] <Y>：✓　　（按回车键，选择阵列对象）
指定阵列的中心点：　　　　　　　　　　　（捕捉圆柱体顶面圆心）
指定旋转轴上的第二点：　　　　　　　　　（向下移动光标，在合适的位置单击鼠标左键）

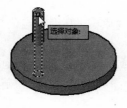

图 11-3　选择餐椅

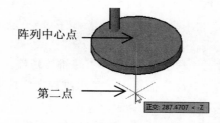

图 11-4　指定旋转轴

图 11-5　环形阵列效果

> **小提示:** 在创建环形阵列时,阵列按逆时针或顺时针方向绘制,这取决于设置填充角度时输入数值的正负。此外,阵列的半径由指定中心点与参照点之间的距离决定,可以使用默认参照点(通常是与捕捉点重合的任意点),或指定一个要用作参照点的新基点。

11.1.2 镜像三维图形

使用"三维镜像"命令,可以通过指定镜像平面来镜像对象。镜像平面可以是平面对象所在的平面,或者通过指定点且与当前 UCS 的 XY、YZ 或 XZ 平面平行的平面,也可以是由 3 个指定点定义的平面。

在菜单栏中单击"修改"|"三维操作"|"三维镜像"命令,或者在功能区选项板中选择"常用"选项卡,单击"修改"面板中的"三维镜像"按钮%,都可以调用"三维镜像"命令。

使用以上任意一种方法调出"三维镜像"命令后,即可进入三维镜像模式。选取镜像实体后按回车键,按照命令行提示选取镜像平面,然后根据设计需要确定是否删除原对象,按回车键即可获得三维镜像效果,如图 11-6、图 11-7 和图 11-8 所示。

命令选项如下。

```
命令:MIRROR3D↙                                    (输入命令并按回车键)
选择对象:找到 1 个                                 (选择要镜像的实体对象)
选择对象:↙                                        (按回车键结束选择对象)
指定镜像平面 (三点) 的第一个点或 [对象(O)/最近的(L)/Z 轴(Z)/视图(V)/XY 平面
(XY)/YZ 平面(YZ)/ZX 平面(ZX)/三点(3)] <三点>:在镜像平面上指定第二点:在镜像平面
上指定第三点: (依次单击捕捉 A、B、C 端点确定镜像平面)
是否删除源对象? [是(Y)/否(N)] <否>:↙              (按回车键结束保留源对象)
```

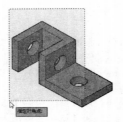 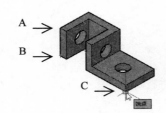 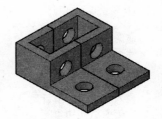

图 11-6 选择要镜像的实体对象 　　图 11-7 指定镜像平面 　　图 11-8 镜像效果

11.1.3 旋转三维图形

"三维旋转"操作就是利用夹点命令将对象和子对象设置旋转约束,使其沿指定的旋转轴(X 轴、Y 轴、Z 轴)进行自由的旋转。

在菜单栏中单击"修改"|"三维操作"|"三维旋转"命令,或者在功能区选项板中选择"常用"选项卡,单击"修改"面板中的"三维旋转"按钮⊕,都可以调用"三维旋转"命令。

使用以上任意一种方法调出"三维旋转"命令后,即可进入三维旋转模式。选取待旋转的对象,鼠标将变为 3 个圆环(红色代表 X 轴,绿色代表 Y 轴,蓝色代表 Z 轴),然后在绘图区指定一点为旋转基点，并指定旋转轴，接着输入旋转角度，对象将根据角度作为参照，即可获得三维旋转效果，如图 11-9、图 11-10 和图 11-11 所示。

命令选项如下。

```
命令：  3DROTATE↙                                （输入命令并按回车键）
UCS 当前的正角方向：  ANGDIR=逆时针  ANGBASE=0
选择对象：指定对角点：找到 1 个                   （选择要旋转的实体对象）
选择对象：↙                                      （按回车键结束选择对象）
指定基点：                                       （单击捕捉圆心 D 点）
拾取旋转轴：                                      （将光标放置到红色圆环上并单击）
指定角的起点或键入角度：50↙                       （输入角度值，按回车键）
```

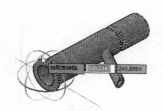

图 11-9　指定基点　　　　　　　图 11-10　指定旋转轴　　　　图 11-11　旋转效果

11.1.4　对齐三维图形

在三维空间中，使用"三维对齐"命令，分别指定源对象与目标对象中的三个点，可以将源对象与目标对象对齐。

在菜单栏中单击"修改"|"三维操作"|"三维对齐"命令，或者在功能区选项板中选择"常用"选项卡，单击"修改"面板中的"三维对齐"按钮🗗，都可以调用"三维对齐"命令。

使用以上任意一种方法调出"三维对齐"命令后，选择要对齐的实体对象，然后根据命令行提示，指定源对象的某一平面上的 3 个点，接着指定目标对象的某一平面上的 3 个点，即可获得三维对齐效果，如图 11-12、图 11-13 和图 11-14 所示。

命令选项如下。

```
命令：  3DALIGN↙                                 （输入命令并按回车键）
选择对象：找到 1 个                               （选择要对齐的实体对象）
选择对象：↙                                      （按回车键结束选择对象）
指定源平面和方向 ...
指定基点或 [复制(C)]：                            （单击捕捉端点 1）
指定第二个点或 [继续(C)] <C>：                    （单击捕捉端点 2）
指定第三个点或 [继续(C)] <C>：                    （单击捕捉端点 3）
指定目标平面和方向 ...
指定第一个目标点：                               （单击捕捉端点 4）
指定第二个目标点或 [退出(X)] <X>：               （单击捕捉端点 5）
指定第三个目标点或 [退出(X)] <X>：               （单击捕捉端点 6）
```

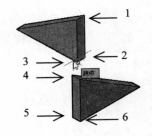
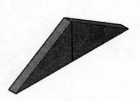

图 11-12　选择要对齐的实体对象　　　图 11-13　指定源点和目标点　　　图 11-14　对齐效果

11.1.5　移动三维图形

使用"三维移动"命令可以将指定模型沿 X、Y、Z 轴或其他任意方向，以及直线、面或任意两点间移动，从而获得模型在视图中的准确位置。

在菜单栏中单击"修改"|"三维操作"|"三维移动"命令，或者在功能区选项板中选择"常用"选项卡，单击"修改"面板中的"三维移动"按钮⊕，都可以调用"三维移动"命令。

在 AutoCAD 2013 中，利用"三维移动"命令移动对象的常用方法有以下 3 种。

（1）指定点或距离移动对象

指定点移动三维对象是快捷的移动方式，即指定原对象点和移动至对象点，即可获得移动对象效果，该方法与"移动"命令操作方法完全相同。如果明确移动距离，在指定待移动点后输入移动距离，可实现精确移动效果。

单击"常用"|"修改"|"三维移动"命令，根据命令行提示选择对象并按回车键，鼠标变为坐标系图标，此时根据提示指定基点，并指定目标点或输入距离值，即可完成移动操作，如图 11-15、图 11-16 和图 11-17 所示。

命令选项如下：

命令：3DMOVE✓	（输入命令并按回车键）
选择对象：找到 1 个	（选择碗图形）
选择对象：	（按回车键结束选择对象）
指定基点或 [位移(D)] <位移>：	（捕捉碗口圆心作为基点）
指定第二个点或 <使用第一个点作为位移>：200✓	（输入距离值指定目标点，按回车键）

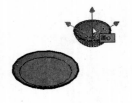
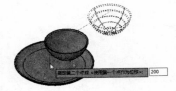

图 11-15　指定基点　　　　　图 11-16　输入距离值　　　　　图 11-17　移动效果

（2）沿指定轴移动对象

选择要移动的对象后，将光标停留在基点坐标系的轴句柄上，直至矢量显示为与该轴对齐，然后单击轴句柄即可将移动方向约束到该轴上。移动光标时，所选对象将仅沿所约束的轴移动，此时可以通过单击或输入数值指定位移点的移动距离，按回车键即可完成模型的移动，如图 11-18、图 11-19 和图 11-20 所示。

命令选项如下。

命令：3DMOVE↙　　　　　　　　　　　　　　（输入命令并按回车键）
选择对象：找到 1 个　　　　　　　　　　　　（选择碗图形）
选择对象：↙　　　　　　　　　　　　　　　　（按回车键结束选择对象）
指定基点或 [位移(D)] <位移>：　　　　　　（将光标放置到 Y 轴句柄上并单击）
** MOVE **　　　　　　　　　　　　　　　　（移动光标）
指定移动点 或 [基点(B)/复制(C)/放弃(U)/退出(X)]：150↙
　　　　　　　　　　　　　　　　　　　　　　（输入距离值指定移动点，按回车键）
命令：*取消*　　　　　　　　　　　　　　　　（按 Esc 键退出操作）

　图 11-18　指定 Y 轴句柄　　　图 11-19　移动对象位置　　　图 11-20　移动效果

（3）沿指定平面移动对象

选择要移动的对象后，将光标停留在两条轴柄之间的直线汇合处的平面上（用以确定移动平面），直至直线变为黄色，然后单击该平面，即可将移动约束到该平面上。移动光标时，所选对象将沿所约束的面移动，此时可以通过单击或输入数值指定距基点的移动距离，按回车键即可完成模型的移动，如图 11-21、图 11-22 和图 11-23 所示。

命令选项如下。

命令：3DMOVE↙　　　　　　　　　　　　　　（输入命令并按回车键）
选择对象：找到 1 个　　　　　　　　　　　　（选择碗图形）
选择对象：↙　　　　　　　　　　　　　　　　（按回车键结束选择对象）
指定基点或 [位移(D)] <位移>：　　　　　　（将光标放置到 XZ 平面上并单击）
** MOVE **　　　　　　　　　　　　　　　　（移动光标）
指定移动点 或 [基点(B)/复制(C)/放弃(U)/退出(X)]：160↙
　　　　　　　　　　　　　　　　　　　　　　（输入距离值指定移动点，按回车键）
命令：*取消*　　　　　　　　　　　　　　　　（按 Esc 键退出操作）

　图 11-21　指定移动平面图　　　图 11-22　沿 XZ 平面移动　　　图 11-23　移动效果

11.2　编辑三维实体

在 AutoCAD 2013 中，用户可以直接改变源实体的基本特征，以满足实体建模的要求，可对实体进行必要的分解、剖切等操作。

11.2.1 分解实体

三维实体是由多个面组成的，可以使用"分解"命令，将实体分解为一系列的面域和主体。实体中的平面被转换为面域，曲面部分会转化为主体。用户还可以继续使用"分解"命令，将三维实体分解后的面域和主体再次分解，将面域和主体的组成元素分解为基本元素，如直线、圆及圆弧等。

在菜单栏中单击"修改"|"分解"命令，或者在功能区选项板中选择"常用"选项卡，单击"修改"面板中的"分解"按钮 。都可以调用"分解"命令。

使用以上任意一种方法调出"分解"命令后，选择待分解的实体对象，按回车键即可完成分解操作。分解后的三维实体将变为一个空心的可编辑的几何面，如图 11-24、图 11-25 所示。

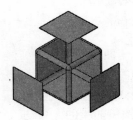

图 11-24　选择要分解的实体对象　　　　图 11-25　分解后的实体

11.2.2 倒角和圆角实体

"圆角"和"倒角"命令不仅可以作为二维图形的圆角或倒角过渡，还可用于三维实体中两个面之间的圆角或倒角过渡。与二维环境中编辑效果不同之处在于：三维倒角和圆角操作将会在三维实体表面相交处按照指定距离创建一个新的实体面。

1. 倒角实体

使用"倒角边"命令对三维实体进行倒直角操作，可将实体上的任何一处拐角切去，使之变成斜角。

在菜单栏中单击"修改"|"实体编辑"|"倒角边"命令，或者在功能区选项板中选择"实体"选项卡，单击"实体编辑"面板中的"倒角边"按钮 ，都可以调用"倒角边"命令。

使用以上任意一种方法调出"倒角边"命令后，根据命令行提示对三维实体进行倒角操作，效果如图 11-26、图 11-27 和图 11-28 所示。

命令选项如下。

```
命令： _CHAMFEREDGE 距离 1 = 50.0000，距离 2 = 50.0000    （调用倒角边命令）
选择一条边或 [环(L)/距离(D)]:                              （在实体的某一条边上单击）
选择同一个面上的其他边或 [环(L)/距离(D)]: D↙              （选择距离选项）
指定距离 1 或 [表达式(E)] <50.0000>: 80↙                  （输入距离值并按回车键）
指定距离 2 或 [表达式(E)] <50.0000>: 80↙                  （输入距离值并按回车键）
```

选择同一个面上的其他边或 [环(L)/距离(D)]：✓　　　　　　（按回车键）
按 Enter 键接受倒角或 [距离(D)]：✓　　　　　　　　　　（按回车键结束操作）

图 11-26　选择要倒角的边　　　　图 11-27　指定倒角距离　　　　图 11-28　倒角效果

2. 圆角实体

在 AutoCAD 2013 中，使用"圆角边"命令，可以对三维实体以一定距离进行倒圆角。

在菜单栏中单击"修改"|"实体编辑"|"圆角边"命令，或者在功能区选项板中选择"实体"选项卡，单击"实体编辑"面板中的"圆角边"按钮，都可以调用"圆角边"命令。

使用以上任意一种方法调出"圆角边"命令后，根据命令行提示对三维实体进行圆角操作，效果如图 11-29、图 11-30 和图 11-31 所示。

命令选项如下。

命令：_FILLETEDGE　　　　　　　　　　　　　　　（调用圆角边命令）
半径 = 1.0000
选择边或 [链(C)/环(L)/半径(R)]：　　　　　　　（在实体的某一条边上单击）
选择边或 [链(C)/环(L)/半径(R)]：R✓　　　　　（选择半径选项）
输入圆角半径或 [表达式(E)] <1.0000>：50✓　　（输入半径值并按回车键）
选择边或 [链(C)/环(L)/半径(R)]：✓　　　　　　（按回车键）
已选定 1 个边用于圆角。✓　　　　　　　　　　（按回车键）
按 Enter 键接受圆角或 [半径(R)]：✓　　　　　（按回车键结束操作）

图 11-29　选择要圆角的边　　　　图 11-30　指定圆角半径　　　　图 11-31　圆角效果

11.2.3　剖切实体

利用"剖切"命令剖切现有实体可以创建新实体。用户可以通过多种方式定义剪切平面，包括指定点、选择曲面或平面对象。

在菜单栏中单击"修改"|"三维操作"|"剖切"命令，或者在功能区选项板中选择"常用"选项卡，单击"实体编辑"面板上的"剖切"按钮，都可以调用"剖切"命令。

使用以上任意方法调出"剖切"命令后，选择要剖切的三维实体并按回车键，指定两个点定义剪切平面，然后指定要保留的剖切对象的侧面，也可根据需要选择保留两个侧面，即可获得剖切效果，如图 11-32、图 11-33 和图 11-34 所示。

命令选项如下。

命令：_slice　　　　　　　　　　　　　　　　　　　　　　　　　（调用剖切命令）
选择要剖切的对象：找到 1 个　　　　　　　　　　　　　　　（选择要剖切的实体对象）
选择要剖切的对象：✓　　　　　　　　　　　　　　　　　　　（按回车键结束选择）
指定 切面 的起点或 [平面对象(O)/曲面(S)/Z 轴(Z)/视图(V)/XY(XY)/YZ(YZ)/ZX(ZX)/
三点(3)] <三点>：　　　　　　　　　　　　　　　　　　　　（在绘图区单击点 M）
指定平面上的第二个点：　　　　　　　　　　　　　　　　　（在绘图区单击点 N）
在所需的侧面上指定点或 [保留两个侧面(B)] <保留两个侧面>：　（在要保留的侧面上单击）

图 11-32　选择实体

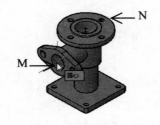
图 11-33　指定切面的起点和终点

图 11-34　剖切效果

11.3　编辑三维实体的边

在 AutoCAD 2013 中，用户可以对三维实体对象的边进行复制、着色，还可以将指定的边压印至实体表面上。

11.3.1　压印边

使用压印边功能可以在选定的对象上压印一个对象，相当于将一个选定的对象映射到另一个三维实体上。压印的对象可以是圆弧、圆、直线、多段线、三维多段线、椭圆、样条曲线、面域或三维实体等。

在菜单栏中单击"修改"|"实体编辑"|"压印边"命令，或者在功能区选项板中选择"常用"选项卡，单击"实体编辑"面板中的"压印边"按钮，都可以调用"压印边"命令。

使用以上任意一种方法调出"压印边"命令后，依次选择实体对象和压印的对象，然后根据需要确定是否保留压印对象，即可获得压印效果，如图 11-35、图 11-36 和图 11-37 所示。

命令选项如下。

命令：_imprint　　　　　　　　　　　　　　　　　　（调用压印边命令）
选择三维实体或曲面：　　　　　　　　　　　　　　（选择长方体为三维实体）
选择要压印的对象：　　　　　　　　　　　　　　　（选择圆为压印对象）
是否删除源对象 [是(Y)/否(N)] <N>：Y✓　　　　　　（删除源对象）
选择要压印的对象：*取消*　　　　　　　　　　　　（按 Esc 键结束操作）

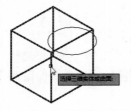
图 11-35　选择三维实体

图 11-36　选择压印对象

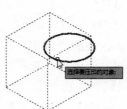
图 11-37　压印效果

> **小提示：** 为了使压印成功，被压印的对象必须与选定的对象的一个面或多个面相交，压印时，可以删除压印对象，也可以保留源对象。

11.3.2　复制边

用户可以使用"复制边"命令，对三维实体对象的各个边进行复制，通过复制边，可以创建出新的直线、圆弧、圆、椭圆或样条曲线对象。

在菜单栏中单击"修改"|"实体编辑"|"复制边"命令，或者在功能区选项板中选择"常用"选项卡，单击"实体编辑"面板中的"复制边"按钮，都可以调用"复制边"命令。

使用以上任意一种方法调出"复制边"命令后，单击选择单个或多个三维实体的边，按回车键指定基点，然后指定位移的第二点（即插入点），即可将所选的边复制到指定位置处，如图 11-38、图 11-39 和图 11-40 所示。

命令选项如下。

```
命令: _solidedit                                      (调用复制边命令)
实体编辑自动检查:  SOLIDCHECK=1
输入实体编辑选项 [面(F)/边(E)/体(B)/放弃(U)/退出(X)] <退出>: _edge
输入边编辑选项 [复制(C)/着色(L)/放弃(U)/退出(X)] <退出>: _copy
选择边或 [放弃(U)/删除(R)]:                            (在实体的一条边上单击)
选择边或 [放弃(U)/删除(R)]: ✓                          (按回车键结束选择)
指定基点或位移:                                       (捕捉圆心并单击)
指定位移的第二点:                                     (移动光标并单击)
输入边编辑选项 [复制(C)/着色(L)/放弃(U)/退出(X)] <退出>: *取消*  (按 Esc 键结束操作)
```

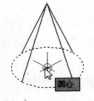 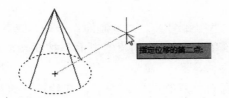 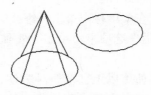

图 11-38　指定基点　　　　　图 11-39　指定位移第二点　　　　　图 11-40　复制效果

11.3.3　着色边

在 AutoCAD 2013 中，用户可以使用"着色边"命令，对三维实体的某个边进行着色处理。

在菜单栏中单击"修改"|"实体编辑"|"着色边"命令，或者在功能区选项板中选择"常用"选项卡，单击"实体编辑"面板中的"着色边"按钮，都可以调用"着色边"命令。

使用以上任意一种方法调出"着色边"命令后，单击选择要着色的轮廓线并按回车键，然后在打开的"选择颜色"对话框中设置所需颜色即可，如图 11-41、图 11-42 和图 11-43所示。

命令选项如下。

命令：_solidedit　　　　　　　　　　　　　　　　　　　　（调用着色边命令）
实体编辑自动检查：SOLIDCHECK=1
输入实体编辑选项 [面(F)/边(E)/体(B)/放弃(U)/退出(X)] <退出>：_edge
输入边编辑选项 [复制(C)/着色(L)/放弃(U)/退出(X)] <退出>：_color
选择边或 [放弃(U)/删除(R)]：　　　　　　　　　（单击选取实体的一条轮廓线）
选择边或 [放弃(U)/删除(R)]：✓　　　　（按回车键结束选择，打开"选择颜色"对话框）
输入边编辑选项 [复制(C)/着色(L)/放弃(U)/退出(X)] <退出>：*取消*（按 Esc 键结束操作）

图 11-41　选取轮廓线　　　　　图 11-42　设置颜色　　　　　图 11-43　着色效果

11.4　编辑三维实体的面

在 AutoCAD 2013 中，用户可以对三维实体的选择面进行拉伸、移动、偏移、删除、旋转、倾斜和复制等操作，还可以改变面的颜色。

11.4.1　复制面

在 AutoCAD 2013 中，使用"复制面"命令，可以将实体中指定的三维面复制出来成为面域或体。

在菜单栏中单击"修改"|"实体编辑"|"复制面"命令，或者在功能区选项板中选择"常用"选项卡，单击"实体编辑"面板中的"复制面"按钮，都可以调用"复制面"命令。

使用以上任意一种方法调出"复制面"命令后，在绘图区选取要复制的实体面，按回车键指定基点和位移的第二点，即可获得复制实体面的效果，如图 11-44、图 11-45 和图 11-46 所示。

命令选项如下。

命令：_solidedit　　　　　　　　　　　　　　　　　　　（调用复制面命令）
实体编辑自动检查：SOLIDCHECK=1
输入实体编辑选项 [面(F)/边(E)/体(B)/放弃(U)/退出(X)] <退出>：_face
输入面编辑选项[拉伸(E)/移动(M)/旋转(R)/偏移(O)/倾斜(T)/删除(D)/复制(C)/颜色(L)/
材质(A)/放弃(U)/退出(X)] <退出>：_copy
选择面或 [放弃(U)/删除(R)]：找到一个面。　　　（单击选择要复制的面）
选择面或 [放弃(U)/删除(R)/全部(ALL)]：　　　　（按回车键结束选择）
指定基点或位移：　　　　　　　　　　　　　　（捕捉圆心并单击鼠标左键）
指定位移的第二点：400✓　　　　　　（输入距离值指定第二点，按回车键结束）
输入面编辑选项[拉伸(E)/移动(M)/旋转(R)/偏移(O)/倾斜(T)/删除(D)/复制(C)/颜色(L)/
材质(A)/放弃(U)/退出(X)] <退出>：*取消*
　　　　　　　　　　　　　　　　　　　　　　（按 Esc 键结束操作）

　　图 11-44　指定基点　　　　　　图 11-45　指定位移方向　　　　　　图 11-46　复制面效果

11.4.2　移动面

　　移动面是指沿着指定的高度或距离移动三维实体的选定面，用户可一次移动一个或多个面。该操作只是对面的位置进行调整，并不能更改面的方向。

　　在菜单栏中单击"修改"|"实体编辑"|"移动面"命令，或者在功能区选项板中选择"常用"选项卡，单击"实体编辑"面板中的"移动面"按钮 ，都可以调用"移动面"命令。

　　使用以上任意一种方法调出"移动面"命令后，在绘图区选取要移动的实体面，按回车键指定基点和位移的第二点，即可获得移动实体面的效果，如图 11-47、图 11-48 和图 11-49 所示。

　　命令选项如下。

```
命令：_solidedit                            （调用移动面命令）
实体编辑自动检查：SOLIDCHECK=1
输入实体编辑选项 [面(F)/边(E)/体(B)/放弃(U)/退出(X)] <退出>：_face
输入面编辑选项[拉伸(E)/移动(M)/旋转(R)/偏移(O)/倾斜(T)/删除(D)/复制(C)/颜色(L)/
材质(A)/放弃(U)/退出(X)] <退出>：_move
选择面或 [放弃(U)/删除(R)]：找到一个面。          （选择要移动的面）
选择面或 [放弃(U)/删除(R)/全部(ALL)]：↙          （按回车键结束选择）
指定基点或位移：                              （捕捉实体上的端点 1 并单击）
指定位移的第二点：                            （捕捉实体上的中点 2 并单击）
已开始实体校验。
已完成实体校验。
输入面编辑选项[拉伸(E)/移动(M)/旋转(R)/偏移(O)/倾斜(T)/删除(D)/复制(C)/颜色(L)/
材质(A)/放弃(U)/退出(X)] <退出>：*取消*          （按 Esc 键结束操作）
```

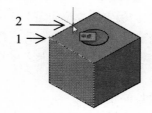

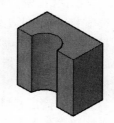

　　图 11-47　选择要移动的面　　　图 11-48　指定基点和位移第二点　　　图 11-49　移动面效果

11.4.3 偏移面

使用"偏移面"命令可以将现有的面从原始位置向内或向外偏移指定的距离创建新的面。

在菜单栏中单击"修改"|"实体编辑"|"偏移面"命令，或者在功能区选项板中选择"常用"选项卡，单击"实体编辑"面板中的"偏移面"按钮□，都可以调用"偏移面"命令。

使用以上任意一种方法调出"偏移面"命令后，在绘图区选取要偏移的实体面，按回车键指定偏移距离，即可获得偏移实体面效果，如图11-50、图11-51和图11-52所示。

命令选项如下。

```
命令: _solidedit                                      (调用偏移面命令)
实体编辑自动检查: SOLIDCHECK=1
输入实体编辑选项 [面(F)/边(E)/体(B)/放弃(U)/退出(X)] <退出>: _face
输入面编辑选项[拉伸(E)/移动(M)/旋转(R)/偏移(O)/倾斜(T)/删除(D)/复制(C)/颜色(L)/
材质(A)/放弃(U)/退出(X)] <退出>: _offset
选择面或 [放弃(U)/删除(R)]: 找到一个面。                 (选择要偏移的面)
选择面或 [放弃(U)/删除(R)/全部(ALL)]:                 (按回车键结束选择)
指定偏移距离: 20✓                                     (输入距离值，按回车键)
已开始实体校验。
已完成实体校验。
输入面编辑选项[拉伸(E)/移动(M)/旋转(R)/偏移(O)/倾斜(T)/删除(D)/复制(C)/颜色(L)/
材质(A)/放弃(U)/退出(X)] <退出>: *取消*                 (按 Esc 键结束操作)
```

  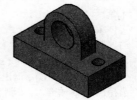

图 11-50 选择要偏移的面   图 11-51 指定偏移距离   图 11-52 偏移面效果

11.4.4 拉伸面

使用"拉伸面"命令，可以将选定的三维实体对象表面拉伸到指定高度，或沿一条路径进行拉伸。此外，还可以将实体对象面按一定的角度进行拉伸。

在菜单栏中单击"修改"|"实体编辑"|"拉伸面"命令，或者在功能区选项板中选择"常用"选项卡，单击"实体编辑"面板上的"拉伸面"按钮□，都可以调用"拉伸面"命令。

使用以上任意一种方法调出"拉伸面"命令后，在绘图区中选取要拉伸的面，按回车键，命令行将显示"指定拉伸高度或 [路径(P)]:"的提示信息，下面分别介绍这两种拉伸方式的使用方法。

（1）指定高度和倾斜角度拉伸实体面

单击"拉伸面"命令，在绘图区选取要拉伸的实体面并按回车键，根据命令提示指定拉伸高度和倾斜角度，按回车键即可获得拉伸实体面效果，如图11-53、图11-54和图11-55所示。

命令选项如下。

命令: _solidedit （调用拉伸面命令）
实体编辑自动检查: SOLIDCHECK=1
输入实体编辑选项 [面(F)/边(E)/体(B)/放弃(U)/退出(X)] <退出>: _face
输入面编辑选项 [拉伸(E)/移动(M)/旋转(R)/偏移(O)/倾斜(T)/删除(D)/复制(C)/颜色(L)/
材质(A)/放弃(U)/退出(X)] <退出>: _extrude
选择面或 [放弃(U)/删除(R)]: 找到一个面。 （选择要拉伸的面）
选择面或 [放弃(U)/删除(R)/全部(ALL)]: （按回车键结束选择）
指定拉伸高度或 [路径(P)]: 50↙ （输入高度值并按回车键）
指定拉伸的倾斜角度 <0>: 20↙ （输入角度值并按回车键）
已开始实体校验。
已完成实体校验。
输入面编辑选项[拉伸(E)/移动(M)/旋转(R)/偏移(O)/倾斜(T)/删除(D)/复制(C)/颜色(L)/
材质(A)/放弃(U)/退出(X)] <退出>: *取消* （按 Esc 键结束操作）

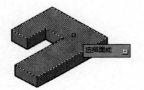
图 11-53 选择要拉伸的面

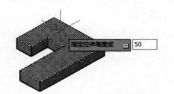
图 11-54 指定拉伸高度

图 11-55 正角度拉伸面

> **小提示**：当指定的高度为负值时，选取的面将向实体的内侧拉伸；当指定的角度为负值时，拉伸的面将在指定的方向上逐步变大，为正值时则相反。

（2）指定路径拉伸实体面

单击"拉伸面"命令，在绘图区选取要拉伸的实体面并按回车键，在命令行中输入 P，并选择直线为拉伸路径，单击鼠标左键即可获得拉伸实体面效果，如图 11-56、图 11-57 和图 11-58 所示。

命令选项如下。

选择面或 [放弃(U)/删除(R)]: 找到一个面。 （选择要拉伸的面）
选择面或 [放弃(U)/删除(R)/全部(ALL)]: （按回车键结束选择）
指定拉伸高度或 [路径(P)]: P↙ （选择路径选项，按回车键）
选择拉伸路径: （选择拉伸路径）
路径已移动到轮廓中心。
已开始实体校验。
已完成实体校验。
输入面编辑选项[拉伸(E)/移动(M)/旋转(R)/偏移(O)/倾斜(T)/删除(D)/复制(C)/颜色(L)/
材质(A)/放弃(U)/退出(X)] <退出>: *取消* （按 Esc 键结束操作）

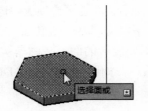
图 11-56 选择要拉伸的面

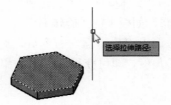
图 11-57 指定拉伸路径

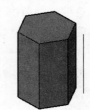
图 11-58 拉伸面效果

> **小提示**：如果路径包括不相切的线段，那么拉伸面将沿每条线段进行拉伸，并且沿线段将形成角平分形式的斜接接头；如果路径是闭合的，则平面位于斜接面；如果平面不在斜接面上，将旋转路径直至平面位于斜接面上。

11.4.5　着色面

在创建和编辑实体模型过程中，为了更方便地观察实体或选取实体各部分，可以利用"着色面"功能修改单个或多个实体面的颜色，以取代该实体面所在图层的颜色。

在菜单栏中单击"修改"|"实体编辑"|"着色面"命令，或者在功能区选项板中选择"常用"选项卡，单击"实体编辑"面板上的"着色面"按钮，都可以调用"着色面"命令。

使用以上任意一种方法调出"着色面"命令后，选择需要着色的面，按回车键打开"选择颜色"对话框，在该对话框中选择需要的颜色，单击"确定"按钮，完成面的着色，如图 11-59、图 11-60 和图 11-61 所示。

命令选项如下。

```
命令: _solidedit                                    (调用着色面命令)
实体编辑自动检查: SOLIDCHECK=1
输入实体编辑选项 [面(F)/边(E)/体(B)/放弃(U)/退出(X)] <退出>: _face
输入面编辑选项[拉伸(E)/移动(M)/旋转(R)/偏移(O)/倾斜(T)/删除(D)/复制(C)/颜色(L)/
材质(A)/放弃(U)/退出(X)] <退出>: _color
选择面或 [放弃(U)/删除(R)]: 找到一个面。          (选择要着色的面)
选择面或 [放弃(U)/删除(R)/全部(ALL)]: ✓          (按回车键，设置颜色)
输入面编辑选项[拉伸(E)/移动(M)/旋转(R)/偏移(O)/倾斜(T)/删除(D)/复制(C)/颜色(L)/
材质(A)/放弃(U)/退出(X)] <退出>: *取消*          (按 Esc 键结束操作)
```

　　　　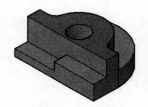

图 11-59　选择要着色的面　　　　图 11-60　设置颜色　　　　图 11-61　着色面效果

11.4.6　旋转面

在 AutoCAD 2013 中，使用"旋转面"命令，可以从当前位置起使对象绕选定的轴旋转指定的角度。

在菜单栏中单击"修改"|"实体编辑"|"旋转面"命令，或者在功能区选项板中选择"常用"选项卡，单击"实体编辑"面板上的"旋转面"按钮，都可以调用"旋转面"命令。

使用以上任意一种方法调出"旋转面"命令后，选择需要旋转的面，按回车键指定旋转轴上的两个点并输入旋转角度，即可获得旋转面效果，然后按如图 11-62、图 11-63 和图 11-64 所示。

命令选项如下。

命令: _solidedit   （调用旋转面命令）
实体编辑自动检查: SOLIDCHECK=1
输入实体编辑选项 [面(F)/边(E)/体(B)/放弃(U)/退出(X)] <退出>: _face
输入面编辑选项
[拉伸(E)/移动(M)/旋转(R)/偏移(O)/倾斜(T)/删除(D)/复制(C)/颜色(L)/材质(A)/放弃
(U)/退出(X)] <退出>: _rotate
选择面或 [放弃(U)/删除(R)]: 找到一个面。   （选择要旋转的面）
选择面或 [放弃(U)/删除(R)/全部(ALL)]: ✓   （按回车键，结束对象的选择）
指定轴点或 [经过对象的轴(A)/视图(V)/X 轴(X)/Y 轴(Y)/Z 轴(Z)] <两点>:
                                            （捕捉对象顶面圆心1）
在旋转轴上指定第二个点: （捕捉对象底面圆心2）
指定旋转角度或 [参照(R)]: 120✓   （输入旋转角度值，按回车键）
已开始实体校验。
已完成实体校验。
输入面编辑选项
[拉伸(E)/移动(M)/旋转(R)/偏移(O)/倾斜(T)/删除(D)/复制(C)/颜色(L)/材质(A)/放弃
(U)/退出(X)] <退出>: *取消*   （按 Esc 键结束操作）

 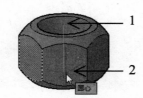 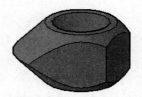

图 11-62　选择要旋转的面　　　图 11-63　指定旋转轴上的两个点　　　图 11-64　旋转面效果

11.4.7　倾斜面

在 AutoCAD 2013 中，用户可以使用"倾斜面"命令，将三维实体的指定面向一侧倾斜。

在菜单栏中单击"修改"|"实体编辑"|"倾斜面"命令，或者在功能区选项板中选择"常用"选项卡，单击"实体编辑"面板上的"倾斜面"按钮 🖉，都可以调用"倾斜面"命令。

使用以上任意一种方法调出该"倾斜面"命令后，选择需要倾斜的面，按回车键指定倾斜轴上的两个点并输入倾斜角度，即可获得倾斜面效果，如图 11-65、图 11-66 和图 11-67 所示。

命令: _solidedit   （调用倾斜面命令）
实体编辑自动检查: SOLIDCHECK=1
输入实体编辑选项 [面(F)/边(E)/体(B)/放弃(U)/退出(X)] <退出>: _face
输入面编辑选项
[拉伸(E)/移动(M)/旋转(R)/偏移(O)/倾斜(T)/删除(D)/复制(C)/颜色(L)/材质(A)/放弃
(U)/退出(X)] <退出>: _taper
选择面或 [放弃(U)/删除(R)]: 找到一个面。   （选择要倾斜的面）
选择面或 [放弃(U)/删除(R)/全部(ALL)]: ✓   （按回车键，结束对象的选择）
指定基点: （捕捉顶面圆上的点1）
指定沿倾斜轴的另一个点: （捕捉顶面圆上的点2）
指定倾斜角度: 30✓   （输入倾斜角度值，按回车键）
已开始实体校验。

已完成实体校验。
输入面编辑选项
[拉伸(E)/移动(M)/旋转(R)/偏移(O)/倾斜(T)/删除(D)/复制(C)/颜色(L)/材质(A)/放弃(U)/退出(X)] <退出>: *取消*　　　　　　　　　　　　　　　　　　　　　（按 Esc 键结束操作）

图 11-65　选择要倾斜的面

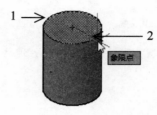
图 11-66　指定倾斜轴上的两个点

图 11-67　倾斜面效果

11.4.8　删除面

在 AutoCAD 2013 中，用户可以使用"删除"命令，从选择集中删除选择的面。

在菜单栏中单击"修改"|"实体编辑"|"删除面"命令，或者在功能区选项板中选择"常用"选项卡，单击"实体编辑"面板上的"删除面"按钮 ，都可以调用"删除面"命令。

使用以上任意一种方法调出"删除面"命令后，选择需要删除的面，按回车键即可删除该面，然后按 Esc 键结束命令，如图 11-68、图 11-69 所示。

图 11-68　选择要删除的面

图 11-69　删除面效果

11.5　编辑三维实体的体

在 AutoCAD 2013 中，除了可以分别对实体的边、面进行编辑外，还可以对实体本身进行编辑，主要包括对实体进行清除、剖切、抽壳和检查等。

11.5.1　抽壳

使用"抽壳"命令，通过指定的厚度在三维实体中创建壳体或中空的薄层，用户可以为所有的面指定一个固定的薄层厚度，以向内部或外部偏移来创建新面。

在菜单栏中单击"修改"|"实体编辑"|"抽壳"命令，或者在功能区选项板中选择"常用"选项卡，单击"实体编辑"面板上的"抽壳"按钮 ，都可以调用"抽壳"命令。

使用以上任意一种方法调出"抽壳"命令后，选择要抽壳的实体，接着选择要删除的面并按回车键，然后输入抽壳偏移距离值并按回车键，再按 Esc 键结束命令，即可获得抽壳实体的效果，如图 11-70、图 11-71 所示。

命令选项如下。

```
命令：_solidedit                                        （调用抽壳命令）
实体编辑自动检查：SOLIDCHECK=1
输入实体编辑选项 [面(F)/边(E)/体(B)/放弃(U)/退出(X)] <退出>：_body
输入体编辑选项[压印(I)/分割实体(P)/抽壳(S)/清除(L)/检查(C)/放弃(U)/退出(X)] <退
出>：_shell
选择三维实体：                                          （选择要抽壳的实体）
删除面或 [放弃(U)/添加(A)/全部(ALL)]：找到一个面，已删除 1 个。（选择要删除的面）
删除面或 [放弃(U)/添加(A)/全部(ALL)]：↙              （按回车键结束选择）
输入抽壳偏移距离：30↙                                 （输入距离值并按回车键）
已开始实体校验。
已完成实体校验。
输入体编辑选项[压印(I)/分割实体(P)/抽壳(S)/清除(L)/检查(C)/放弃(U)/退出(X)] <退
出>：*取消*                                            （按 Esc 键结束操作）
```

图 11-70 选择要删除的面

图 11-71 抽壳效果

11.5.2 清除

在 AutoCAD 2013 中，使用"清除"命令，可以从三维实体中删除冗余面、边和顶点，并确认该三维实体是否有效。

在菜单栏中单击"修改"|"实体编辑"|"清除"命令，或者在功能区选项板中选择"常用"选项卡，单击"实体编辑"面板上的"清除"按钮，都可以调用"清除"命令。

使用以上任意一种方法调出"清除"命令后，选择要清除的实体，按回车键即可获得清除效果，然后按 Esc 键结束命令，如图 11-72、图 11-73 所示。

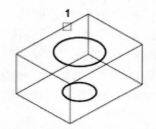

图 11-72 选择要清除的实体

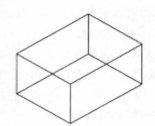

图 11-73 清除实体上多余边

11.5.3 分割

并集或差集操作可导致生成一个由多个连续体组成的三维实体。在 AutoCAD 2013 中，使用"分割"命令，可以将这些不连续的三维实体分割为独立的三维实体。

在菜单栏中单击"修改"|"实体编辑"|"分割"命令，或者在功能区选项板中选择"常用"选项卡，单击"实体编辑"面板上的"分割"按钮⑩，都可以调用"分割"命令。

使用以上任意一种方法调出"分割"命令后，选取待分割的实体对象，按回车键即可分割实体对象，按 Esc 键结束命令，如图 11-74、图 11-75 所示。

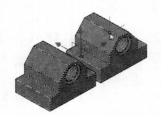

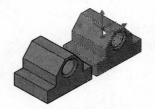

图 11-74　实体分割前　　　　　　　　　图 11-75　实体分割后

11.5.4 检查

使用"检查"命令，可以校验三维实体对象是否为有效的 ACIS 实体。有效的三维实体，对其进行修改不会导致出现失败错误信息，如果三维实体无效，则不能编辑对象。

在菜单栏中单击"修改"|"实体编辑"|"检查"命令，或者在功能区选项板中选择"常用"选项卡，单击"实体编辑"面板上的"检查"按钮⑩，都可以调用"检查"命令。

使用以上任意一种方法调出"检查"命令后，在绘图区域中选取待检查的三维实体对象，如果选择的三维实体是有效的，那么命令行将会显示"选择三维实体：此对象是有效的 ShapeManager 实体"的提示信息。

11.6　技　巧　集　锦

1. 阵列三维图形：在命令行中输入 3DARRAY/3A 命令并按回车键，可以调用"三维阵列"命令。

2. 镜像和旋转三维图形：在命令行中输入 MIRROR3D 命令并按回车键，可以调用"三维镜像"命令；输入 3DROTATE 命令并按回车键，可以调用"三维旋转"命令。

3. 对齐和移动三维图形：在命令行中输入 3DALIGN 命令并按回车键，可以调用"三维对齐"命令；输入 3DMOVE 命令并按回车键，可以调用"三维移动"命令。

4. 分解和剖切实体：在命令行中输入 EXPLODE/EX 命令并按回车键，可以调用"分解"命令；输入 SLICE/SL 命令并按回车键，可以调用"剖切"命令。

5. 倒角和圆角实体：在命令行中输入 CHAMFEREDGE 命令并按回车键，可以调用"倒角边"命令；输入 FILLETEDGE 命令并按回车键，可以调用"圆角边"命令。

6. 压印边：在命令行中输入 IMPRINT 命令并按回车键，可以调用"压印边"命令。

7. 复制和着色边：在命令行中输入 SOLIDEDIT 命令并按回车键，根据命令行提示，输入 E 并按回车键，可以对三维实体对象的边进行复制和着色。

8. 编辑三维实体的面：在命令行中输入 SOLIDEDIT 命令并按回车键，根据命令行提示，输入 F 并按回车键，可以对三维实体的选择面进行拉伸、移动、偏移、删除、旋转、倾斜和复制等操作。

9. 编辑三维实体的体：在命令行中输入 SOLIDEDIT 命令并按回车键，根据命令行提示，输入 B 并按回车键，可以对三维实体的体进行清除、剖切、抽壳等操作。

10. 检查三维实体：在命令行中输入 INTERFERE 命令并按回车键，可以调用"检查"命令，校验三维实体对象是否为有效的 ACIS 实体。

11.7　课堂练习

练习一　绘制直角支架

本练习将介绍一款直角支架三维模型图的绘制，具体步骤如下。

（1）单击"新建"命令，新建空白文件。进入"三维基础"工作界面，并设置当前视图为"西南等轴测"。单击"长方体"命令，在绘图区中任意指定一点为第一角点，然后输入"@200,180,40"并按回车键，确定第二个角点，绘制一个长方体，如图 11-76 所示。

（2）单击"直线"命令，捕捉长方体顶面各边的中点，绘制两条接线。单击"偏移"命令，按图中标示将第一条连接线向右偏移 45 mm，第二条连接线向左偏移 40 mm，结果如图 11-77 所示。

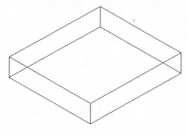

图 11-76　长方体绘制效果

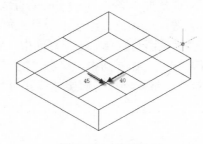

图 11-77　偏移效果

（3）单击"圆柱体"命令，绘制出半径为 30 mm、高度为 20 mm 的圆柱体和半径为 20 mm、高度为 50 mm 的两个圆柱体，如图 11-78 所示。

（4）单击"三维镜像"命令，以第一条连接两中点的线为镜像轴，对刚创建的两个圆柱体进行镜像。单击"差集"命令，将四个圆柱体从长方体中减去，结果如图 11-79 所示。

（5）单击"三维镜像"命令，以长方体的右上角面的上边棱线为镜像轴对整体进行镜像，结果如图 11-80 所示。

（6）将当前视图设置为"前视"后，单击"旋转"命令，以最初实体的右下角边为旋转轴，将新镜像出来的实体按逆时针旋转 90°，结果如图 11-81 所示。

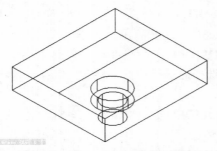

图 11-78　绘制两个圆柱体

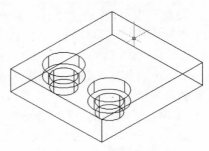

图 11-79　差集效果

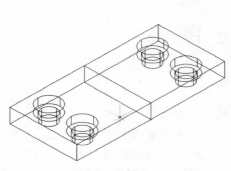

图 11-80　整体镜像效果

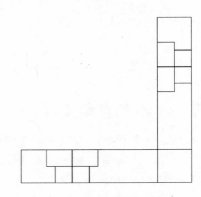

图 11-81　旋转效果

（7）设置当前视图为"西南等轴侧"后，单击"并集"命令，将两个实体合并。单击"直线"命令，在两实体相交面的上边的中点左侧 10 mm 处单击，确定直线的起点后，沿侧面水平方向绘制一条长为 80 mm 的直线，沿侧面垂直方向绘制一条长为 135 mm 的直线。最后将两直线尾端相连，绘制出一个三角形，如图 11-82 所示。

（8）在"草图与注释"工作界面中，单击"面域"命令，将绘制的三角形转换为面域。在"三维基础"工作界面中，单击"拉伸"命令，将三角形向中点方向拉伸 20 mm。单击"并集"命令，将新实体与原实体合并为一体，结果如图 11-83 所示。

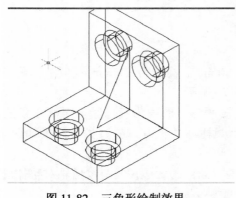

图 11-82　三角形绘制效果

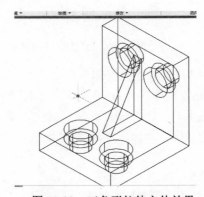

图 11-83　三角形拉伸立体效果

（9）单击"圆角边"命令，设置圆角半径为 30 mm，将水平底座的两条棱边和另一侧的长方体进行圆角，结果如图 11-84 所示。

（10）在绘图区左上角单击"视觉样式"控件图标，在弹出的快捷菜单中选择"真实"命令，预览"直角支架"图形创建效果，如图 11-85 所示。

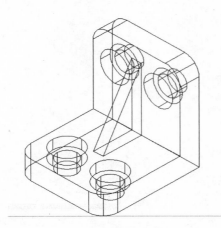

图 11-84　圆角边效果

图 11-85　直角支架立体效果

练习二　绘制轴类支座立体模型

本练习将介绍一款轴类支座立体模型的绘制，具体步骤如下。

（1）单击"新建"命令，新建空白文件，在"草图与注释"工作界中，将当前视图设置为"东南等轴侧"，然后单击"绘图"面板中的"矩形"按钮，绘制一个长为 224 mm、宽为 128 mm 的矩形，如图 11-86 所示。

（2）单击"圆"命令，在图形合适位置，绘制出直径均为 35 mm 的两个圆，如图 11-86 所示。

（3）在"三维基础"工作界面中，单击"创建"面板中的"拉伸"按钮，将大矩形向上拉伸 32 mm，将小矩形向上拉伸 10 mm，再将两个圆向上拉伸 32 mm，结果如图 11-87 所示。

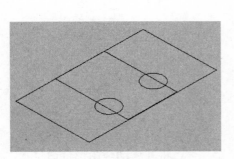

图 11-86　绘制图形效果

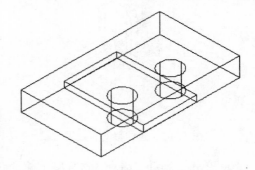

图 11-87　拉伸效果

（4）改变坐标系的位置，使 XOY 面变换为竖直。执行"圆"和"矩形"命令，绘制如图 11-88 所示的一个半径为 78 mm 的圆和一个长为 168 mm、宽为 156 mm 的矩形。

（5）单击"修剪"命令，将圆和矩形进行修剪。单击"面域"命令，将修剪后的图形转换成面域对象。单击"拉伸"命令，将其向右拉伸 28 mm，如图 11-89 所示。

（6）单击"移动"命令，选择要移动的对象，按回车键后，依次指定移动基点和目标点，即可获得移动效果，如图 11-90 所示。

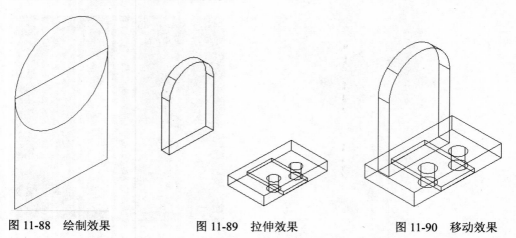

图 11-88　绘制效果　　　　　图 11-89　拉伸效果　　　　　图 11-90　移动效果

（7）单击"圆"命令。绘制出如图 11-91 中基面所示的两个圆心相距 56 mm、半径分别为 35 mm 和 52 mm 的两组同心圆。单击"直线"命令，通过捕捉两组同心圆上的象限点，绘制出连接线段。

（8）执行"修剪"和"面域"命令，将图形进行修剪，并将修建好的图形转换成面域对象，然后单击"拉伸"命令，将其向右拉伸 100 mm。单击"移动"命令，将拉伸对象移动到合适的位置，结果如图 11-91 所示。

（9）单击"圆柱体"命令，绘制出一个直径为 35 mm、高为 190 mm 和一个直径为 56 mm、高为 190 mm 的两个同心圆柱体，如图 11-92 所示。

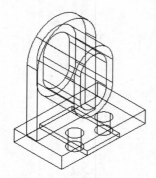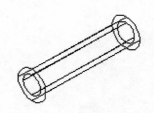

图 11-91　拉伸移动后效果　　　　　图 11-92　创建圆柱体效果

（10）单击"移动"命令，选择刚创建的两个圆柱体，将其移动至图形合适位置，将视觉样式由"二维线框"改为"真实"，结果如图 11-93 所示。

（11）单击"差集"命令，选中要保留的实体对象，按回车键后，选择要去除的实体对象，结果如图 11-94 所示。

图 11-93　移动圆柱体效果

图 11-94　差集效果

（12）执行"线性"和"半径"标注命令，根据命令提示进行操作，对图形进行尺寸标注，完成"支座"三维模型的绘制，如图 11-95 所示。值得注意的是标注只能在 XOY 面上进行，所以要不停地变化 XOY 面的位置完成标注。

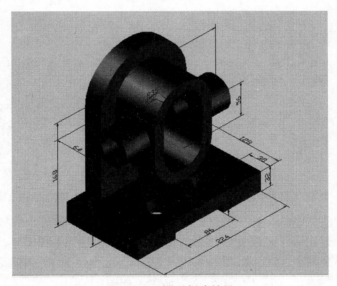

图 11-95　图形创建效果

练习三　绘制卡具立体模型

本练习将介绍一款卡具立体模型的绘制，具体步骤如下。

（1）单击"新建"命令，新建空白文件，在"三维基础"界面中，将当前视图设置为"东南等轴测"。

（2）执行"长方体"命令，绘制一个长为 124 mm、宽为 106 mm、高为 126 mm 和一个长为 84 mm、宽为 47 mm、高为 32 mm 的立方体。然后单击"圆柱体"命令，绘制高均为 32 mm，半径分别为 21 mm 和 42 mm 的两个同心圆柱体，如图 11-96 所示。

（3）单击"镜像"命令，选择要镜像的图形并按回车键，然后指定镜像轴上两点，按回车键保留源对象，即可完成镜像操作，如图 11-97 所示。

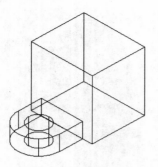

图 11-96　创建模型

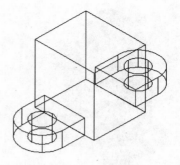

图 11-97　镜像效果

（4）将坐标系移动到大立方体上表面，在距离前边 45 mm 的左右中心线交点延伸线上单击，确定圆心位置。单击"圆"命令，绘制半径分别为 27 mm 和 16 mm 的同心圆。如图 11-98 所示。

（5）单击"拉伸"命令，将大圆向下拉伸 10 mm，小圆向下拉伸 126 mm，结果如图 11-99所示。

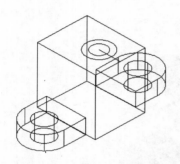

图 11-98　绘制同心圆效果

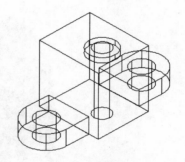

图 11-99　拉伸效果

（6）单击"差集"命令，选中要保留的实体对象，按回车键后，选择要去除的实体对象，然后将视觉样式由"二维线框"改为"真实"，结果如图 11-100 所示。

（7）所有绘制都要在 XOY 面上进行，所以要不停地变化 XOY 面的位置完成绘图。在"常用"选项卡的"坐标"面板中单击"X"命令，如图 11-101 所示。

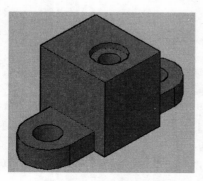

图 11-100　差集效果

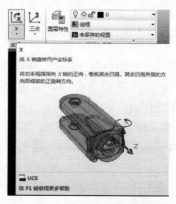

图 11-101　旋转坐标系

（8）改变坐标系的位置，使 XOY 面变换。单击"长方体"命令，绘制一个长为 106 mm、宽为 99 mm、高为 46 mm 的长方体，如图 11-102 所示。

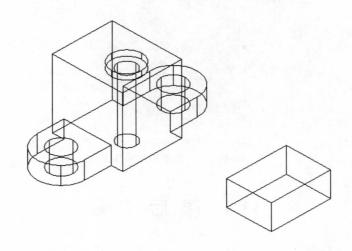

图 11-102　创建长方体效果

（9）单击"移动"命令，将刚创建的长方体移动至图形合适位置，然后单击"差集"命令，将其从实体对象中减去，结果如图 11-103 所示。

（10）单击"倒角边"命令，设置合适距离，然后依次选择要进行倒角的两条相邻的边，将图形进行倒角，结果如图 11-104 所示。

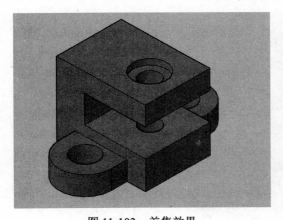

图 11-103　差集效果

图 11-104　倒角边效果

（11）执行"线性"和"半径"标注命令，根据命令提示进行操作，对图形进行尺寸标注，完成"卡具"三维模型的绘制，如图 11-105 所示。

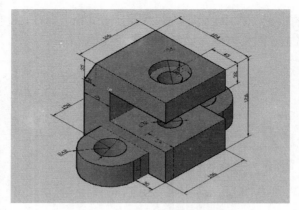

图 11-105　图形的创建效果

11.8　课后习题

一、填空题

1．在 AutoCAD 2013 中，使用＿＿＿＿＿＿功能可以在选定的对象上压印一个对象，相当于将一个选定的对象映射到另一个三维实体上。

2．使用三维变换命令对三维空间中的对象进行＿＿＿＿＿＿、三维镜像及三维旋转等操作。

3．在进行三维旋转时需要定义一条＿＿＿＿＿＿，然后指定旋转角度即可。

二、选择题

1．在设置三维对象矩形阵列参数时，不需要指定的是＿＿＿＿＿参数。

　　A．阵列的行数　　　　　　　　　　B．阵列的列数
　　C．阵列的层数　　　　　　　　　　D．旋转轴的起点和终点

2．AutoCAD 2013 提供了一组编辑面的命令，使用＿＿＿＿＿命令，不可以编辑实体对象的面。

　　A．倾斜　　　　　B．偏移　　　　　C．加厚　　　　　D．移动

3．在 AutoCAD 中＿＿＿＿＿与拉伸二维对象的操作很相似，直接选取实体表面后，便可指定高度拉伸或路径拉伸，以及在拉伸时倾斜一定的角度，以便获得不同的三维模型。

　　A．旋转　　　　　B．扫掠　　　　　C．并集模型　　　　D．拉伸实体面

三、简答题

1．在三维模型空间中，常用编辑三维实体的边的命令有哪些。

2．在三维模型空间中，常用编辑三维实体的面的命令有哪些。

3．在三维模型空间中，常用编辑三维实体的体的命令有哪些。

第12章　观察与渲染三维图形

使用三维观察和导航命令，可以在图形中导航、为指定视图设置相机以及创建动画以便与其他人共享设计。可以围绕三维模型进行动态观察、回旋、漫游和飞行，设置相机，创建预览动画以及录制运动路径动画，用户可以将这些分发给其他人以从视觉上传达设计意图。要从视觉上能更形象、真实地观测三维模型的效果，还需要对模型应用视觉样式或进行渲染。

本章学习要点

➢ 改变三维模型曲面轮廓线；　　　　　➢ 创建相机与运动路径动画；

➢ 改变实体表面的平滑度；　　　　　　➢ 设置材质与贴图；

➢ 观察三维图形；　　　　　　　　　　➢ 渲染图形。

12.1　控制三维视图显示

在 AutoCAD 的三维建模空间中，用户可以通过设置三维视图，从不同的方向来观察三维模型。常用的视图视点有 10 种，分别为：俯视、仰视、左视、右视、前视、后视、西南、东南、东北和西北。在"视图"选项卡上单击"视图"面板中的"视图"命令，在打开的下拉列表中，选择所要的视图选项，即可成功转换，如图 12-1、图 12-2 所示。

图 12-1　视图下拉列表

图 12-2　西南等轴测图

此外，用户也可执行"视图"|"视觉样式"子菜单中的命令，通过设置三维视觉样式，使用多种不同的显示方式来观察三维模型，如消隐、真实、概念等。不同的视图样式，具有不同的特点，下面将介绍 4 种常用的视图样式。

➢ 二维线框：该视图样式是三维视图的默认显示样式，将二维转换为三维时，则当前图形以二维线框样式显示，如图 12-3 所示。

➢ 隐藏：该视图样式是暂时隐藏位于实体背后而被遮挡的部分，如图 12-4 所示。

➢ 概念：该视图样式是在"隐藏"样式基础上添加了灰度颜色，使其看上去较为真实，如图 12-5 所示。

➤ **真实**：该视图样式是在"概念"样式的基础上添加了简单的光影效果，并且还能够显示当前实体的材质，如图 12-6 所示。

图 12-3　二维线框　　　　图 12-4　隐藏　　　　图 12-5　概念　　　　图 12-6　真实

在绘制三维图形时，除了使用以上几种方法来观察三维图形，有时还需要隐藏实体内部线条、改变实体表面的平滑度。

12.1.1　消隐图形

在绘制三维曲面及实体时，为了更好地观察效果，可使用"消隐"命令暂时隐藏位于实体背后而被遮挡的部分。

在菜单栏中单击"视图"|"消隐"命令，或者在功能区选项板中选择"视图"选项卡，单击"视觉样式"面板中的"隐藏"按钮🔲，都可以调用"消隐"命令。

使用以上任意一种方法调出"消隐"命令后，即可获得三维图形的消隐效果，如图 12-7、图 12-8 所示。

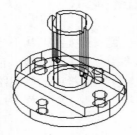　　　　　　　　　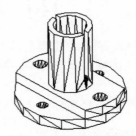

图 12-7　图形消隐前　　　　　　　　　图 12-8　图形消隐后

> **小提示**：执行"消隐"操作之后，绘图窗口将暂时无法使用"缩放"和"平移"命令，直到执行"视图"|"重生成"命令重生成图形为止。

12.1.2　改变三维模型曲面轮廓线

当三维图形中包含弯曲面时（如球体和圆柱体等），曲面在线框模式下用线条的形式来显示，这些线条称为网线或轮廓素线。

使用 ISOLINES 系统变量可以控制对象上每个曲面的轮廓线数目，数目越多，模型精度越高，但渲染时间也越长，有效取值范围为 0～2047，默认值为 4。如图 12-9、图 12-10 所示为 ISOLINES 值为 4 和 15 的球体效果。

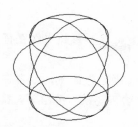

图 12-9 ISOLINES 值为 4

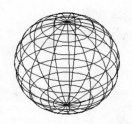

图 12-10 ISOLINES 值为 15

12.1.3 改变实体表面的平滑度

要改变实体表面的平滑度，可通过修改系统变量 FACETRE 来实现。该变量用于设置曲面的面数，其值越大，曲面越平滑，渲染时间越长，有效的取值范围为 0.01～10，默认值为 0.5。如图 12-11、图 12-12 所示为 FACETRES 值为 0.01 和 10 时的模型显示效果。

图 12-11 FACETRES 值为 0.01

图 12-12 FACETRES 值为 10

12.2 观察三维图形

在绘制三维建筑模型时，常常需要在不同的视角观察图形，这就需要动态显示三维模型，在 AutoCAD 2013 中，可以非常方便地显示三维图形的各个角度。

12.2.1 动态观察

使用"动态观察"功能，用户可以从不同的角度查看对象，还可以让模型自动连续地旋转。

1. 受约束的动态观察

使用"受约束的动态观察"命令可以对视图中的图形进行一定约束的动态观察，即水平、垂直或对角拖动对象进行动态观察，让用户观察到当前模型的任意角度。

在菜单栏中单击"视图"|"动态观察"|"受约束的动态观察"命令，或者在功能区选项板中选择"常用"选项卡，在"导航"面板中单击"动态观察"按钮，都可以调用"受约束的动态观察"命令。

使用以上任意一种方法调出"受约束的动态观察"命令后，光标指针将变为状，按住鼠标左键并拖动光标，此时该图形则会按照光标移动的方向进行旋转，如图 12-13 所示。

图 12-13 受约束的动态观察

2. 自由动态观察

在 AutoCAD 2013 中，使用"自由动态观察"命令可以不参照平面在任意方向上进行动态观察。

在菜单栏中单击"视图"|"动态观察"|"自由动态观察"命令，或者在功能区选项板中选择"常用"选项卡，在"导航"面板中单击"自由动态观察"按钮❷，都可以调用"自由动态观察"命令。

使用以上任意一种方法调出"自由动态观察"命令后，在当前视图中将显示一个导航球，该导航球由一个大圆和其四个象限点上的小圆组成，弧线球的中心即为目标点，如图 12-14 所示。

在三维动态观察器中，查看的目标点被固定，用户可以利用鼠标控制相机位置绕对象移动，视图的旋转由光标的外观和位置决定，具体观察方式主要有以下 4 种。

> 将光标放置在弧线球内，按住鼠标左键并向任意方向移动光标，即可对观察对象做全方位的动态观察。
> 将光标放置在弧线球外部，按住鼠标左键并拖动光标，图形将围绕着一条穿过弧线球球心且与屏幕正交的轴进行旋转。
> 将光标放置在转盘左侧或右侧较小的圆上，按住鼠标左键并左右移动光标，视点将在水平方向上围绕目标中心移动。
> 将光标放置在转盘顶部或底部较小的圆上，按住鼠标左键并上下移动光标，视点将在垂直方向上围绕目标中心移动。

3. 连续动态观察

在 AutoCAD 2013 中，使用"连续动态观察"命令可以对视图中的模型进行连续动态观察，三维模型的位置不变。

在菜单栏中单击"视图"|"动态观察"|"连续动态观察"命令，或者在功能区选项板中选择"常用"选项卡，在"导航"面板中单击"连续动态观察"按钮❷，都可以调用"连续动态观察"命令。

使用以上任意一种方法调出"连续动态观察"命令后，光标指针将变为❈状，在绘图区域中单击并拖动光标，使对象沿拖动方向开始移动，如图 12-15 所示。放开鼠标后，对象将在指定的方向上继续运动。

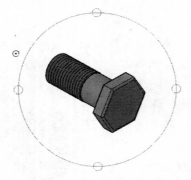

图 12-14　自由动态观察导航球

图 12-15　连续动态观察图形

小提示：光标的移动速度决定了图形对象的旋转速度，当光标移动速度快，其旋转速度也随之加快；反之，则为减慢。若单击绘图区任意一点，则该模型将暂停旋转。

12.2.2　漫游和飞行

在 AutoCAD 2013 中，用户可以在漫游或飞行模式下，通过键盘和鼠标控制视图显示，或创建导航动画。

在开始漫游或飞行模式之前，可单击"视图"|"漫游和飞行"|"漫游和飞行设置"命令，在打开的"漫游和飞行设置"对话框中，设置显示指令窗口的时机、窗口显示的时间、以及当前图形设置的步长和每秒步数，如图 12-16 所示。

单击"视图"|"漫游和飞行"|"漫游"或"视图"|"漫游和飞行"|"飞行"命令，都将打开"定位器"选项板，该选项板的功能类似于地图，如图 12-17 所示。

图 12-16　连续动态观察图形

图 12-17　"定位器"选项板

在预览窗口中显示模型的 2D 顶视图，指示器显示了当前用户在模型中所处的位置，通过拖动可以改变指示器的位置。在"常规"选项区中，可以设置位置指示器的颜色、尺寸、是否闪烁，目标指示器的开启状态、颜色、预览透明度和预览视觉样式。

12.3　使用相机

在 AutoCAD 中，可通过在模型空间中放置相机和根据需要调整相机设置来定义三维视图。还可以根据需要制作沿路径运动的动画和手动录制的任意场景动画，以便从各个视角和视距对图形进行动态观察。

12.3.1　创建相机

若用户需要在指定的位置观察图形，可以在该点创建一架相机。创建相机后，可以在图形中打开或关闭相机并使用夹点来编辑相机的位置、目标或焦距。也可以通过位置 XYZ 坐标、目标 XYZ 坐标和视野/焦距（用于确定倍率或缩放比例）定义相机。还可以定义剪裁平面，以建立关联视图的前后边界。

下面向用户介绍创建相机的具体操作方法。

（1）单击"文件"|"打开"命令，打开"轴盖.dwg"素材文件，如图 12-18 所示。

（2）单击"视图"|"创建相机"命令，在绘图区单击鼠标左键并拖曳鼠标至合适的位置，指定好相机和目标位置，按回车键即可完成相机的创建，如图 12-19 所示。

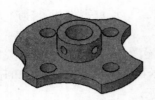

图 12-18　打开素材文件

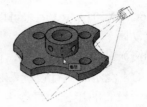

图 12-19　创建相机

（3）单击刚创建好的相机，此时相机将呈夹点编辑状态，单击并移动这些夹点可以调整相机的焦距、坐标位置和距离、相机和坐标的位置，如图 12-20 所示。

（4）在打开的"相机预览"窗口中可以同时进行相机视图的动态预览，以便使相机的设置处于最佳状态，如图 12-21 所示。

图 12-20　移动夹点调整相机位置

图 12-21　"相机预览"窗口

12.3.2　创建运动路径动画

在中文版 AutoCAD 2013 中，可以将相机捆绑到指定的路径上，制作出路径巡游动画，要将相机或目标链接到某条路径，必须在创建运动路径动画之前创建路径对象。路径可以是直线、圆弧、椭圆弧、圆、多段线、三维多段线或样条曲线。

下面将介绍创建运动路径动画的具体操作方法。

（1）单击"文件"|"打开"命令，打开"锥齿轮轴.dwg"素材文件，如图 12-22 所示。

（2）将当前视图切换至俯视图，然后在命令行中输入 CIRCLE 命令，绘制一个大小合适的圆，如图 12-23 所示。

图 12-22　打开素材文件

图 12-23　绘制圆图形

（3）将当前视图切换至西南等轴测视图，单击"移动"命令，将绘制的圆向上移动一段距离，如图 12-24 所示。

（4）单击"视图"|"运动路径动画"命令，打开"运动路径动画"对话框，在"相机"选项区中单击按钮，如图 12-25 所示。

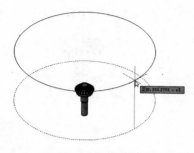

图 12-24　移动圆图形

图 12-25　"运动路径动画"对话框

（5）返回至绘图区，将光标放置在圆图上并单击鼠标左键，拾取圆图形，如图 12-26 所示。

（6）打开"路径名称"对话框，在"名称"文本框中输入路径名称，然后单击"确定"按钮，如图 12-27 所示。

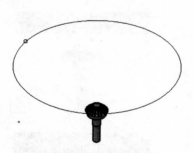

图 12-26　拾取圆图形

图 12-27　设置路径名称

（7）返回至"运动路径动画"对话框，在"目标"选项区中，选中"点"单选按钮，然后单击按钮，如图 12-28 所示。

（8）返回至绘图区，在实体模型内部的合适位置单击鼠标左键，拾取目标点，如图 12-29 所示。

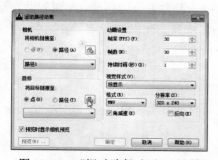

图 12-28　"运动路径动画"对话框

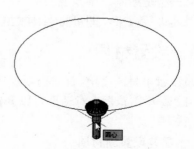

图 12-29　拾取目标点

（9）打开"点名称"对话框，在"名称"文本框中输入名称，然后单击"确定"按钮，如图 12-30 所示。

（10）返回至"运动路径动画"对话框，单击"预览"按钮，在打开的"动画预览"窗口中可以对所设置的动画进行预览，如图 12-31 所示。

图 12-30　设置点名称

图 12-31　"动画预览"窗口

（11）若对动画满意，单击"确定"按钮，在打开的"另存为"对话框中设置动画名称及保存路径，然后单击"保存"按钮即可，如图 12-32 所示。

（12）打开保存的动画文件，即可观看动画，如图 12-33 所示。

图 12-32　"另存为"对话框

图 12-33　观看动画

12.4　渲染三维实体

渲染模型是绘制三维模型的最后一步操作，将三维对象添加材质、光源和贴图等对象，然后再对其进行渲染，即可将实体模型处理成为更具真实感的图像效果。

12.4.1　设置材质

为模型赋予材质之前，首先需要创建材质，并对材质的特性进行设置。在 AutoCAD 2013 中，利用"材质浏览器"对话框可以创建并设置新材质，也可以直接使用 Autodesk 材质库中的材质。

1.　创建并设置新材质

下面以创建"木材"材质为例，介绍创建并设置材质的具体的操作方法。

（1）在菜单栏中单击"视图"|"渲染"|"材质浏览器"命令，打开"材质浏览器"对话框，单击命令栏上的"创建新材质"按钮 ⚪·，在弹出的列表框中选择"木材"材质，如图 12-34 所示。

（2）打开"材质编辑器"对话框，在该对话框的名称文本框中输入"材质"，然后右键单击"图像"贴图，在弹出列表中选择"木材"，如图 12-35 所示。

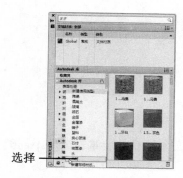

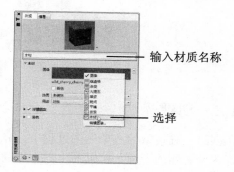

图 12-34 选择"木材"材质

图 12-35 指定材质名称

（3）打开 "纹理编辑器"对话框，在该对话框中可以设置控制应用到材质的纹理的许多方面，包括位置、比例、大小和重复，如图 12-36 所示。

（4）关闭"材质编辑器"和"纹理编辑器"对话框，创建并设置好的"木材"材质显示在"文档材质"面板中，如图 12-37 所示。

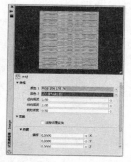

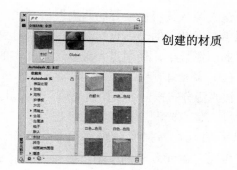

图 12-36 "文理编辑器"对话框

图 12-37 创建"木材"材质

2. 使用材质库中的材质

Autodesk 材质库中包含了产品附带的 400 多种材质和纹理库，并且所有材质都显示出附带的一张交错参考底图。

打开"材质浏览器"对话框，在"库"面板左侧列表中，选择"Autodesk 库"选项中的合适材质类型（如木材），然后在右侧材质缩略图中，双击可选择合适的材质样例，此时，在"文档材质"面板中则显示该材质，并打开"材质编辑器"对话框，在该对话框中，用户可根据需要对该材质的属性进行调整，如图 12-38、图 12-39 所示。

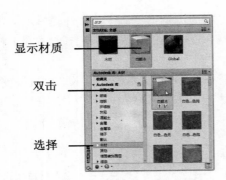

显示材质

双击

选择

图 12-38　选择合适的材质

图 12-39　设置材质属性

12.4.2　创建光源

在创建三维模型的渲染的图过程中，光源是一项必不可少的要素。采用不同类型的光源进行各种必要的设置，可以产生完全不同的效果。添加光源可为场景提供真实外观，光源可增强场景的清晰度和三维性。

在菜单栏中单击"视图"|"渲染"|"光源"命令中的子命令，或者在功能区选项板中选择"渲染"选项卡，单击"光源"面板中的"创建光源"下拉按钮，在弹出的下拉列表中选择相应的按钮，即可创建出不同的光源。其中，点光源、聚光灯、平行光和光域网灯光的特点分别如下。

（1）点光源

该光源从其所在位置向四周发射光线，其强度随距离的增加而衰减，使用点光源可以模拟由灯泡发出的光。点光源不以一个对象为目标，根据点光线的位置，模型将产生较为明显的阴影效果，使用点光源以达到基本的照明效果，如图 12-40 所示。

（2）聚光灯

该光源分布投射一个聚焦光束。聚光灯发射定向锥形光。可以控制光源的方向和圆锥体的尺寸。像点光源一样，聚光灯也可以手动设置为强度随距离而衰减。但是，聚光灯的强度始终还是根据相对于聚光灯的目标矢量的角度衰减。此衰减由聚光灯的聚光角角度和照射角角度控制。聚光灯可用于亮显模型中的特定特征和区域，如图 12-41 所示。

图 12-40　点光源照射效果　　　图 12-41　聚光灯照射效果

（3）平行光

该光源仅向一个方向发射统一的平行光光线。它需要指定光源的起始位置和发射方向，从而定义光线的方向。平行光的强度并不随着距离的增加而衰减；对于每个照射的面，平行光的亮度都与其在光源处相同，统一照亮对象或照亮背景时平行光很有用，如图 12-42 所示。

（4）光域网灯光

　　该光源是光源的光强度分布的三维表示，具有现实中的自定义光分布的光度控制光源。它同样也需指定光源的起始位置和发射方向。它将测角图扩展到三维，以便同时检查照度对垂直角度和水平角度的依赖性。光域网的中心表示光源对象的中心。任何给定方向中的照度与光域网和光度

图 12-42　平行光照射效果　　　图 12-43　光域网照射效果

控制中心之间的距离成比例，沿离开中心的特定方向的直线进行测量，如图 12-43 所示。

　　下面以创建"点光源"为例，向用户介绍创建和设置光源的具体操作方法。

1. 创建光源

　　（1）按 Ctrl+O 快捷键，打开"叉拨架.dwg"素材文件，并设置视觉样式为真实，如图 12-44 所示。

　　（2）在菜单栏中，单击"视图"|"渲染"|"光源"|"新建点光源"命令，弹出信息提示框，选择"关闭默认光源"选项，如图 12-45 所示。

图 12-44　打开素材文件

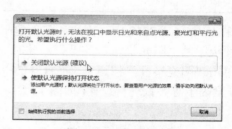

图 12-45　信息提示框

　　（3）根据命令提示，将光标移动至合适的位置，指定光源位置，如图 12-46 所示。

　　（4）单击鼠标左键，确定光源的位置，根据命令提示，可以更改光源的某些特性。如不更改特性，也可按回车键退出操作，完成点光源的创建，如图 12-47 所示。

图 12-46　指定光源位置

图 12-47　完成"点光源"的创建

2. 设置光源

当创建完光源后，若不能满足用户的需求，可对光源的位置和参数进行调整。

（1）选择点光源，在命令行中输入 CH 命令并按回车键，在打开的"特性"面板中选择"强度因子"选项，并在其后的文本框中输入 500，更改强度因子值，如图 12-48 所示。

（2）再次选择点光源，并将光标停留在基点坐标系的轴句柄上，然后单击并移动光标，即可调整点光源的位置，效果如图 12-49 所示。

输入参数值

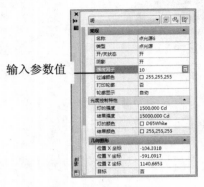

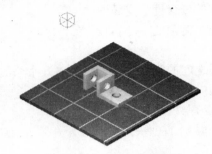

图 12-48　更改强度因子　　　　　　图 12-49　调整点光源位置

> **小提示**：在"特性"面板中，除了可更改灯光强度值外，还可对其光源颜色、阴影以及灯光类型进行更改设置。

在 AutoCAD 2013 中，用户还可创建阳光光源，在"渲染"选项卡上单击"阳光和位置"面板中的"阳光状态"按钮 ☼，此时，系统会模拟太阳照射的效果来渲染当前模型，然后单击"阳光特性"按钮 ↘，在打开的"阳光特性"面板中，对其阳光照射的位置、时间、强度因子等参数进行设置，如图 12-50、图 12-51 所示分别为打开和关闭阳光状态效果。

图 12-50　阳光状态效果　　　　　　图 12-51　关闭阳光状态效果

12.4.3　设置贴图

在渲染图形时，可以将材质映射到对象上，称为贴图。用户还可以将其他的图像文件，如 JPG、BMP 等格式的图像，映射到对象上，使图像具有纹理。

下面以为"门把手"模型添加"不锈钢"贴图为例，介绍设置贴图的具体操作方法。

（1）按 Ctrl+O 快捷键，打开"门把手.dwg"素材文件，如图 12-52 所示。

（2）单击"材质浏览器"命令，打开"材质浏览器"对话框，单击"创建新材质"按钮 ◎·，在弹出的列表中选择"新建常规材质"选项，如图 12-53 所示。

图 12-52　打开素材文件

图 12-53　选择"新建常规材质"

（3）打开"材质编辑器"对话框，在"外观"选项卡中输入"门把手"，然后在"常规"卷展栏中单击图像右侧的空白区域，如图 12-54 所示。

（4）打开"材质编辑器打开文件"对话框，指定文件路径，选择"不锈钢"材质贴图，然后单击"打开"按钮，如图 12-55 所示。

图 12-54　指定材质名称

图 12-55　选择材质贴图

（5）返回至"材质编辑器"对话框，在"图像"选项右侧则会显示刚添加的"不锈钢"材质贴图效果。同时打开"纹理编辑器"对话框，在该对话框中可以设置材质纹理属性，如图 12-56 所示。

（6）关闭"材质编辑器"和"纹理编辑器"对话框，在"材质浏览器"中可以看到刚创建好的"门把手"材质，如图 12-57 所示。

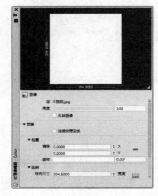

图 12-56　"纹理编辑器"对话框

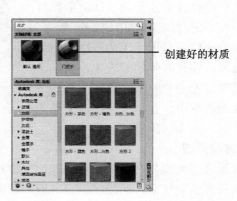

图 12-57　创建"门把手"材质

（7）在"窗帘"材质样例贴图上单击鼠标左键，然后拖动该贴图至窗帘模型合适位置，放开鼠标，即可完成材质赋予，如图 12-58 所示。

（8）关闭"材质浏览器"对话框，单击"视图"|"视觉样式"|"真实"命令，即可查看到材质赋予后的效果，如图 12-59 所示。

图 12-58　赋予模型材质

图 12-59　真实效果

12.4.4　渲染图形

在 AutoCAD 软件中有两种渲染方式，分别为渲染和区域渲染。在使用"渲染"方式时，用户可在渲染出的窗口中读取当前渲染模型的相关信息，如材质参数、阴影参数、光源参数及渲染时间和内存等。而"区域渲染"方式较为灵活，用户可根据需要，自行选择渲染区域，既可渲染整体模型，也可对模型局部进行渲染。

1. 渲染

渲染用于创建一个可以表达用户想象的照片级真实感的演示质量图像。使用"渲染"命令渲染实体模型，渲染的图像与视觉样式中的着色效果相比，更具有真实感和材质感。

在菜单栏中单击"视图"|"渲染"|"渲染"命令，或者在功能区选项板中选择"渲染"选项卡，单击"渲染"面板中的"渲染"按钮🍵，都可以调用"渲染"命令。

使用以上任意一种方法调出"渲染"命令后，即可打开渲染窗口（即渲染器），并将当前模型进行渲染，如图 12-60 所示。

在渲染窗口中显示了当前视图中图形的渲染效果。在其右侧的列表中，显示了图像的质量、光源和材质等信息；在其下方的文件列表框中，显示了当前渲染图像的文件名称、大小、渲染时间等信息。

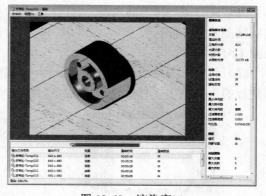

图 12-60　渲染窗口

2. 渲染面域

当遇到渲染大型复杂的装配体或其他三维对象时，使用"渲染面域"命令选取区域，不仅可以获得渲染效果，而且可以极大地提高渲染模型的速度。缺点是当渲染完毕后，只要移动光标，其渲染的图形将会消失，所以渲染图形不能被保存。

　　在命令行中输入 rendercrop 命令并按回车键，或者在功能区选项板中选择"渲染"选项卡，单击"渲染"面板中的"渲染面域"按钮，都可以调用"渲染面域"命令。

　　使用以上任意一种方法调出调用"渲染面域"命令后，在绘图区域中，按住鼠标左键，拖拽出所需的渲染窗口，放开鼠标，即可进行渲染，如图 12-61、图 12-62 所示。

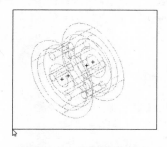

图 12-61　绘制渲染窗口

图 12-62　渲染效果

12.5　技 巧 集 锦

　　1．消隐图形：在命令行中输入 HIDE/HI 命令并按回车键，可以调用"消隐"命令。

　　2．受约束的动态观察：在命令行中输入 3DORBIT 命令并按回车键，可以调用"受约束的动态观察"命令。

　　3．自由动态观察：在命令行中输入 3DFORBIT 命令并按回车键，可以调用"自由动态观察"命令。

　　4．连续动态观察：在命令行中输入 3DCORBIT 命令并按回车键，可以调用"连续动态观察"命令。

　　5．漫游和飞行：在命令行中输入 WALKFLYSETTINGS/WA 命令并按回车键，可以打开"漫游和飞行设置"对话框。

　　6．创建相机：在命令行中输入 CAMERA/CAM 命令并按回车键，可以创建相机。

　　7．创建运动路径动画：在命令行中输入 ANIPATH 命令并按回车键，可以打开"运动路径动画"对话框。

　　8．设置材质：在命令行中输入 MATBROWSEROPEN/MAT 命令并按回车键，或者在"渲染"选项卡中单击"材质"面板中的"材质浏览器"按钮，都可以打开"材质浏览器"对话框。

　　9．创建光源：在命令行中输入 LIGHT 命令并按回车键，可以创建光源。

　　10．渲染图形：在命令行中输入 RENDER 命令并按回车键，可以调用"渲染"命令。

12.6　课堂练习——平键轴模型

　　本练习将通过一款平键轴模型图的绘制，来复习本章相关内容。具体步骤如下。

　　（1）进入"三维建模"空间，设置当前视图为"俯视"。单击"格式"|"图层"命令，

创建新图层"中心线",并设置其颜色为"红色",线型为 CENTER,线宽为 0.15 mm。用同样的方法创建轮廓线图层,如图 12-63 所示。

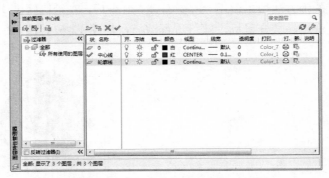

图 12-63 "图层特性管理器"对话框

(2)双击"中心线"图层,将其设置为当前图层。单击"直线"命令,绘制一条长为 174 mm 的水平中心线,然后将当前图层切换至"轮廓线",单击"多段线"命令,指定中心线的端点 a 为起点、端点 b 为终点,绘制轴承轮廓线,尺寸如图 12-64 所示。

命令行提示信息如下。

```
命令: _pline        (调用"多段线"命令)
指定起点:          (拾取点 a)
当前线宽为 0.0000
指定下一个点或 [圆弧(A)/半宽(H)/长度(L)/放弃(U)/宽度(W)]: 16
                                        (输入线段数值并按回车键)
指定下一点或 [圆弧(A)/闭合(C)/半宽(H)/长度(L)/放弃(U)/宽度(W)]: 16
指定下一点或 [圆弧(A)/闭合(C)/半宽(H)/长度(L)/放弃(U)/宽度(W)]: 6
指定下一点或 [圆弧(A)/闭合(C)/半宽(H)/长度(L)/放弃(U)/宽度(W)]: 60
指定下一点或 [圆弧(A)/闭合(C)/半宽(H)/长度(L)/放弃(U)/宽度(W)]: 6
指定下一点或 [圆弧(A)/闭合(C)/半宽(H)/长度(L)/放弃(U)/宽度(W)]: 60
指定下一点或 [圆弧(A)/闭合(C)/半宽(H)/长度(L)/放弃(U)/宽度(W)]: 10
指定下一点或 [圆弧(A)/闭合(C)/半宽(H)/长度(L)/放弃(U)/宽度(W)]: 20
指定下一点或 [圆弧(A)/闭合(C)/半宽(H)/长度(L)/放弃(U)/宽度(W)]: 18.6
指定下一点或 [圆弧(A)/闭合(C)/半宽(H)/长度(L)/放弃(U)/宽度(W)]: 1
指定下一点或 [圆弧(A)/闭合(C)/半宽(H)/长度(L)/放弃(U)/宽度(W)]: 1
指定下一点或 [圆弧(A)/闭合(C)/半宽(H)/长度(L)/放弃(U)/宽度(W)]: 17
指定下一点或 [圆弧(A)/闭合(C)/半宽(H)/长度(L)/放弃(U)/宽度(W)]: (拾取点 b)
指定下一点或 [圆弧(A)/闭合(C)/半宽(H)/长度(L)/放弃(U)/宽度(W)]: (按回车键结束操作)
```

(3)单击"圆角"命令,设置圆角半径为 1 mm,将图形中所有的直角进行倒圆角,结果如图 12-65 所示。

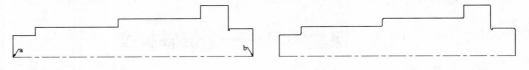

图 12-64 绘制多段线   图 12-65 绘制轮廓线圆角

（4）将当前视图设置为"西南等轴测"，然后单击"常用"|"建模"|"旋转"命令，选择刚绘制的轮廓线，指定中心线为旋转轴，设置旋转角度为 360°，将轮廓线进行旋转，生成三维实体，如图 12-66、图 12-67 所示。

图 12-66 选择轮廓线

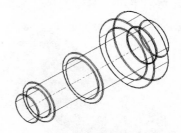

图 12-67 旋转轮廓线

（5）将当前视图切换至"俯视"，单击"矩形"命令，绘制一个长为 24 mm、宽为 12 mm 的矩形作为轴承上的平键，然后单击"圆角"命令，设置圆角半径为 6 mm，将矩形倒圆角，结果如图 12-68 所示。

（6）切换至"西南等轴测"，单击"常用"|"建模"|"拉伸"命令，将矩形向上拉伸 10 mm，结果如图 12-69 所示。

图 12-68 绘制平键轮廓

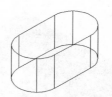

图 12-69 拉伸平键

（7）将当前视觉样式设置为"概念"，然后将绘制好的平键移动至轴承合适位置。单击"常用"|"实体编辑"|"差集"命令，将平键从轴承中减去，结果如图 12-70 所示。

（8）单击"渲染"|"材质"|"材质浏览器"命令，打开"材质浏览器"对话框，在"库"面板左侧列表中选择材质类型为"金属"，然后在右侧材质缩略图中选择"钢-铸造"材质，并将其添加到"文档材质"面板中，如图 12-71 所示。

图 12-70 差集效果

图 12-71 选择"钢-铸造"材质

（9）在"钢-铸造"材质样例球上单击，按住鼠标左键并拖动鼠标，将该材质移动至平键轴模型合适位置，放开鼠标即可赋予模型材质，如图 12-72 所示。

（10）单击"常用"|"建模"|"长方体"命令，为模型添加地板，并赋予其合适的地板材质，然后单击"渲染面域"命令，对轴承进行渲染，结果如图 12-73 所示。

图 12-72　赋予模型材质

图 12-73　渲染模型

（11）将当前视觉样式切换至"真实"，单击"渲染"|"光源"|"创建点光源"命令，为图形添加灯光并设置光源参数，然后单击"渲染面域"命令，对轴承进行渲染，如图 12-74、图 12-75 所示。至此，本案例已全部绘制完毕，最后保存文件即可。

图 12-74　添加灯光

图 12-75　渲染模型

12.7　课后习题

一、填空题

1．三维动态观察命令可以分为受约束的动态观察、＿＿＿＿＿＿＿＿及连续动态观察。

2．＿＿＿＿＿＿＿＿中包含了产品附带的 400 多种材质和纹理的库，并且所有材质都显示出附带的一张交错参考底图。

3．在 AutoCAD 软件中，有两种渲染方式，分别为：渲染和＿＿＿＿＿＿＿＿。

二、选择题

1．在三维动态观察命令中，使用＿＿＿＿＿＿命令可以对视图中的图形进行任意角度的动态观察，即可以使相机绕三维空间中的任意轴进行旋转。

    A．自由动态观察　B．平移　　　　C．连续动态观察　D．受约束动态观察

2．在绘制三维曲面及实体时，为了更好地观察效果，可使用_____命令暂时隐藏位于实体背后而被遮挡的部分。

　　A．缩放　　　　　　B．消隐　　　　　　C．平移　　　　　　D．视口

3．在创建三维模型的渲染的图过程中，添加_____可为场景提供真实外观，并增强场景的清晰度和三维性。

　　A．光源　　　　　　B．材质　　　　　　C．贴图　　　　　　D．相机

三、简答题

1．如何将材质库中的材质赋予指定的实体。

2．如何在三维建模环境中对建筑模型添加光源。

3．简述创建相机和运动路径动画的操作过程。

图形的输出是整个设计过程的最后一步，AutoCAD 不仅提供了强大的布局、打印和输出工具，还提供了丰富的打印样式表，以帮助用户得到期望的打印效果。

本章学习要点

➤ 输出图形；

➤ 创建和管理布局；

➤ 选择打印设备；

➤ 设置打印方向；

➤ 设置打印区域；

➤ 打印预览图形。

13.1　输　出　图　形

用户要将 AutoCAD 图形对象保存为其他需要的文件格式以供其他软件调用，只需将对象以指定的文件格式输出即可。

在命令行中输入 EXPORT 命令并按回车键，或者在菜单栏中单击"文件"|"输出"命令，都可以打开"输出数据"对话框，如图 13-1 所示。

图 13-1　"输出数据"对话框

在该对话框的"保存于"下拉列表框中设置文件输出的路径，在"文件名"文本框中输入保存文件名称，在"文件类型"下拉列表框中选择文件的输出类型，单击"保存"按钮切换至绘图窗口中，选择需要输出的图形对象，按回车键即可将所选的图形对象输出。

13.2　使用布局

布局是一种图纸空间环境，它模拟图纸页面，提供直观的打印设置。在布局中可以创建并放置视口对象，还可以添加标题栏或其他几何图形。可以在图形中创建多个布局以显示不同视图，每个布局可以包含不同的打印比例和图纸尺寸。布局显示的图形与图纸页面上打印出来的图形完全一样。

13.2.1　创建布局

在建立新图形的时候，AutoCAD 会自动建立一个"模型"选项卡和两个"布局"选项卡。其中，"模型"选项卡用来在模型空间中建立和编辑图形，该选项卡不能删除，也不能重命名；"布局"选项卡用来编辑打印图形的图纸，其个数没有限制，且可以重命名。

在 AutoCAD 2013 中，创建布局有新建布局、来自样板和利用向导 3 种方法，下面将分别对其进行介绍。

1. 新建布局

在 AutoCAD 2013 中，使用"新建布局"命令，根据命令提示进行操作，即可创建出新的布局。

在菜单栏中单击"插入"|"布局"|"新建布局"命令，或者在功能区选项板中选择"布局"选项卡，单击"布局"面板中的"新建布局"按钮🗐，都可以调用"新建布局"命令。

下面介绍使用"新建布局"命令创建新布局的具体操作方法。

（1）单击"打开"命令，打开"操作杆.dwg"素材文件，然后单击"布局"面板中的"新建布局"按钮🗐，如图 13-2 所示。

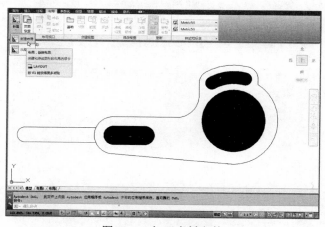

图 13-2　打开素材文件

（2）根据命令提示，用户可以输入新的布局名称，这里直接按回车键，选择默认的新布局名称"布局 3"，完成新布局的创建，如图 13-3 所示。

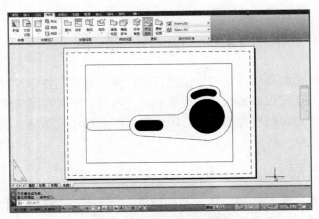

图 13-3 创建新布局效果

> **小提示：** 在状态栏中右键单击"快速查看布局"按钮🔲，在弹出的快捷菜单中选择"新建布局"
> 命令，或者在绘图区的"布局"选项卡上单击右键，在弹出的快捷菜单中选择"新建布局"命令，系
> 统将会自动创建"布局 3"的布局。

2. 利用样板创建布局

在 AutoCAD 2013 中，使用样板创建布局，对于在设计中遵循某种通用标准进行绘图
和打印的用户非常有意义。

在菜单栏中单击"插入"|"布局"|"来自样板的布局"命令，或者在功能区选项板中，
选择"布局"选项卡，单击"布局"面板中的"从样板"按钮🔲，都可以打开"从文件选
择样板"对话框。

下面向用户介绍利用样板创建布局的具体操作方法。

（1）单击"打开"命令，打开"大链轮.dwg"素材文件，然后单击"布局"面板中的
"从样板"按钮🔲，如图 13-4 所示。

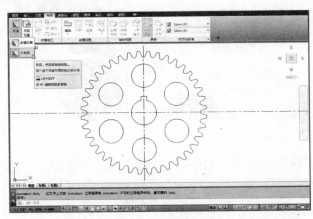

图 13-4 打开素材文件

（2）打开"从文件选择样板"对话框，在该对话框中选择合适的模板，然后单击"打
开"按钮，如图 13-5 所示。

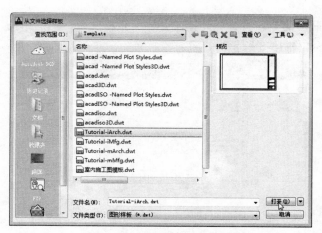

图 13-5　"从文件选择样板"对话框

（3）打开"插入布局"对话框，在该对话框中显示了当前所选布局模板的名称，如图 13-6 所示。

（4）单击"确定"按钮，即可通过样板创建布局。预览创建的新布局，然后在视口内双击，激活视口并调整图形的显示大小和位置，如图 13-7 所示。

图 13-6　"插入布局"对话框

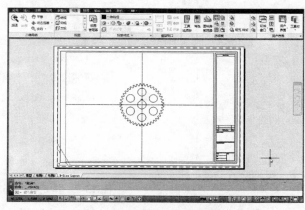

图 13-7　利用样板创建新布局效果

> **小提示**：在状态栏中右键单击"快速查看布局"按钮，在弹出的快捷菜单中选择"来自样板"命令，或者在绘图区的"布局"选项卡上单击右键，在弹出的快捷菜单中选择"来自样板"命令，也都可以创建布局。

3．利用向导创建新布局

布局向导用于引导用户来创建一个新布局，每个向导页面都将提示用户为正在创建的新布局指定不同的版面和打印设置。

在命令行中输入 LAYOUTWIZARD 命令并按回车键，或者在菜单栏中单击"工具"|"向导"|"创建布局"命令或者单击"插入"|"布局"|"创建布局向导"命令，都可以打开"创建布局"向导对话框，通过该向导可直接创建布局。

下面向用户利用向导创建布局的具体操作方法。

（1）单击"打开"命令，打开"连接轴.dwg"素材文件，然后单击"工具"|"向导"|"创建布局"命令，如图13-8所示。

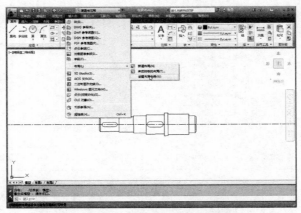

图13-8　指定新布局名称

（2）打开"创建布局-开始"向导窗口，在"输入新布局名称"文本框中，用户可以输入新的布局名称，默认新布局名称为"布局3"，这里选择默认的新布局名称，如图13-9所示。

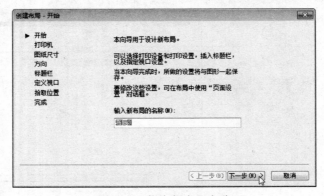

图13-9　指定新布局名称

（3）单击"下一步"按钮，在打开的"创建布局-打印机"对话框中，用户可以为新布局选择配置的打印机，如图13-10所示。

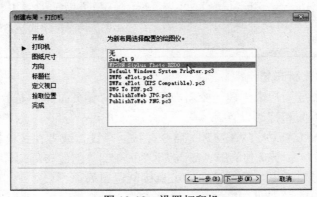

图13-10　设置打印机

（4）单击"下一步"按钮，在打开的"创建布局-图纸尺寸"对话框中，用户可以选择布局使用的图纸尺寸和图形单位，如图 13-11 所示。

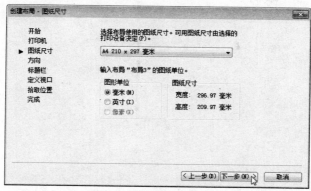

图 13-11　设置图纸尺寸

（5）单击"下一步"按钮，在打开的"创建布局-方向"对话框中，用户可以选择图形在图纸上的打印方向，这里选择"横向"，如图 13-12 所示。

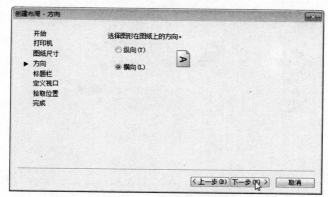

图 13-12　设置图纸方向

（6）单击"下一步"按钮，在打开的"创建布局-标题栏"对话框中，用户可以选择图纸的边框和标题栏的样式以及设置标题栏的类型，在其右边的预览框中预览所选样式的图像，如图 13-13 所示。

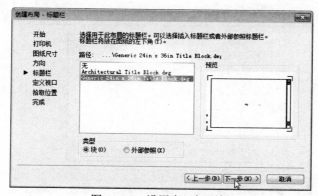

图 13-13　设置布局标题栏

（7）单击"下一步"按钮，在打开的"创建布局-定义视口"对话框中，用户可以指定新创建的布局的默认视口的设置和比例等，如图13-14所示。

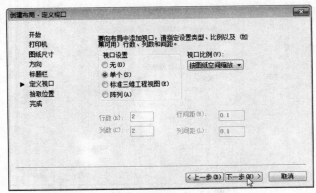

图13-14　定义视口

（8）单击"下一步"按钮，在打开的"创建布局-拾取位置"对话框中，单击"选择位置"按钮，如图13-15所示。

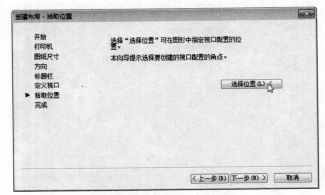

图13-15　选择视口位置

（9）进入绘图区指定视口的大小和位置后，在弹出的"创建布局-完成"对话框中，单击"完成"按钮，即可完成新布局的创建，如图13-16所示。

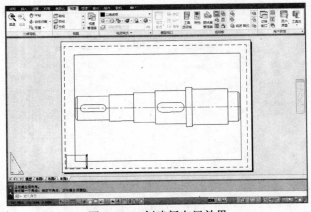

图13-16　创建新布局效果

（10）使用"缩放"和"移动"命令，调整标题栏的大小和位置，然后在视口中双击，调整视口中图形的显示大小和位置，调整效果如图 13-17 所示。

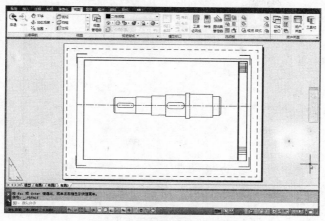

图 13-17 调整新布局效果

13.2.2 管理布局

在 AutoCAD 2013 中，要删除、新建、重命名、移动或复制布局，可将鼠标指针放置在布局标签上，然后单击鼠标右键，在弹出的快捷菜单中选择相应的命令即可实现，如图 13-18 所示。

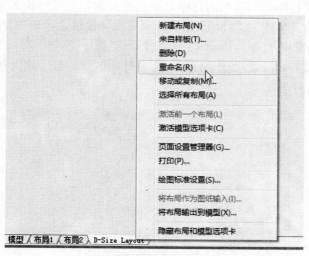

图 13-18 快捷菜单中的命令

如果想修改页面布局，可从上面的快捷菜单中选择"页面设置管理器"命令，或者在菜单栏中单击"文件"|"页面设置管理器"命令，在打开的"页面设置管理器"对话框中进行修改，如图 13-19 所示。

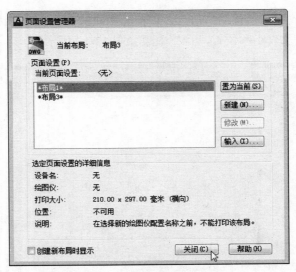

图 13-19　"页面设置管理器"对话框

13.3　打 印 图 形

创建完图形之后，通常要打印到图纸上，也可以生成一份电子图纸，以便从互联网上进行访问。打印有模型空间打印和图纸空间打印两种方式。模型空间打印指的是在模型窗口中进行设置并进行打印；图纸空间打印是指在布局窗口中进行相关设置不进行打印。

在菜单栏中单击"文件"|"打印"命令，或者在功能区选项板中选择"输出"选项卡，单击"打印"面板中的"打印"按钮 🖶，都将打开"打印-模型"对话框。在该对话框中，用户可以设置打印设备、图纸尺寸、打印方向、打印区域、打印比例和打印偏移等参数，如图 13-20 所示。

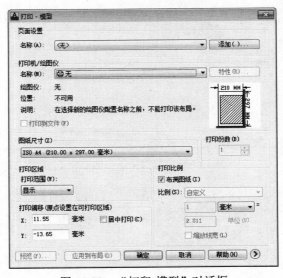

图 13-20　"打印-模型"对话框

本小节以打印"法兰盘"机械零件图形为例，介绍在模型空间中打印图形的方法。

13.3.1　选择打印设备

在如图 13-20 所示的"打印-模型"对话框中，单击"打印机/绘图仪"选项组中的"名称"下拉按钮，在弹出的下拉列表框中，用户可以选择打印设备，如图 13-21 所示。

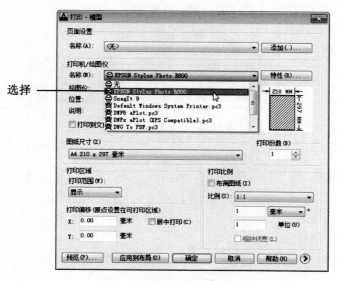

图 13-21　选择打印设备

选择好打印设备后，单击"特性"按钮，在打开的"绘图仪配置编辑器"对话框中，用户可以查看或修改当前绘图仪的配置、端口、设备和文档设置，如图 13-22 所示。

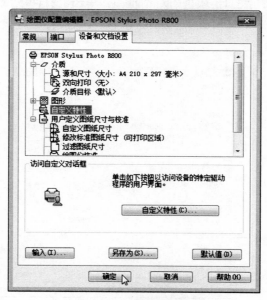

图 13-22　修改配置和属性

13.3.2　选择图纸尺寸

在如图 13-20 所示的"打印-模型"对话框中，单击"图纸尺寸"下拉按钮，在弹出的下拉列表框中显示所选打印设备可用的标准图纸尺寸。用户可从中选择需要的图纸尺寸，如选择 A4 图纸尺寸，如图 13-23 所示。如果未选择绘图仪，将显示全部标准图纸尺寸的列表以供选择。

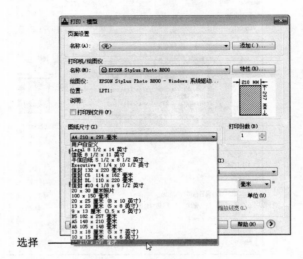

图 13-23　选择图纸尺寸

13.3.3　设置打印区域

在如图 13-20 所示的"打印-模型"对话框中，单击"打印区域"选项组中的"打印范围"下拉按钮，在弹出的下拉列表框中用户可以选择要打印的图形区域，如选择"窗口"选项，如图 13-24 所示。

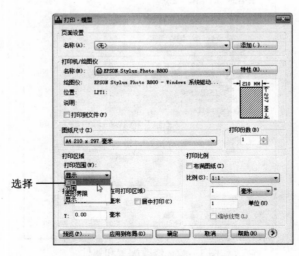

图 13-24　选择"窗口"选项

选择"窗口"选项后,"打印-模型"对话框将暂时被隐藏,用户可在绘图窗口中通过指定两个对角点绘制一个矩形区域,该区域即为打印区域,如图 13-25 所示。

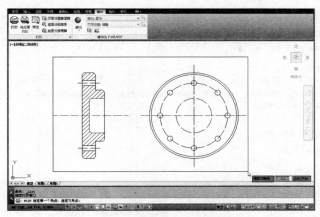

图 13-25　指定打印区域

确定矩形区域后,即可返回至"打印-模型"对话框,在"打印区域"中多出了一个"窗口"按钮。若对选取的图形打印区域不满意,可单击该按钮,返回至绘图窗口中,修改打印区域。

13.3.4　设置打印比例

在"打印-模型"对话框的"打印比例"选项组中,可以设置打印比例,默认设置为"布满图纸",即根据图纸尺寸缩放打印图形以布满所选图纸尺寸,如图 13-26 所示。

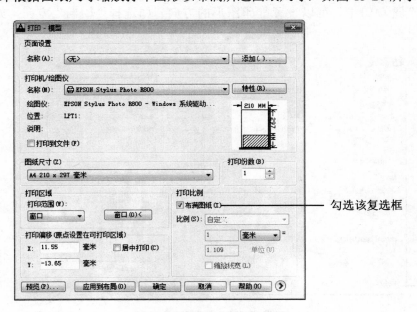

图 13-26　显示"窗口"按钮

用户也可根据自己的需要,取消默认的"布满图纸"复选框,激活下面的"比例"选项。在"自定义"下拉列表框中可选择缩放比例，并在"比例"、"毫米＝"和"单位"文本框中显示所选的自定义的缩放比例因子，如图 13-27 所示。

图 13-27　自定义下拉列表框

13.3.5　设置打印方向

在"打印-模型"对话框中，单击"其他选项"按钮 ⊙，展开其他设置选项。在"图形方向"选项组中，可以设置打印图形的方向，如选择"横向"方向，如图 13-28 所示。

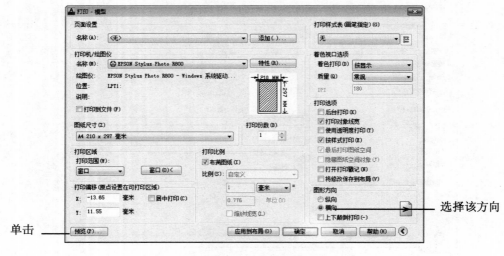

图 13-28　设置打印方向

13.3.6 打印预览

完成打印设置后，用户可在如图 13-20 所示的"打印-模型"对话框中，单击"预览"按钮进入预览窗口，预览图形的打印输出的效果，以便于检查图形的输出设置是否正确，如图 13-29 所示。

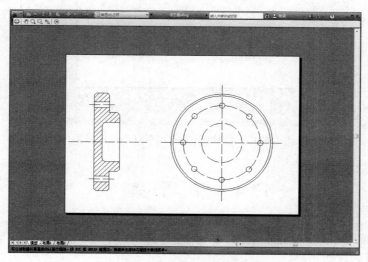

图 13-29 预览图形打印输出效果

若对图形打印输出的效果不满意，可在"预览窗口"中单击"关闭"按钮⊗，返回至"打印-模型"对话框，重新设置，如在"打印偏移"选项组中，勾选"居中"复选框，如图 13-30 所示。

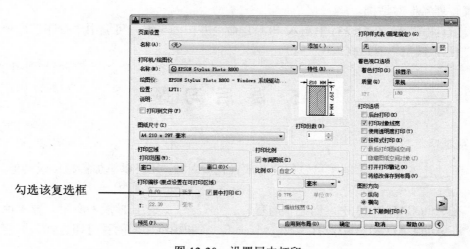

图 13-30 设置居中打印

单击"预览"按钮，再次进入预览窗口，预览图形的打印输出的效果，如图 13-31 所示。若满意，可单击"打印"按钮🖶，开始打印操作。

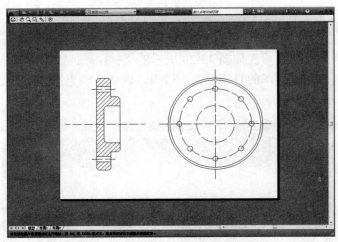

图 13-31　预览修改后的图形打印输出效果

13.4　技 巧 集 锦

　　1．新建布局：在命令行中输入 Layout 命令并按回车键，根据提示，输入 N 命令并按回车键，可创建新布局。
　　2．样板创建布局：在命令行中输入 Layout 命令并按回车键，根据命令提示，输入 T 命令并按回车键，可利用样板创建新布局。
　　3．管理布局：在命令行中输入 PAGESETUP 命令并按回车键，或者在功能区选项板的"布局"选项卡中，单击"布局"面板中的"页面设置"📄按钮，都可以打开"页面设置管理器"对话框。
　　4．打印图形：在命令行中输入 PLOT 命令并按回车键，可调用"打印"命令，并打开"打印-模型"对话框。

13.5　课 后 习 题

一、填空题

　　1．在＿＿＿＿＿＿＿空间中可以创建并放置视口对象，还可以添加标题栏或其他几何图形。

　　2．在 AutoCAD 2013 中，创建布局有＿＿＿＿＿＿＿、来自样板和利用向导 3 种方法。

　　3．在 AutoCAD 2013 中，打印有＿＿＿＿＿＿＿和图纸空间两种打印方式。

二、选择题

　　1．使用＿＿＿＿＿命令可以将 AutoCAD 图形对象保存为其他需要的文件格式以供其他软件调用。

　　　　A．打印　　　　　　B．输出　　　　　　C．新建布局　　　　D．预览

　　2．在 AutoCAD 2013 中，使用_____命令可以打印图形。

　　　　A．输出　　　　　　B．预览　　　　　　C．打印　　　　　　D．新建布局

　　3．在"打印-模型"对话框的_____选项组中，用户可以选择打印设备。

　　　　A．打印区域　　　　B．图纸尺寸　　　　C．打印机/绘图仪　D．打印比例

三、简答题

　　1．简述输出图形的方法。

　　2．简述创建布局的方法。

　　3．简述管理布局的方法。

四、上机题

　　本练习将把"拨叉轮.dwg"图形文件输出为位图，效果如图 13-32 所示，以巩固本章所介绍的知识点。

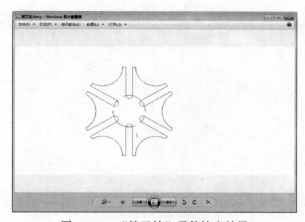

图 13-32　"拨叉轮"零件输出效果

　　提示：

　　（1）单击"文件"|"输出"命令，在打开的"输出数据"对话框，指定文件输出路径并设置文件名为"拨叉轮"，输出文件类型为"位图（*.bmp）"。

　　（2）单击"保存"按钮，切换至绘图窗口中，选择"拨叉轮"图形对象，按回车键即可将所选的图形对象输出。